"十二五"职业教育国家规划教材

经全国职业教育教材审定委员会审定

21世纪高职高专电子信息系列技能型规划教材

浙江省"十一五"重点教材建设项目

电子技术项目教程

（第2版）

主　编　徐超明　李　珍

副主编　姚华青　王平康

　　　　章青松

北京大学出版社

PEKING UNIVERSITY PRESS

内 容 简 介

本书采用项目化课程模式,以电子技术中的典型项目为载体而编写。全书的主要内容包括直流稳压电源的设计与制作、扩音机的制作与调试、信号产生电路的设计与制作、加法器的测试与设计、抢答器的设计与制作、数字钟的设计与制作、电子电路综合实训等 7 个项目。每个项目又分为若干个任务。以完成工作任务的技能实训为主线,进行相关的理论知识学习,通过"读、做、想、练",以及实物实验和计算机仿真等方法,使学生掌握必要的知识的同时,提高他们分析问题、解决问题和实际应用能力。

本书可作为高职高专电子信息、通信类、计算机类等相关专业学习电子技术课程的教材或参考书,也可供有关工程技术人员参考。

图书在版编目(CIP)数据

电子技术项目教程/徐超明,李珍主编. —2版. —北京:北京大学出版社,2014.7
(21世纪高职高专电子信息系列技能型规划教材)
ISBN 978-7-301-24506-4

Ⅰ.①电… Ⅱ.①徐…②李… Ⅲ.①电子技术—高等职业教育—教材 Ⅳ.①TN

中国版本图书馆 CIP 数据核字(2014)第 157683 号

书　　　　名:	电子技术项目教程(第 2 版)
著作责任者:	徐超明　李　珍　主编
策 划 编 辑:	邢　琛
责 任 编 辑:	邢　琛
标 准 书 号:	ISBN 978-7-301-24506-4/TN·0113
出 版 发 行:	北京大学出版社
地　　　　址:	北京市海淀区成府路 205 号　100871
网　　　　址:	http://www.pup.cn　新浪官方微博:@北京大学出版社
电 子 信 箱:	pup_6@163.com
电　　　　话:	邮购部 010-62752015　发行部 010-62750672　编辑部 010-62750667
印 刷 者:	三河市博文印刷有限公司
经 销 者:	新华书店
	787 毫米×1092 毫米　16 开本　19.5 印张　459 千字
	2012 年 1 月第 1 版
	2014 年 7 月第 2 版　2021 年 6 月第 7 次印刷
定　　　　价:	47.00 元

前　言

本书是依据教育部制定的"高职高专教育基础课程基本要求",从高等职业教育的特点和要求出发而编写,注重技术应用能力和职业技能的培养,以应用为目的,以理论够用为度,讲清概念,强化训练,突出实用性和针对性,注重"教学与实训"的协调统一。

全书共有 7 个项目,分别是:直流稳压电源的设计与制作、扩音机的制作与调试、信号产生电路的设计与制作、加法器的测试与设计、抢答器的设计与制作、数字钟的设计与制作、电子电路综合实训。其中项目 1～项目 3 涉及信号的产生、放大及稳压电源内容,可将此 3 个项目结合成一体进行调试。项目 4、项目 5、项目 6 则是对组合逻辑电路和时序逻辑电路知识的综合应用。项目 7 选取最基本、最普及的通信终端设备之一电话机作为综合实训内容,通过电路分析、产品安装和调试检测,提高学生的分析问题、解决问题的能力。

本书采用项目化课程模式,以电子技术中的典型项目为载体,每个项目又分为若干个任务,以完成工作任务的技能实训为主线,进行相关的理论知识学习。通过"读、做、想、练"等环节,引导学生做中学,学中做,边讲边练,既激发学生的兴趣,又能加深对理论的理解,同时还能提高学生动手能力。"做一做"一般在老师指导下完成,而"练一练"一般要求学生在课外自己独立完成。

本书另一个特点就是将知识点的讲授、学生实物实验和计算机仿真融为一体,使学生在掌握仪器仪表的操作方法,电子电路设计、安装、调试的同时,采用计算机辅助分析与仿真实验等教学手段,在教学课时普遍紧张的情况下,提高了教学效果,更利于学生准确、全面、深刻地接受知识。

本书的仿真软件采用 NI Multisim 10,由于篇幅关系,其使用方法可参考该软件的使用手册;类似的仿真软件也可适用本书的仿真实训。

学习本书大约需要 130～150 课时,其中项目 1～项目 3 为模拟电子技术,安排 64 课时左右;项目 4～项目 6 为数字电子技术,安排 64 课时左右;项目 7 电子电路综合实训,可安排 1 周实训,课时在 24 课时左右。少于此课时的,可根据需要选取部分内容;有些内容可以让学生在课外通过仿真实验自学完成。本书建议在实训室上课,采用 4 节课连上。各项目参考学时见下表。

	内　容	课　时
模拟电子技术	项目 1　直流稳压电源的设计与制作	12
	项目 2　扩音机的制作与调试	32
	项目 3　信号产生电路的设计与制作	20
数字电子技术	项目 4　加法器的测试与设计	20
	项目 5　抢答器的设计与制作	16
	项目 6　数字钟的设计与制作	28
项目 7　电子电路综合实训		1 周实训(24)

本书由浙江邮电职业技术学院徐超明、李珍任主编，浙江邮电职业技术学院姚华青、王平康，杭州冠麒电子科技有限公司章青松任副主编，由徐超明统稿。其中徐超明编写项目4、项目5、项目6，李珍编写项目3、项目7，姚华青编写项目2，王平康编写项目1，章青松对实验、实训部分的内容进行了指导。在编写过程中，参考了大量的书刊和相关资料，并引用了其中一些资料，在此谨向有关的书刊和相关资料的作者表示衷心感谢。

　　由于编者水平有限，加之时间仓促，书中的疏漏之处在所难免，欢迎读者批评指正。

编　者

2013 年 9 月

目　　录

项目 1

直流稳压电源的设计与制作

知识目标

- 熟悉二极管的外形和电路符号。
- 熟悉二极管的主要特性和参数。
- 理解二极管整流电路的组成及其工作原理。
- 理解滤波电路的组成及工作原理。
- 能分析二极管常用应用电路的工作原理。
- 掌握并联型直流稳压电路的形式、稳压原理及电路特点。
- 了解晶体管串联稳压电源的电路形式及稳压原理。
- 熟悉常见的集成稳压器的引脚排列及应用电路。
- 了解直流稳压电源的功能和分类。

技能目标

- 会使用万用表检测二极管的质量和判断电极。
- 会查阅半导体元件手册，能按要求选用二极管。
- 初步具有查阅集成稳压器手册和选用元件的能力。
- 了解测量稳压器基本性能的方法。
- 能按电路图安装和制作稳压电源，知道如何调整输出电压。
- 初步具有检查、排除稳压电源故障的能力。
- 掌握 Multisim 仿真软件的使用。

工作任务

- 半导体二极管的识别和检测。
- 二极管伏安特性的测试。
- 二极管应用电路的制作。
- 特殊二极管特性的测试。
- 集成稳压器的分析与检测。
- 直流稳压电源的设计与制作。

实训任务 1.1　半导体二极管的识别和检测

1.1.1　二极管的认识

常见二极管及其组成的器件如图 1.1 所示。

(a) 整流二极管

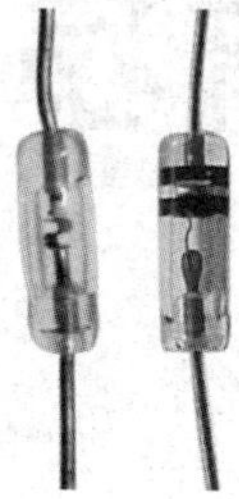

(b) 检波二极管

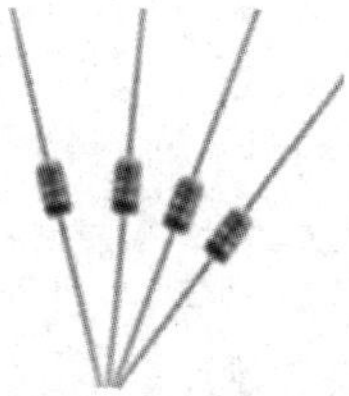

(c) 稳压二极管

(d) 贴片式稳压二极管

(e) 发光二极管

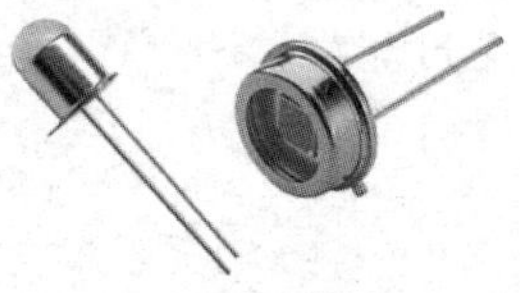

(f) 光电二极管

(g) 桥式整流器

图 1.1　常见二极管及其组成的器件

1. 二极管的结构及符号

半导体二极管的基本结构如图 1.2(a)所示，其核心部分是由 P 型半导体和 N 型半导体结合而成的 PN 结，从 P 区和 N 区各引出一个电极，并在外面加管壳封装。二极管的电路符号如图 1.2(b)所示，由 P 端引出的电极是正极，由 N 端引出的电极是负极，箭头的方向表示正向电流的方向，VD 是二极管的文字符号。

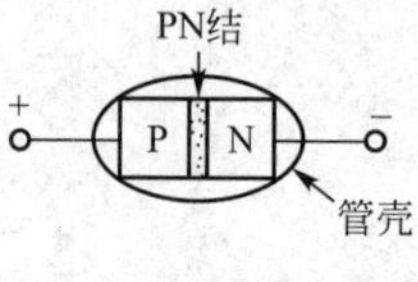

(a) 结构

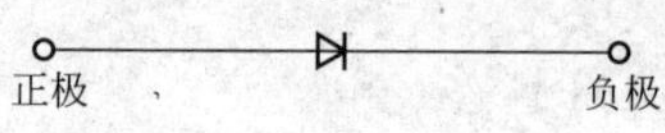

(b) 符号

图 1.2　二极管的结构和符号

2. 二极管的种类

按半导体材料来分类，常用的有硅二极管、锗二极管和砷化镓二极管等。

按工艺结构来分类，有点接触型、面接触型和平面型二极管3种，如图1.3所示。

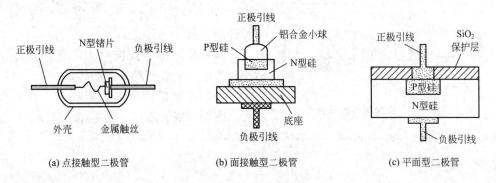

(a) 点接触型二极管　　　　(b) 面接触型二极管　　　　(c) 平面型二极管

图 1.3　二极管的内部结构

点接触型二极管：PN 结面积小，结电容小，用于检波和变频等高频电路。

面接触型二极管：PN 结面积大，结电容大，用于低频大电流整流电路。

平面型二极管：PN 结面积大小可控。结面积大，用于大功率整流；结面积小，用于高频电路。

按封装形式来分类，常见的二极管有金属二极管、塑料二极管和玻璃二极管3种。

按照应用的不同，二极管分为整流二极管、检波二极管、稳压二极管、开关二极管、发光二极管、光电二极管和变容二极管等。

根据使用的不同，二极管的外形各异，其常见外形如图1.1所示。

3. 二极管的检测

1) 二极管极性的判定

(1) 根据二极管外部标志识别二极管引脚极性，如图1.4所示。

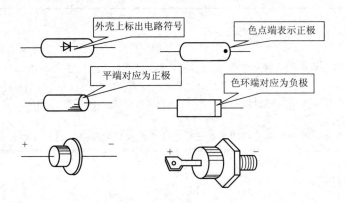

图 1.4　二极管的极性

(2) 用万用表检测。将红、黑表笔分别接二极管的两个电极，若测得的电阻值很小（几 kΩ 以下），则黑表笔所接电极为二极管正极，红表笔所接电极为二极管的负极；若测得的阻值很大（几百 kΩ 以上），则黑表笔所接电极为二极管负极，红表笔所接电极为二极

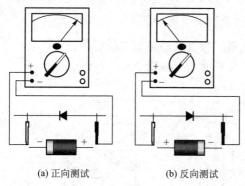

(a) 正向测试　　　　(b) 反向测试

图 1.5　二极管极性的测试

管的正极，如图 1.5 所示。

2) 二极管好坏的判定

用万用表检测有以下几种情况。

（1）若测得的反向电阻很大（几百 kΩ 以上），正向电阻很小（几 kΩ 以下），表明二极管性能良好。

（2）若测得的反向电阻和正向电阻都很小，表明二极管短路，已损坏。

（3）若测得的反向电阻和正向电阻都很大，表明二极管断路，已损坏。

【做一做】

实训 1-1：二极管的检测

实训流程：

（1）在元件盒中取出两只不同型号（分别为硅二极管和锗二极管）的二极管。

（2）将万用表拨到 $R\times100$ 或 $R\times1k$ 电阻挡，测量上述二极管的正、反向电阻，并判断其性能好坏，把以上测量结果填入表 1-1 中。

（3）用数字万用表的二极管挡，测出二极管的正向导通电压值。

表 1-1　二极管的测试结果

型号 阻值	正向电阻	反向电阻	电阻挡位	质量鉴别
			$R\times100$	
			$R\times100$	
			$R\times1k$	
			$R\times1k$	

通过上述实训，可以得到下列结论。

二极管正向电阻_____（大/小），反向电阻_____（大/小），_____（具有/不具有）单向导电性。二极管正向导通时，导通电压降硅二极管约为_____ V，锗二极管约为_____ V。

【想一想】

（1）用万用表测量二极管和电阻时，为什么电阻的正向电阻与反向电阻相同，而二极管的正向电阻与反向电阻却不相同？

（2）同一个二极管，用不同电阻挡测量其正向电阻值或反向电阻值，所测量的值为什么不相同？

1.1.2　半导体基础知识

从实训 1-1 可知：二极管具有单向导电性。那么二极管为什么具有该特性呢？这要从二极管的组成材料——半导体开始分析。

1. 导体、绝缘体和半导体

物质按其导电能力的强弱，可分为导体、绝缘体和半导体。

（1）导体：导电能力很强的物质。如低价金属元素铜、铁、铝等。

（2）绝缘体：导电能力很弱，基本上不导电的物质。如高价惰性气体和橡胶、陶瓷、塑料等高分子材料等。

（3）半导体：导电能力介于导体和绝缘体之间的物质。如硅、锗等四价元素。半导体具有光敏性、热敏性和掺杂性的独特性能，因此在电子技术中得到了广泛应用。

① 光敏性——半导体受光照后，其导电能力大大增强。

② 热敏性——受温度的影响，半导体导电能力变化很大。

③ 掺杂性——在半导体中掺入少量特殊杂质，其导电能力极大地增强。

2．P型半导体和N型半导体

纯净且呈现晶体结构的半导体，叫本征半导体，其导电能力很差，不能用来制造半导体器件，但在本征半导体中，掺入某些微量元素后，其导电能力能大大提高。

在硅或锗本征半导体中，掺入适量的五价元素（如磷），则形成以电子为多数载流子的电子型半导体，即N型半导体。图1.6所示为N型半导体的共价键结构。

N型半导体中，自由电子为多数载流子，空穴为少数载流子，主要靠自由电子导电。

在硅或锗本征半导体中，掺入适量的三价元素（如硼），则形成以空穴为多数载流子的空穴型半导体，叫P型半导体。图1.7所示为P型半导体的共价键结构。

P型半导体中，空穴为多数载流子，自由电子为少数载流子，主要靠空穴导电。

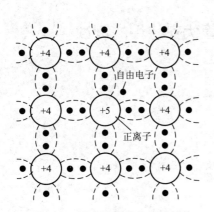
图1.6　N型半导体的共价键结构

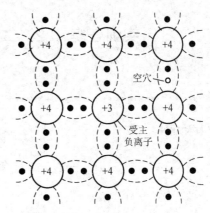
图1.7　P型半导体的共价键结构

3．PN结及单向导电性

通过一定的工艺将P型半导体和N型半导体结合在一起，在它们的结合处会形成一个空间电荷区，即PN结，如图1.8所示。如果在PN结两端加上不同极性的电压，PN结会呈现出不同的导电性能。

PN结外加正向电压，即PN结P端接高电位，N端接低电位，称PN结外加正向电压，又称PN结正向偏置，简称正偏，如图1.9所示。正偏时，PN结变窄，正向电阻小，电流大，PN结处于导通状态。

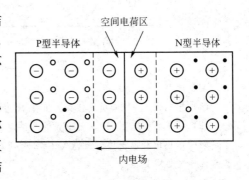
图1.8　PN结的形成

PN 结外加反向电压，即 PN 结 P 端接低电位，N 端接高电位，称 PN 结外加反向电压，又称 PN 结反向偏置，简称为反偏，如图 1.10 所示。反偏时，PN 结变宽，反向电阻很大，电流很小，PN 结处于截止状态。

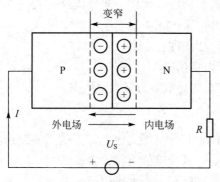
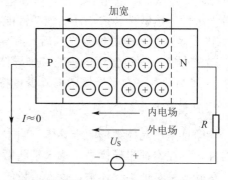

图 1.9　PN 结外加正向电压　　　　　　　　图 1.10　PN 结外加反向电压

　　PN 结的单向导电性是指 PN 结外加正向电压时处于导通状态，外加反向电压时处于截止状态。

　　由于 PN 结具有单向导电性，故以 PN 结为核心组成部分的二极管同样也具有单向导电性。

实训任务 1.2　二极管伏安特性的测试

【做一做】

实训 1-2：二极管伏安特性的仿真测试

测试电路：如图 1.11 所示。

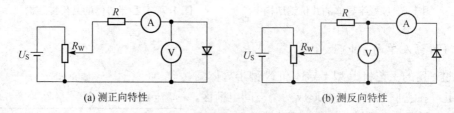

(a) 测正向特性　　　　　　　　　　　(b) 测反向特性

图 1.11　二极管的伏安特性测量电路图

实训流程：

（1）根据图 1.11(a) 所示接线，其中 R 为限流电阻，阻值可定为 200Ω；二极管如 IN4007。

（2）调节可变电阻 R_W，使二极管两端电压从 0V 开始缓慢增加。用电压表和电流表，分别测量二极管两端的电压值和电流值。根据表 1-2 所列的电压值或电流值，记录所对应的电流值或电压值，获得二极管正向特性测量值。

表 1-2 二极管正向伏安特性的测量值

二极管两端电压 U_D/V	0	0.30	0.50					
流过二极管电流 I_D/mA				0.5	1	2	3	5	10
U_D 与 I_D 的比值	—	—	—					

（3）将二极管两接线端对调，如图1.11(b)所示接线。调节可变电阻 R_W，用电压表和电流表，分别测量二极管两端的电压值和电流值。根据表1-3所列的电压值，记录所对应的电流值，获得二极管反向特性测量值。

表 1-3 二极管反向伏安特性的测量值

二极管两端电压 U_D/V	0	5	10	15	20	25
流过二极管电流 I_D/mA						

（4）根据表1-2和表1-3的电压与电流数值，画出二极管的伏安特性曲线。

结论：

（1）二极管负载在正向电压作用下，电源电压从0缓慢增加，回路中的电流是：＿＿＿＿＿＿＿＿＿
＿＿＿（描述数值变化的现象）。

（2）二极管负载在反向电压作用下，电源电压从0逐渐增加，回路中的电流是：＿＿＿＿＿＿＿＿＿
＿＿＿（描述数值变化的现象）。

（3）二极管负载两端的电压与流过这个负载的电流的比值是＿＿＿＿＿＿（常量/变量）。

（4）绘制的二极管负载伏安特性曲线是＿＿＿＿＿＿（直线/曲线）。

1.2.1 二极管的伏安特性

二极管两端的电压 U 及其流过二极管的电流 I 之间的关系曲线，称为二极管的伏安特性，即 $I=f(U)$。图1.12为二极管的伏安特性曲线。

1. 正向特性

当二极管两端所加正向电压比较小时（$0<U<U_{th}$），通过二极管的电流基本为0，管子处于截止状态，此区域称为死区，U_{th} 称为死区电压（门槛电压）。硅二极管的死区电压约为0.5V，锗二极管的死区电压约为0.1V。

二极管所加正向电压大于死区电压时，随电压的增大，正向电流迅速增加，二极管呈现电阻很小，二极管处于正向导通状态。硅二极管的正向导通压降约为0.7V，锗二极管的正向导通压降约为0.3V。

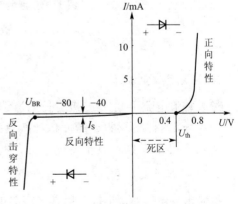

图 1.12 二极管的伏安特性曲线

2. 反向特性

二极管外加反向电压时，反向电流很小($I \approx -I_S$)，呈现出很大电阻，管子处于反向截止状态。此反向电流在相当宽的反向电压范围内几乎不变，即达到饱和，因此，此反向电流也称为二极管的反向饱和电流。

3. 反向击穿特性

当反向电压的值增大到一定值(U_{BR})时，反向电压值稍有增大，反向电流会急剧增大，此现象称为反向击穿(即电击穿)，U_{BR}为反向击穿电压。

在电路中采取适当的限压措施，就能保证电击穿不会演变成热击穿，以避免损坏二极管。

1.2.2　二极管的温度特性

二极管对温度有一定的敏感性。在室温附近，温度每升高 1℃，二极管的正向压降减小 2~2.5mV，正向伏安特性左移；温度每升高 10℃，反向电流大约增加一倍，反向伏安特性下移，如图 1.13 所示。显然，反向伏安特性受温度影响更大。

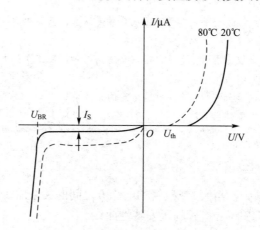

图 1.13　温度对二极管伏安特性影响

1.2.3　二极管的主要参数

1. 最大整流电流 I_F

最大整流电流 I_F 是指二极管长期连续工作时，允许通过二极管的最大正向电流的平均值，它与 PN 结的材料、结面积和散热条件有关。电流流过 PN 结会引起二极管发热，当平均电流超过 I_F 时，管子将过热而烧坏。

2. 反向工作电压 U_R

反向击穿电压 U_{BR} 是指二极管击穿时的电压值。反向工作电压 U_R 是指二极管在使用时所允许加的最大反向电压。为了确保二极管安全工作，一般手册中的二极管的反向工作电压取反向击穿电压的一半。

3. 反向饱和电流 I_S

反向饱和电流 I_S 是指管子没有击穿时的反向电流值。其值越小，说明二极管的单向导电性越好。

一般硅二极管的反向饱和电流比锗二极管小很多。

[例1-1]　电路如图1.14(a)所示，假设二极管正向导通电压为0.7V。试判断二极管的工作状态，并求出A、B两点间的输出电压 U_{AB}。

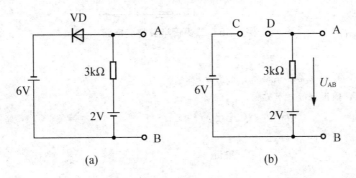

图1.14　例1-1图

解题方法：假设二极管从电路中断开，看二极管两端正向开路电压是否大于其导通电压。若正向电压大于其导通电压，则二极管接入后必将导通；反之，二极管接入后必将处于截止状态。

解： (1)设想将二极管移去，如图1.14(b)，取B点为参考点。则

$$U_C = -6V, \quad U_D = 2V$$

因为 $U_D - U_C > 0.7V$，所以，二极管接入时正向偏置电压大于其导通电压，将导通。

(2) 因为二极管正向导通电压为0.7V，所以二极管导通后的管压降为0.7V。所以

$$U_{AB} = U_{DC} + U_{CB} = 0.7 - 6 = -5.3(V)$$

实训任务 1.3　二极管应用电路的制作

二极管的运用基础就是二极管的单向导电性，因此，在应用电路中，关键是判断二极管是导通还是截止。

普通二极管的应用范围很广，可用于整流、限幅、开关、稳压等电路。

【做一做】

实训1-3：二极管半波整流电路制作及信号观测

整流电路就是利用具有单向导电性能的整流元件，将正负交替变化的正弦交流电压转换成单方向的脉动直流电压。这里介绍的整流元件采用具有单向导电性的二极管。

测试电路如图1.15所示。

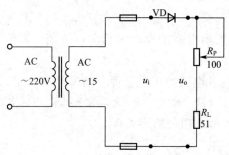

图 1.15　二极管半波整流电路

实训流程:

(1) 接好电路,用示波器观察输入、输出波形。

(2) 测量输入、输出信号的有效值。

半波整流: $U_\mathrm{I}=$ _____(V), $U_\mathrm{O}=$ _____(V)。

(3) 画出输入、输出信号的波形。

输入　　　　　　　　　　　　输出

1.3.1　二极管整流滤波电路

在电子电路及其设备当中,一般都需要稳定的直流电源供电。小功率直流电源因功率比较小,通常采用单相交流供电,因此,本节只讨论单相整流电路。整流、滤波、稳压是实现单相交流电转换到稳定的直流电压的 3 个重要组成部分。

1. 整流电路

整流电路是利用具有单向导电性能的整流元件,将正负交替变化的正弦交流电压转换成单方向的脉动直流电压。常用的二极管整流电路有单相半波整流电路和单相桥式整流电路等。

1) 二极管半波整流电路

二极管半波整流电路如图 1.16(a)所示。设 $u_2=\sqrt{2}U_2\sin\omega t\,\mathrm{V}$,当 u_2 为正半周时(电位极性上正下负),二极管正向导通,二极管和负载上有电流流过。当 u_2 为负半周时(电位极性上负下正),二极管反向截止,负载上没有电流流过,其上没有电压。信号的输入、输出电压波形如图 1.16(b)所示。

整流后得到的单方向的脉动电压。其输出电压的平均值为

$$U_\mathrm{O}=\frac{1}{2\pi}\int_0^{2\pi}u_o\mathrm{d}(\omega t)=\frac{1}{2\pi}\int_0^{\pi}\sqrt{2}U_2\sin(\omega t)\mathrm{d}(\omega t)=\frac{\sqrt{2}}{\pi}U_2=0.45U_2$$

式中, U_2 为变压器次级电压的有效值。

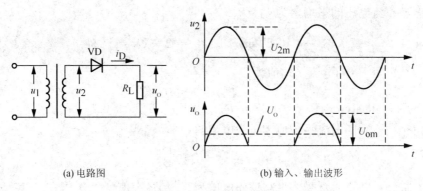

(a) 电路图　　　　　　　　(b) 输入、输出波形

图 1.16　半波整流电路

负载电流的平均值 I_O 就是流过整流二极管的电流平均值 I_D，即

$$I_D = I_O = \frac{U_O}{R_L} = 0.45 \frac{U_2}{R_L}$$

2）二极管桥式整流电路

为了克服单相半波整流的缺点，常采用单相桥式整流电路，它由 4 个二极管接成电桥形式构成，如图 1.17 所示。

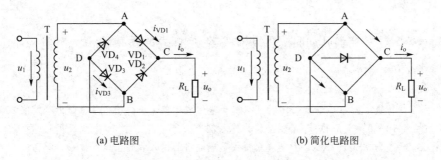

(a) 电路图　　　　　　　　(b) 简化电路图

图 1.17　单相桥式整流电路

当正半周时，二极管 VD_1、VD_3 导通，在负载电阻上得到正弦波的正半周。

当负半周时，二极管 VD_2、VD_4 导通，在负载电阻上得到正弦波的负半周。

在负载电阻上正、负半周经过合成，得到的是同一个方向的单向脉动电压，如图 1.18 所示。

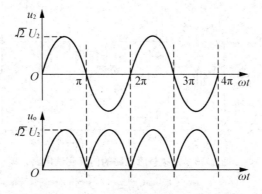

图 1.18　全波整流信号的输入、输出波形

单相全波整流电压的平均值为

$$U_O = \frac{1}{\pi}\int_0^\pi \sqrt{2}U_2\sin\omega t\, \mathrm{d}(\omega t) = 2\frac{\sqrt{2}}{\pi}U_2 = 0.9U_2$$

流过负载电阻 R_L 的电流平均值为

$$I_O = \frac{U_O}{R_L} = 0.9\frac{U_2}{R_L}$$

流经每个二极管的电流平均值为负载电流的一半

$$I_D = \frac{1}{2}I_O = 0.45\frac{U_2}{R_L}$$

每个二极管在截止时承受的最高反向电压为 U_2 的最大值

$$U_{RM} = U_{2M} = \sqrt{2}U_2$$

桥式整流电路与半波整流电路相比较,具有输出直流电压高,脉动较小,二极管承受的最大反向电压较低等特点,在电源变压器中得到了广泛利用。

将桥式整流电路的 4 个二极管制作在一起,封装成为一个器件就称为整流桥,其实物如图 1.1(g)所示。

【做一做】

实训 1-4:单相桥式整流电路的仿真测试

测试电路:如图 1.19 所示。

实训流程:

(1) 按图画好仿真电路,其中 3N246 为 4 只二极管组成的整流桥。接入信号源为有效值 200V,频率 50Hz 的正弦波经 10:1 的变压器 T_1 变压后作为输入信号。

(2) 用虚拟示波器 XSC1、XSC2 分别观察桥式整流电路的输入和输出电压波形,并画出波形图。

(3) 观察电路并记录:整流电路的输入电压是_____(全波/半波),输出电压是_____(全波/半波);输出电压与输入电压的正向幅值_____(基本相等/相差很大)。

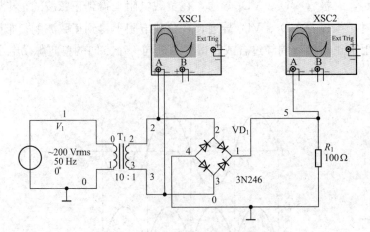

图 1.19　桥式整流电路的仿真测试电路

2. 滤波电路

整流电路输出的直流电压脉动成分较大，含有较大的交流分量。这样的直流电压作为电镀、蓄电池充电的电源还是允许的，但作为大多数电子设备的电源，将会产生不良影响，甚至不能正常工作。为此，在整流电路之后，一般需要加接滤波电路，来减小输出电压中的交流分量，以输出较为平滑的直流电压。

 【做一做】

实训 1-5：电容滤波电路的仿真测试

测试电路：如图 1.20 所示。

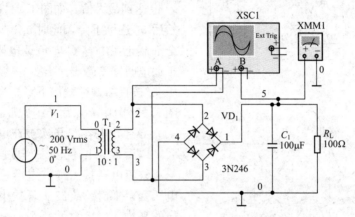

图 1.20　电容滤波电路的仿真测试电路

实训流程：

(1) 按图画好仿真电路，其中电容器的容量为 $100\mu F$，负载电阻 R_L 为 100Ω。

(2) 仿真观察电容滤波电路的输出电压波形，并记录：输出电压直流分量为 _____ V（也可用虚拟万用表 XMM1 测量），波纹分量峰峰值为 _____ V。

(3) 按表 1-4 所列 C 的容量改变电容器，并记录仿真结果。

表 1-4　电容 C 变化的影响($R_L = 100\Omega$)

	$C=500\mu F$	$C=1000\mu F$	$C=2000\mu F$
直流分量/V			
纹波(峰峰值)/V			

(4) 按表 1-5 所列 R_L 的阻值改变电阻，并记录仿真结果。

表 1-5　负载电阻 R_L 变化的影响($C = 1000\mu F$)

	$R_L=50\Omega$	$R_L=100\Omega$	$R_L=200\Omega$
直流分量/V			
纹波(峰峰值)/V			

通过上述实训，可以得到下列结论。

(1) 经过电容滤波电路后输出电压纹波_____(已消失/仍存在)，但滤波后的纹波要比滤波前_____(大得多/小得多)。

(2) 滤波后输出电压的直流分量_____(大于/等于/小于)滤波前输出电压的直流分量。

(3) 滤波电容器的容量越大，输出电压纹波_____(越大/越小)，输出电压的直流分量_____(越大/越小)；负载电阻 R_L 越大，输出电压纹波_____(越大/越小)。

1) 电容滤波电路

电容滤波电路如图 1.21 所示。

假定在 $\omega t = 0$ 时接通电源，当 u_2 为正半周并由零逐渐增大时，整流二极管 VD_1、

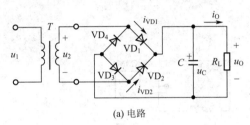

(a) 电路

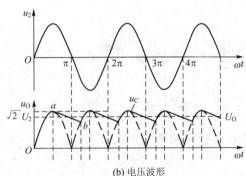

(b) 电压波形

图 1.21 桥式整流电容滤波电路

VD_3 导通，电容 C 被充电，由于充电回路的电阻很小，$u_o = u_C \approx u_2$，在 u_2 达到最大值时，u_o 也达到最大值，如图 1.21(b)中 a 点所示，然后 u_2 逐渐下降，此时 $u_C > u_2$，4 个二极管全部截止，电容 C 向负载电阻 R_L 放电，由于放电时间常数 $\tau = R_L C$ 一般较大，电容电压 u_C 按指数规律缓慢下降。当 $u_o(u_C)$ 下降到图 1.21(b)中 b 点后，$u_2 > u_C$，二极管 VD_2、VD_4 导通，电容 C 再次被充电，输出电压增大，以后重复上述充、放电过程。

整流电路接入滤波电容后，不仅使输出电压变得平滑、纹波显著减小，同时输出电压的平均值也增大了。

电容 C 和负载电阻 R_L 的变化，影响着输出电压。$R_L C$ 越大，电容放电速度越慢，负载电压中的纹波成分越小，负载平均电压越高。

为了获得较平滑的输出电压，一般要求

$$\tau = R_L C \geqslant (3 \sim 5)\frac{T}{2}$$

输出电压的平均值近似为

$$U_O = 1.2 U_2$$

当 $R_L \to \infty$，即空载时，有

$$U_O = \sqrt{2} U_2 \approx 1.4 U_2$$

当 $C = 0$，即无电容时，有

$$U_O \approx 0.9 U_2$$

由于电容 C 充电的瞬时电流很大，形成了浪涌电流，容易损坏二极管，故在选择二极管时，必须留有足够电流裕量，一般取输出电流 I_O 的 2~3 倍。

电容滤波电路简单，输出电压平均值 U_O 较高，脉动较小，但是二极管中有较大的冲

击电流。因此，电容滤波电路一般适用于输出电压较高、负载电流较小并且变化也较小的场合。

[例1-2]　一单相桥式整流电容滤波电路如图1.22所示，设负载电阻 $R_L=150\Omega$，要求输出直流电压 $U_O=28V$。试选择整流二极管和滤波电容。已知交流电源频率50Hz。

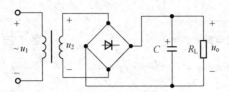

图1.22　例1-2单相桥式整流电容滤波电路图

解：（1）选择整流二极管：

流过二极管的电流平均值为

$$I_D=\frac{I_O}{2}=\frac{U_O}{2R_L}=\frac{28}{2\times150}=0.093(A)$$

变压器二次侧电压的有效值为

$$U_2=\frac{U_O}{1.2}=\frac{28}{1.2}=23.3(V)$$

二极管所承受的最高反向电压为

$$U_{RM}=\sqrt{2}U_2=\sqrt{2}\times23.3=33(V)$$

查手册，可选用二极管 IN4001，最大整流电流1A，最大反向工作电压50V。

（2）选择滤波电容：

由式 $R_LC\geqslant(3\sim5)\dfrac{T}{2}$，其中 $T=0.02s$，故滤波电容的容量为

$$C\geqslant(3\sim5)\frac{T}{2\times R_L}=(3\sim5)\times\frac{0.02}{2\times150}F=200\sim333\mu F$$

电容器的耐压

$$U_M>\sqrt{2}U_2=\sqrt{2}\times23.3=33(V)$$

可选取容量为 $300\mu F$，耐压为50V的电解电容器。

2）电感滤波电路

电感滤波适用于负载电流较大的场合。它的缺点是制作复杂、体积大、笨重且存在电磁干扰。电路如图1.23所示。

电感滤波电路输出电压平均值 U_O 的大小一般按经验公式计算

$$U_O=0.9U_2$$

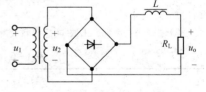

图1.23　电感滤波电路

3）LC滤波电路

如果要求输出电流较大，输出电压脉动很小时，可在电感滤波电路之后再加电容 C，组成 LC 滤波电路，如图1.24所示。

为了进一步减小负载电压中的纹波，可采用图1.25所示的 π 型 LC 滤波电路。

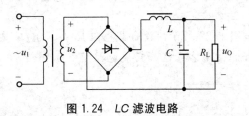

图 1.24　LC 滤波电路　　　　　　图 1.25　π 型 LC 滤波电路

【做一做】

实训 1-6：电感滤波电路的仿真测试

测试电路：如图 1.26 所示。

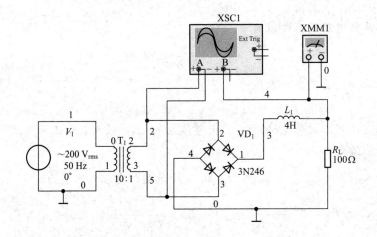

图 1.26　电感滤波电路的仿真测试电路

实训流程：

(1) 按图画好仿真电路。

(2) 仿真观察电感滤波电路的输出电压波形，并记录：输出电压直流分量为_____ V，波纹分量峰峰值为_____ V。

(3) 按表 1-6 所列 L 的电感量改变电感，并记录仿真结果。

表 1-6　电感 L 变化的影响($R_L = 100\Omega$)

	$L=2H$	$L=4H$	$L=8H$
直流分量/V			
纹波(峰峰值)/V			

(4) 按表 1-7 所列 R_L 的阻值改变电阻器，并记录仿真结果。

表 1-7　负载电阻 R_L 变化的影响($L=4$H)

	$R_L=50\Omega$	$R_L=100\Omega$	$R_L=200\Omega$
直流分量/V			
纹波(峰峰值)/V			

结果表明：

(1) 经过电感滤波电路后输出电压纹波_____(已消失/仍存在)，但滤波后的纹波要比滤波前_____(大得多/小得多)。

(2) 滤波后输出电压的直流分量_____(大于/等于/小于)滤波前输出电压的直流分量。

(3) 电感量越大，输出电压纹波_____(越大/越小)；负载电阻 R_L 越大，输出电压纹波_____(越大/越小)。

虽然经整流、滤波已经将正弦交流电压变成较为平滑的直流电压，但是，当电网电压波动或负载变化时，负载上的电压还将发生变化。为了获得稳定性好的直流电压，必须采取稳压措施。稳压电路部分将在 1.4.2 节中介绍。

1.3.2　二极管限幅电路

当输入信号电压在一定范围内变化时，输出电压也随着输入电压相应的变化；当输入电压超过该范围时，输出电压保持不变，这就是限幅电路。输出电压开始不变的电压称为限幅电平，当输入电压高于限幅电平时，输出电压保持不变的限幅称为上限幅电路；当输入电压低于限幅电平时，输出电压保持不变的限幅称为下限幅电路；上、下限幅电路合起来则组成双向限幅电路。

限幅电路可应用于波形变换，输入信号的幅度选择、极性选择和波形整形等。限幅电路也可以降低信号幅度，保护某些元件不受大的信号电压作用而损坏。

【做一做】

实训 1-7：二极管限幅电路的仿真测试

测试电路：如图 1.27 所示。

实训流程：

(1) 按图画好电路。接入信号源为最大值 10V，频率 100Hz 的正弦波。

(2) 在电路中并接入虚拟示波器 XSC1 和 XSC2，分别用以观察输入和输出波形。

(3) 仿真过程中，双击示波器图标，观察放大的示波器面板图，如图 1.28 所示。

在面板图中，调整时间基轴、通道 A 的设置，借助垂直光标，可得到二极管限幅电路的上、下限幅电平并记录；并与示波器 XSC1 所显示的输入波形进行比较。

上限幅电平：_____V；

下限幅电平：_____V。

【画一画】

根据仿真结果，画出限幅电路的输入和输出波形，与理论的输入和输出波形进行比较。

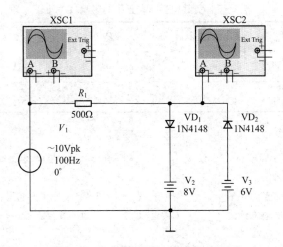

图 1.27 二极管限幅电路的仿真测试

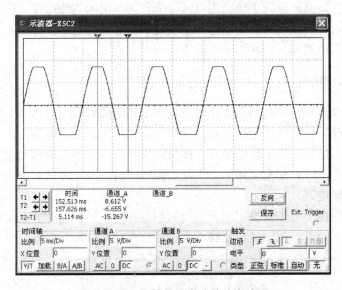

图 1.28 二极管限幅电路的仿真波形

【想一想】

分析电路的输出波形为什么能够限制在上、下限幅电平内?

[例 1-3] 二极管电路如图 1.29(a)所示,设输入电压 $u_i(t) = 15\sin\omega t$ V,其波形如图 1.29(b)所示。$E = 6$V,$R = 10\Omega$,二极管为理想的。试绘出 $u_o(t)$ 的波形。

解题方法:在输入电压 u_i 和电源 E 共同作用下,分析出在哪个时间段二极管正向导通,哪个时间段二极管反向截止。理想二极管导通时可视为短路,截止时可视为开路。

解:u_i 正半周情况下,当 $u_i < E$ 时,二极管截止,电阻 R 中无电流通过,$u_o = E = 6$V;当 $u_i > E$ 时,二极管导通,电阻 R 中有电流通过,$u_o = u_R + E = u_i$。

u_i 负半周情况下,二极管截止,$u_o = E = 6$V。

其输出电压波形如图 1.30 所示。

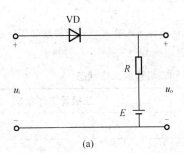

(a)

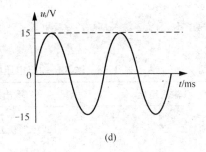

(d)

图 1.29　例 1-3 图

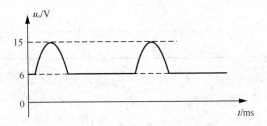

图 1.30　例 1-3 输出电压波形图

1.3.3　二极管开关电路

【做一做】

实训 1-8：二极管开关电路的仿真测试（一）

测试电路：如图 1.31 所示。

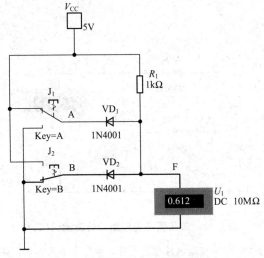

图 1.31　二极管开关电路的仿真测试（一）

实训流程：

(1) 按图画好电路。其中 J_1、J_2 为单刀双掷开关，开关控制按键分别设置为 A 和 B；U_1 为电压表，用来测量输出电压。

(2) 根据表1-8顺序输入信号，观察电压表的数值，记录并填入表中，分析二极管 VD_1、VD_2 的工作状态。

表1-8　输入、输出电压的关系和二极管的工作状态

输入电压		输出电压	二极管工作状态	
U_A	U_B	U_O	VD_1	VD_2
0V	0V			
0V	5V			
5V	0V			
5V	5V			

通过上述实训，可以得到下列结论。

(1) 二极管导通时，其导通电压约为＿＿＿＿＿＿＿＿＿＿＿。

(2) 当 A、B 两端的电位状态＿＿＿＿＿＿＿＿＿＿时，输出为低电平(＿＿＿ V)。

当 A、B 两端的电位状态＿＿＿＿＿＿＿＿＿＿时，输出为高电平(＿＿＿ V)。

这种关系就是数字电路中的"与"逻辑关系。二极管导通与截止相当于开关的闭合与打开。

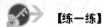【练一练】

实训1-9：二极管开关电路的仿真测试(二)

实训流程：

(1) 按图1.32所示画好电路。

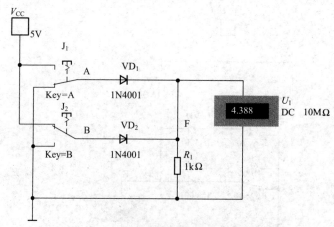

图1.32　二极管开关电路的仿真测试(二)

(2) 根据表1-9顺序输入信号，观察电压表的数值，并记录填入表中，并分析二极管 VD_1、VD_2 的工作状态。

通过上述实训，可以得到下列结论。

(1) 当 A、B 两端的电位状态＿＿＿＿＿＿＿＿＿＿时，输出为低电平(＿＿＿ V)。

表 1-9 输入、输出电压的关系和二极管的工作状态

输入电压		输出电压	二极管工作状态	
U_A	U_B	U_O	VD_1	VD_2
0V	0V			
0V	5V			
5V	0V			
5V	5V			

(2) 当 A、B 两端的电位状态_____时，输出为高电平(_____ V)。

这种关系就是数字电路中的"或"逻辑关系。

实训任务 1.4　特殊二极管特性的测试

【做一做】

实训 1-10：稳压二极管稳压电路的测试

测试电路：如图 1.33 所示。

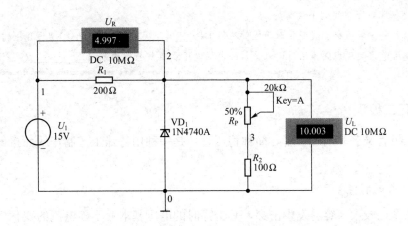

图 1.33 稳压二极管稳压电路的测试

实训流程：

(1) 按图连接电路。

(2) 电源电压不变时，负载改变时电路的稳压性能。

调节 R_P，使负载($R_L = R_P + R_2$)分别为 100Ω、5.1kΩ、10.1kΩ、20.1kΩ，分别测量下列参数并填表 1-10。

表 1-10　负载电阻 R_L 变化的结果($U_1 = 15\text{V}$)

$R_L/\text{k}\Omega$	U_L/V	U_R/V	计算 I_D/mA
0.1			
5.1			
10.1			
20.1			

(3) 负载不变时,电源电压改变时电路的稳压性能(按表中要求填表 1-11)。

表 1-11　电源电压 U_1 变化的结果($R_L = 10.1\text{k}\Omega$)

U_1/V	U_L/V	U_R/V	计算 I_D/mA
5			
8			
10			
15			
20			

通过上述实训,可以得到下列结论。

(1) 当输入电源电压和负载变化时稳压管稳压电路_____(能够/不能够)实现稳压作用。

(2) 当稳压电路实现稳压作用时,对输入的电源电压和负载变化的范围_____(有/没有)限制。

1.4.1　稳压二极管

稳压二极管又名齐纳二极管,简称稳压管,是一种用特殊工艺制作的面接触型硅半导体二极管。

1. 稳压管的特点

杂质浓度比较大,容易发生击穿,其击穿时的电压基本上不随电流的变化而变化,从而达到稳压的目的。

当稳压管工作在反向击穿状态下,工作电流 I_Z 在 I_{Zmax} 和 I_{Zmin} 之间变化时,其两端电压近似为常数。

2. 稳压管正常工作的条件

稳压管能够起稳压作用,须满足以下两个条件:

(1) 稳压管两端必须加上一个大于其击穿电压的反向电压。

(2) 必须限制其反向电流,使稳压管工作在额定电流内,如加限流电阻。

3. 稳压管的主要参数

（1）稳定电压 U_Z：在规定的稳压管反向工作电流下，所对应的反向击穿电压。

（2）稳定电流 I_Z：稳压管工作在稳压状态时，稳压管中流过的电流。稳压管的电流必须位于最小稳定电流 I_{Zmin} 和最大稳定电流 I_{Zmax} 之间。若 $I_Z < I_{Zmin}$，稳压管则不起稳压作用，相当于普通二极管；而 $I_Z > I_{Zmax}$，稳压管将因过流而损坏。

（3）耗散功率 P_M：指稳压管正常工作时，管子上允许的最大耗散功率。超过此值，管子会因过热而损坏。

1.4.2 并联型稳压电路

由稳压管 VD_Z 和限流电阻 R 所组成的稳压电路是一种最简单的直流稳压电路，如图 1.35 中虚线框内所示。稳压管的伏安特性如图 1.34 所示。

由图 1.35 可以看出

$$U_O = U_I - I_R R \qquad (1-1)$$

$$I_R = I_Z + I_L \qquad (1-2)$$

在稳压管稳压电路中，只要能使稳压管始终工作在稳压区，即保证稳压管的电流 $I_{Zmin} \leqslant I_Z \leqslant I_{Zmax}$，输出电压 U_Z 就基本稳定。

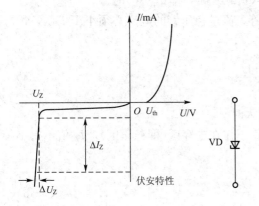

图 1.34　稳压管的伏安特性和符号

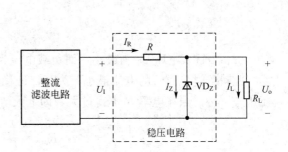

图 1.35　稳压管组成的稳压电路

1. 稳压原理

在图 1.35 所示稳压管稳压电路中，当电网电压升高时，U_I 增大，U_O 也随之按比例增大，但是，因为 $U_O = U_Z$，因而，根据稳压管的伏安特性，U_Z 的增大将使 I_Z 急剧增大，根据式(1-1)、式(1-2)不难看出电压 U_O 将减小。因此，只要参数选择合适，R 上的电压增量就可以与 U_I 的增量近似相等，从而使 U_O 基本不变。可简单描述如下。

电网电压↑→U_I↑→$U_O(U_Z)$↑→I_Z↑→I_R↑→$I_R R$↑┐

U_O↓←─────────────────────────────────┘

同理，电网电压降低时，也能使输出电压 U_O 基本稳定。

当负载电阻 R_L 减小（即 I_L 增大）时，根据式(1-1)、式(1-2)，会导致 I_R 增加，U_O（即 U_Z）下降，根据稳压管伏安特性，U_Z 的下降使 I_D 急剧减小，从而使 I_R 随之减小。如果参数选择恰当，则可以使 $\Delta I_Z \approx -\Delta I_L$，使 I_R 基本不变，从而使 U_O 基本不变。

同理，负载电阻 R_L 增大时，也能使 U_O 基本不变。

综上所述，在稳压二极管组成的稳压电路中，是利用稳压管所起的电流调节作用，通过限流电阻 R 上电压或电流的变化进行补偿，来达到稳压的目的。

2. 限流电阻的选择

为了保证稳压管的正常工作，当输入电压 U_I 和负载电流 I_L 在一定范围内变化时，稳压管的工作电流 I_Z 应满足下式

$$I_{Zmin} < I_Z < I_{Zmax} \qquad\qquad (1-3)$$

式(1-3)中，I_{Zmin} 为稳压管的最小稳定电流，当 I_Z 小于 I_{Zmin} 时，稳压性能变坏；I_{Zmax} 为稳压管的最大允许电流，当 I_Z 大于 I_{Zmax} 时，可能使稳压管损坏。所以在电路中要串接电阻 R，以限制电流保护稳压管，故将电阻 R 称为限流电阻。

由式(1-1)、式(1-2)可得

$$R = \frac{U_I - U_Z}{I_Z + I_L}$$

可见，限流电阻 R 与输入电压 U_I、负载电流 I_L 均有关。

(1) 当输入电压 U_I 为最大，而负载电流最小(负载开路，即 $I_L = 0$)时。

此时流过稳压管的电流最大，为不损坏稳压管，流过稳压管的电流必须小于 I_{Zmax}，因此限流电阻 R 不得过小，即下限值为

$$R_{min} = \frac{U_{Imax} - U_Z}{I_{Zmax}} \qquad\qquad (1-4)$$

(2) 当输入电压 U_I 为最小，而负载电流为最大时。

此时流过稳压管的电流最小，为了保证稳压管工作在击穿区(即稳压区)，I_Z 值不得小于 I_{Zmin}，因此限流电阻 R 不得过大，即上限值为

$$R_{max} = \frac{U_{Imin} - U_Z}{I_{Zmin} + I_{Lmax}} \qquad\qquad (1-5)$$

式中，$I_{Lmax} = \dfrac{U_Z}{R_{Lmin}}$

[例1-4] 有两只稳压管 VD_1 和 VD_2，其稳定的工作电压分别为 5.5V 和 8.5V，正向导通电压为 0.5V。欲得到 0.5V、3V、6V、9V 和 14V 几种稳定电压值，这两只稳压管应如何连接？并画出相应的电路图。

解题方法：稳压管工作在反向击穿特性上。反向偏置时，外加的反向电压大于其稳压值时，稳压管两端电压为其稳压值；正向偏置时，管子两端电压为其正向压降，与普通二极管相似。

解：在组成的稳压电路中，稳压管必须串接限流电阻，否则将达不到稳压目的。限流电阻还能起到限流作用，使流过稳压管的电流在规定的范围内。

按图 1.36(a)、(b)、(c)、(d)和(e)连接，可分别得到 0.5V、3V、6V、9V 和 14V 几种不同的稳定电压值。

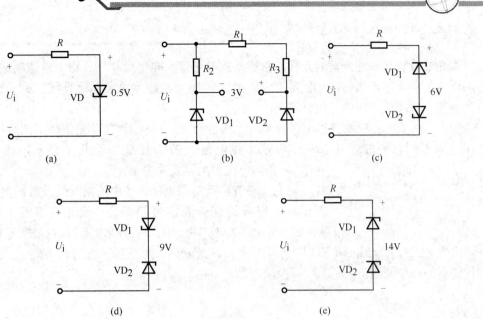

图 1.36　例 1-4 例题解

1.4.3　发光二极管

【做一做】

实训 1-11：发光二极管特性的测试

测试电路：如图 1.37 所示。

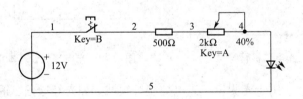

图 1.37　发光二极管测试电路

实训流程：

(1) 直接用万用表测量发光二极管的正、反向电阻值，并记录：

　　$R_{正向}$=_____，$R_{反向}$=_____。

(2) 按图 1.37 连接电路，将滑动变阻器的阻值位于最大，合上开关，观察发光二极管的亮度情况。将滑动变阻器的阻值减小，观察发光二极管的亮度变化情况，并记录：_____。用万用表测出发光二极管的正向压降 U_{LED}=_____，正向电流 I_{LED}=_____。

(3) 将发光二极管反接，观察此时发光二极管是否发光，并记录：_____。

通过上述实训，可以得到下列结论。

(1) 发光二极管正常工作时，其偏置是_____（正向偏置/反向偏置）。

(2) 发光二极管的正向电流愈大,发光_____(愈强/基本不变/愈弱)。

发光二极管是一种光发射元件,它通常由磷化镓、砷化镓等化合物半导体制成。当导通的电流足够大时,PN 结内电光效应将电能转换为光能。发光颜色有红、黄、橙、绿、白和蓝等,取决于制作管子的材料。

发光二极管工作时的导通电压比普通二极管要大,材料不同(发光颜色不同),其工作电压有所不同,一般在 1.5~2.3V;工作电流一般为几毫安至几十毫安,典型值为 10mA。正向电流愈大,发光愈强。

发光二极管广泛应用电子设备中的指示灯、数码显示器和需要将电信号转化为光信号等场合。发光二极管的符号如图 1.38 所示,发光二极管的一般外形如图 1.1(e)所示。

图 1.38 发光二极管符号

由发光二极管组成的 LED 灯具有寿命长、光效高、无辐射、低功耗等特点,将逐步替代现有的传统照明。

1.4.4 光电二极管

光电二极管又称光敏二极管,是利用二极管的光敏特性制成的光接受元件。光电二极管能将光能转换为电能,其符号如图 1.39 所示,一般外形如图 1.1(f)所示,基本电路如图 1.40 所示。

为了便于接受光照,光电二极管的管壳上有一个玻璃窗口。当窗口受到光照时,能形成反向电流 I_{RL},实现光电转换。光电二极管的 PN 结工作在反偏状态,反向电流与光照强度成正比。

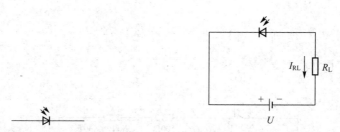

图 1.39 光电二极管符号   **图 1.40 光电二极管基本电路**

光电二极管广泛应用于光测量、光电控制等领域,如光纤通信、遥控接收器等。

1.4.5 变容二极管

变容二极管利用 PN 结的电容效应进行工作。变容二极管工作在反向偏置状态,当外加的反偏电压变化时,其电容量也随着改变。

变容二极管可作为可变电容器使用,如电调谐电路,通过控制变容二极管的容量大小,来改变谐振电路的谐振频率而达到选频的目的。图 1.41 为变容二极管的符号。

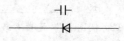

图 1.41 变容二极管符号

实训任务 1.5 集成稳压器的分析与检测

1.4.2节介绍的稳压管稳压电路虽然简单，使用方便，但该电路稳压值由稳压管的型号决定，调节困难，稳压精度不高，输出电流也比较小。而且，当输入电压和负载电流变化较大时，电路将失去稳压作用，适应范围小，很难满足输出电压精度要求高的负载的需要。为解决这一问题，可以采用串联型稳压电路。

串联型稳压电路的调整管与负载串联；而稳压管稳压电路的调整管与负载并联，故稳压管稳压电路也称为并联型稳压电路。

1.5.1 串联型稳压电路

1. 电路的组成及各部分的作用

串联型稳压电路的结构如图1.42所示。它由基准电压、比较放大电路、调整管和取样电路4部分组成。

（1）取样环节。由R_1、R_2、R_p组成的分压电路构成，它将输出电压U_O分出一部分作为取样电压U_F，送到比较放大环节。

（2）基准电压。由稳压管VD_Z和电阻R_3构成的稳压电路组成，它为电路提供一个稳定的基准电压U_Z，作为调整、比较的标准。

（3）比较放大环节。由集成运放A构成的直流放大器组成，其作用是将基准电压U_Z与取样电压U_F的差值放大后去控制调整管VT。

（4）调整环节。由工作在线性放大区的功率管VT组成，VT的基极电压U_b受比较放大电路输出的控制，它的改变又可使集电极电流I_{C1}和集、射极电压U_{CE}改变，从而达到自动调整稳定输出电压的目的。

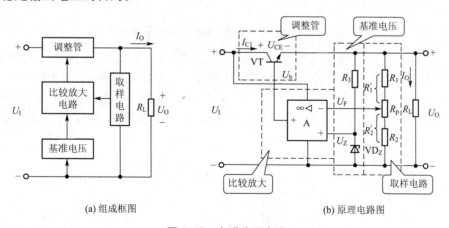

(a) 组成框图   (b) 原理电路图

图 1.42 串联稳压电路

2. 稳压的实质

当由于某种原因（如电网电压波动或负载电阻变化）导致输出电压U_O升高（降低）时，取样电压将这一变化趋势送到集成运放A的反相输入端，与同相输入端的基准电位U_Z进行比较放大；放大后的输出电压，即基极电压U_b降低（升高），调整管VT的I_{C1}减小（增大），c-e极间电压U_{CE}增大（减小），使U_O减小（增大），从而维持U_O基本稳定。

值得注意的是，调整管 VT 的调整作用是依靠 U_Z 和 U_F 之间的偏差来实现的，必须有偏差才能调整。如果 U_O 绝对不变，调整管的 U_{CE} 也绝对不变，那么电路也就不起调整作用了。所以，稳压电路不可能达到绝对稳定，只能是基本稳定。

1.5.2 三端集成稳压器

1. 集成稳压器的种类

集成稳压器具有体积小，应用时外接元件少、使用方便，性能优良，价格低廉等优点，因而得到广泛应用。集成稳压器根据引出脚不同，有多端(引出脚多于 3 脚)和三端两种。

三端式稳压器按输出电压可分为固定式稳压器和可调式稳压器。它们的基本组成及工作原理都相同，均采用串联型稳压电路。

三端固定式稳压器输出端电压是固定的，产品有 7800 系列(正电源)和 7900 系列(负电源)，型号中的 00 两位数值表示输出电压稳定值，有 5V、6V、8V、9V、12V、15V、18V、24V 等挡次。输出电流以 78(或 79)后面加字母来区分：L 表示 0.1A，M 表示 0.5A，无字母表示 1.5A，如 78L05 表示输出电压 5V，输出电流 0.1A。

图 1.43 所示为 CW7800 和 CW7900 系列三端集成稳压器的外形及引脚排列。

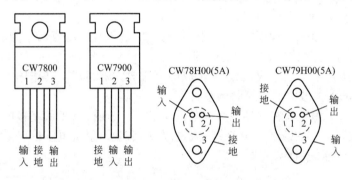

图 1.43 固定式三端稳压器的外形及引脚排列

三端可调式稳压器输出电压是可调的，产品有 LM117、LM217、LM317 和 LM137、LM237、LM337 等。其中 LM117、LM217、LM317 输出的是正电源，输出电压范围是 1.25~37V；LM137、LM237、LM337 输出的是负电源，输出电压范围是－1.25~－37V。

图 1.44 所示为 LM117/LM217/LM317 和 LM137/LM237/LM337 系列三端集成稳压器的外形及引脚排列。

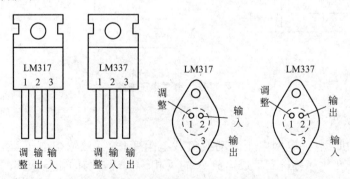

图 1.44 可调式三端稳压器的外形及引脚排列

2. 集成稳压器应用电路

1) 基本应用电路

图 1.45 所示为 7800 系列集成稳压器的基本应用电路。由于输出电压决定于集成稳压器，所以输出电压为 12V，最大输出电流为 1.5A。

电路中接入电容 C_1、C_2 用来实现频率补偿，防止稳压器产生高频自激振荡，还可抑制电源的高频脉冲干扰。C_3 是电解电容，用于减小稳压电源输出端由输入电源引入的低频干扰。VD 为保护二极管，用来防止输入端偶然短路到地时，输出大电容 C_3 上存储的电压反极性加到输出、输入端之间，使稳压器被击穿而损坏。

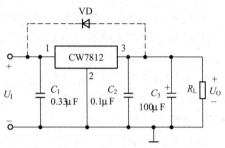

图 1.45 7800 系列基本应用电路

2) 提高输出电压的电路

CW7800 和 CW7900 系列三端稳压器输出的是某一固定的电压值。如果希望得到超过该数值时，可外接一些元件以提高输出电压。

图 1.46 所示的电路能够提高输出电压。R_1、R_2 为外接电阻。

在图 1.46 所示的电路中，若忽略 I_Q 的影响，则可得

$$U_O \approx U_{XX}\left(1+\frac{R_2}{R_1}\right)$$

从上式可得，$U_O > U_{XX}$。改变 R_2 和 R_1 的比值，可改变 U_O 的值，使输出电压可调。这种接法的缺点是，当输入电压变化时，I_Q 也变化，将降低稳压器的精度。

同样，可选用可调输出的集成稳压器，如 CW117、CW137，来组成电压连续可调的稳压器，其电路可参见实训 1-14。

3) 输出正、负电压的电路

采用 CW7800 和 CW7900 系列三端稳压器各一块可组成具有同时输出极性相反电压的稳压电路，如图 1.47 所示。

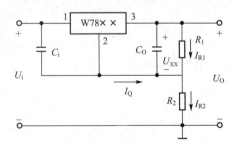

图 1.46 提高输出电压电路

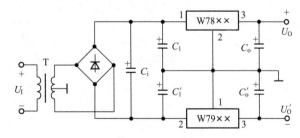

图 1.47 输出正、负电压的电路

3. 集成稳压器的选择及使用注意事项

在选择集成稳压器时，应兼顾其性能、使用和价格等几个方面的因素。目前市场上的集成稳压器有三端固定输出电压式、三端可调输出电压式、多端可调输出电压式和开关式 4 种类型。

在要求输出电压是固定的标准系列值且技术性能要求不高的情况下，可选择三端固定输出电压式集成稳压器，正输出电压应选择 CW7800 系列，负输出电压可选择 CW7900 系列。由于三端固定集成稳压器使用简单，不需要做任何调整且价格较低，所以应用范围比较广泛。

在要求稳压精度较高且输出电压能在一定范围内调节时，可选择三端可调输出电压式集成稳压器，这种稳压器也有正和负输出电压及输出电流大小之分，选用时应注意各系列集成稳压器的电参数特性。

对于多端可调输出电压式集成稳压器，例如五端型可调集成稳压器，因为它有特殊的限流功能，因而可利用它来组成具有控制功能的稳压源和稳流源，这是一种性能较高而价格又比较便宜的集成稳压器。

单片开关式集成稳压器的一个重要优点是具有较高的电源利用率，目前国内生产的 CW1524、CW2524、CW3524 系列是集成脉宽调制型稳压器，利用它可以组成开关型稳压电源。

集成稳压器已在电源中得到了广泛使用，为了更好地发挥它的优势，使用时应注意以下几个问题。

(1) 不要接错引脚线。对于多端稳压器，接错引线会造成永久性损坏，对于三端稳压器，若输入和输出接反，当两端电压超过 7V 时，也有可能使稳压器损坏。

(2) 输入电压 U_I 不能过低或过高，以 7805 为例，该三端稳压器的固定输出电压是 5V，而输入电压至少大于 7V，这样输入/输出之间有 2～3V 及以上的压差。使调整管保证工作在放大区。但压差取得大时，又会增加集成块的功耗，所以，两者应兼顾，即既保证在最大负载电流时调整管不进入饱和，又不至于功耗偏大。过低，稳压器性能会降低，纹波增大；而过高，又容易造成集成稳压器的损坏。

(3) 功耗不要超过额定值，对于多端可调稳压器来说，当输出电压调到较低时，可以防止调整管上的压降过大而超过额定功耗，因此在输出低电压时最好同时降低其输入电压。

(4) 为确保安全使用，应加接防止瞬时过电压、输入端短路、负载短路的保护电路，大电流稳压器要注意缩短连接线和安装足够的散热设备。

【做一做】

实训 1-12：三端式稳压器电路的仿真测试

测试电路：如图 1.48 所示。

实训流程：

(1) 按图 1.48 画好仿真电路。

(2) 输入端接直流电源，不接负载(断开负载)时，按表 1-12 中要求测出输出电压，并填写。

表 1-12　空载时电源电压变化的结果

U_I/V	3	6	7	10	15
U_O/V					

(3) 输入电压不变，负载变化时，测量电压值和电流值。按表 1-13 中要求填写。

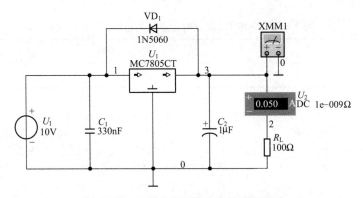

图 1.48   三端式稳压器电路的仿真测试

表 1-13   负载电阻 R_L 变化时的电压值和电流值($U_i = 10V$)

R_L/Ω	50	100	1000	∞
U_L/V				
I_L/A				

通过上述实训，可以得到下列结论。

(1) 当输入电源电压在一定范围内变化时，三端式稳压器_____(能够/不能够)实现稳压作用。

(2) 当负载电阻变化时，三端式稳压器_____(能够/不能够)实现稳压作用。

【练一练】

实训 1-13：可调式三端稳压器电路的仿真测试

测试电路：如图 1.49 所示。

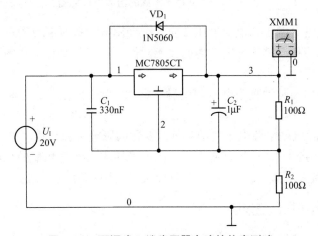

图 1.49   可调式三端稳压器电路的仿真测试

实训流程：

(1) 按图画好仿真电路。

(2) 改变电阻 R_2，测输出电压 U_O，按表 1-14 中要求填写。

表 1-14　电阻 R_2 变化时，输出电压值($R_1 = 100\Omega$)

R_2/Ω	0	100	200	300	400	∞
U_O/V						

仿真结果表明：当取样电阻 R_2 变化时，可调式三端稳压器_____(可以/不可以)调节输出电压；当取样电阻 R_2 与 R_1 的比值越大，输出电压_____(越大/基本不变/越小)；输出电压的最小值为_____，此时 $R_2 =$_____；当 R_2 为_____时，输出电压达到最大，其最大值为_____。

实训任务 1.6　直流稳压电源的设计与制作

1.6.1　直流稳压电源的组成

各种电子系统都需要稳定的直流电源供电，直流电源可以由直流电机和各种电池提供，但比较经济实用的办法是利用具有单向导电性的电子元件将使用广泛的工频正弦交流电转换为直流电，同时直流稳压电源还是一种当电网的电压波动或者负载改变的时候，能保持输出电压基本不变的电源电路。图 1.50 所示为把正弦交流电转换为直流电的稳压电源的原理框图。

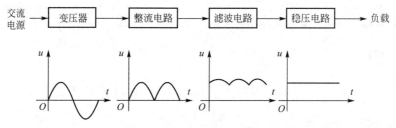

图 1.50　直流稳压电源的组成原理框图

变压器：将交流电网正弦电源电压变换为符合用电设备所需要的正弦交流电压。

整流电路：利用具有单向导电性能的整流元件，将正负交替变化的正弦交流电压变换成单方向的脉动直流电压。

滤波电路：将单向脉动直流电压中的脉动部分(交流分量)尽可能地减小，输出比较平滑的直流电压。

稳压电路：清除电网电源电压波动及负载变化的影响，保持输出电压的稳定。

中小功率(一般指中小电流)直流稳压电源由半导体二极管和集成稳压器构成，电路简单。大功率(一般指大电流)直流稳压电源可以集成稳压器为基础，通过扩流技术实现。

1.6.2　直流稳压电源的性能指标

直流稳压电源的性能指标分为两种：一种是特性指标，包括允许的输入电压、输出电压、输出电流及输出电压调节范围等；另一种是质量指标，用来衡量输出直流电压的稳定程度，包括稳压系数(或电压调整率)、输出电阻(或电流调整率)、温度系数及纹波电压等。这里只讨论串联式稳压电源。

1. 输出电压和最大输出电流

输出电压和最大输出电流反映了该稳压电源的容量，即功率的大小，它取决于调整管的最大允许耗散功率和最大允许工作电流。

2. 输出电阻

输出电阻反映负载电流变化时电路的稳压性能。

定义为当输入电压固定时输出电压变化量与输出电流变化量之比，即

$$R_o = \left| \frac{\Delta U_O}{\Delta I_O} \right| \Bigg|_{U_I = 常数}$$

输出电阻越小越好。

3. 稳压系数

稳压系数反映电网电压波动时电路的稳压性能。

定义为当负载固定时，输出电压的相对变化量与输入电压的相对变化量之比，即

$$S_r = \frac{\Delta U_O / U_O}{\Delta U_I / U_I} \Bigg|_{R_L = 常数}$$

稳压系数越小越好。

4. 纹波电压

纹波电压是指在额定工作电流的情况下，输出电压中交流分量的总和的有效值。

【做一做】

实训 1－14：直流稳压电源的设计与制作

一、设计指标

(1) 输出电压为可调电压：$U_O = 1.5 \sim 25$V。

(2) 最大输出电流 $I_{Omax} = 1$A。

(3) 输出纹波(峰峰值)小于 4mV($I_{Omax} = 1$A 时)。

(4) 其他指标要求同三端式稳压器。

二、实训流程

(1) 原理图的设计。

(2) 元器件参数的计算。

(3) 元器件的选型。

(4) 电路的制作。

(5) 电路的调试。

(6) 电路性能的检测。

(7) 设计文档的编写。

三、设计示例

1. 原理图设计

原理图如图 1.51 所示，电路采用 LM317 可调式三端稳压器的典型电路。

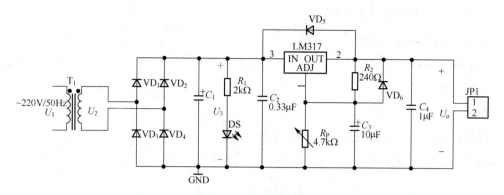

图 1.51 LM317 连续可调式稳压电源

LM317 是一种正电压输出的集成稳压器，输出电压范围是直流 1.25 ～37V，负载电流最大为 5mA～1.5A，最小输入/输出电压差：直流 3V；最大输入/输出电压差：直流 40V。

它的使用非常简单，仅需两个外接电阻来设置输出电压。此外它的线性调整率和负载调整率也比标准的固定稳压器好。

LM317 内置有过载保护、安全区保护等多种保护电路。

220V 市电经变压器 T_1 降压后，VD_1～VD_4 整流，C_1、C_2 滤波后为 LM317 提供工作电压。输出电压 U_O 由外接电阻 R_2 和电位器 R_P 组成的输出调节电位器决定，其输出电压 U_O 的表达式为

$$U_O = 1.25\left(1+\frac{R_P}{R_2}\right)$$

R_2 一般取值为(120～240Ω)，输出端与调整端(L317 的 2 脚为输出端，1 脚为调整端，3 脚为输入端)电压差为稳压器的基准电压(典型值为 1.25V)，所以流经 R_2 的泄放电流为 5～10mA。

C_2 改善输出瞬态特性，抑制自激振荡；C_3 用于减小旁路基准电压的纹波电压，提高稳压的纹波抑制性能；C_4 用以改善稳压电源的暂态响应；VD_5 为保护二极管，用来防止输入端偶然短路而损坏稳压器；VD_6 也为保护二极管，用来防止输出端偶然短路而损坏稳压器。LM317 在不加散热片时的允许功耗为 2W，在加散热片时的允许功耗可达 15W。

DS 为发光二极管，作为稳压电源的指示灯，电阻 R_1 为指示灯电路的限流电阻。

2. 元件及参数的选择

(1) 三端稳压器。选 LM317 三端稳压器，其输出电压和输出电流均能满足指标要求。

(2) 电容 C_2、C_4、C_3。此 3 个电容取值如图 1.50 所示，这主要是根据工程经验得到。其中 C_2、C_4 一般为瓷片电容器，而 C_3 一般为电解电容器，耐压值可取 50V。

(3) 二极管 VD_5、VD_6。VD_5、VD_6 可选小功率二极管，如 1N4002，1A/100V。

(4) 电压 U_3 和 U_2 和电源变压器。因为 LM317 输入/输出电压差为 3～40V，而 U_O 输出电压要求为 1.5～25V。所以，U_3 可取值为 28～41.5V。取 $U_{3\min}=28V$。

由于 $U_3=1.2U_2$，得

$$U_2 \geqslant \frac{U_{3\min}}{1.2} = \frac{28}{1.2} \approx 23.3(V)$$

取 $U_2=24V$，变压器副边电流 $I_2=(1.2\sim1.5)I_{O\max}\approx1.2A$，稳压电路最大输入功率

$$P_{2\max}=U_2 I_{O\max}=28.8W$$

考虑电网电压的波动、变压器和整流电路的效率并保留一定的余量，选变压器输出功率为 35W。

(5) 整流二极管和滤波电容器 C_1。流过整流二极管的电流平均值为 $I_D=0.5I_O=0.6A$，考虑到电路接通时的浪涌电流，一般取(2～3)I_O。

二极管承受的最大反向电压为 $U_{RM}=\sqrt{2}U_2=34V$。

查手册,可选择 2CW33B,最大整流电流 3A,最大反向工作电压 50V。当然,选择整流二极管应该充分考虑市场的供货情况。

滤波电容器 C_1 的容量一般由 $R_L C = \frac{5}{2}T$ 确定。其中,T 为市电交流电源的周期,$T = 0.02\text{s}$;R_L 为 C_1 右边的等效电阻,应取最小值。

初定

$$R_{Lmin} \text{为} \frac{U_3}{I_O} = \frac{28}{1.2} = 23.3(\Omega)。$$

所以取

$$C = \frac{5T}{2R_{Lmin}} = \frac{5 \times 20 \times 10^{-3}}{2 \times 23.3}\text{F} = 2\,146(\mu\text{F})$$

选电解电容器,容量为 $2\,500\mu\text{F}$,耐压值为 50V(一般取输入电压的 1.5 倍以上)。

C_1 的容量最后值要根据输出纹波电压的要求确定。

3. 元器件的选型

根据所计算的参数元件和市场的供货情况,选择符合要求的合适的元器件。

4. 电路的制作

电路制作时应注意以下几点。

(1) C_2 应尽量靠近 LM317 的输出端,以免自激,造成输出电压不稳定。

(2) R_2 应靠近 LM317 的输出端和调整端,以避免大电流输出状态下,输出端至 R_2 间的引线电压降造成基准电压变化。

(3) LM317 的调整端切勿悬空,接调整电位器 R_P 时尤其要注意,以免滑动臂接触不良造成 LM317 调整端悬空。

(4) LM317 应加散热片,以确保其长时间稳定工作。

5. 电路的调试(略)

6. 电路性能的检测(略)

7. 设计文档的编写(略)

习 题 1

1. 二极管电路如图 1.52 所示,假设二极管为理想二极管,判断图中的二极管是导通还是截止,并求出 AO 两端的电压 U_{AO}。

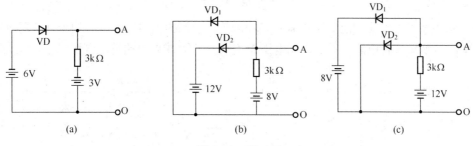

图 1.52 题 1 图

2. 二极管电路如图 1.53 所示,设输入电压 $u_i(t)$ 波形如图 1.52(b) 所示,在 $0 < t < 5\text{ms}$ 的时间间隔内,试绘出 $u_o(t)$ 的波形,设二极管是理想的。

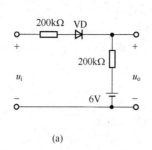
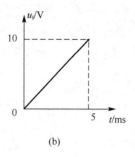

(a)　　　　　　　　　　　　　(b)

图 1.53　题 2 图

3. 电路如图 1.54(a)所示，设二极管是理想的。

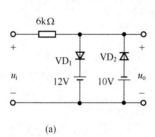
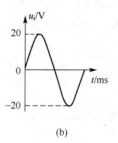

(a)　　　　　　　　　　　　　(b)

图 1.54　题 3 图

（1）画出它的传输特性。

（2）若输入电压 $u_i = 20\sin\omega t$ (V) 如图 1.54(b)所示，试根据传输特性绘出一周期的输出电压 u_o 的波形。

4. 电路如图 1.55(a)、(b)所示，稳压管的稳定电压 $U_Z = 3V$，R 的取值合适，u_i 的波形如图 1.55(c)所示。试分别画出 u_{o1} 和 u_{o2} 的波形。

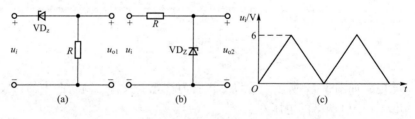

(a)　　　　　　　(b)　　　　　　　(c)

图 1.55　题 4 图

5. 两个稳压二极管，稳压值分别为 7V 和 9V，它们的正向导通电压均为 0.7V。将它们组成图 1.56 所示 3 种电路，设输入端电压 u_1 值是 20V，求各电路输出电压 u_2 的值是多少？

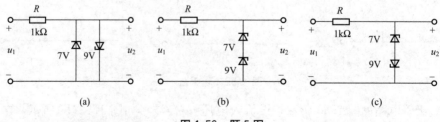

(a)　　　　　　　(b)　　　　　　　(c)

图 1.56　题 5 图

6. 图 1.57 所示的桥式整流滤波电路中，出现下列故障，会出现什么现象？

（1）负载 R_L 短路。

（2）二极管 VD_1 击穿短路。

（3）二极管 VD_1 极性接反。

（4）4 只二极管极性都接反。

（5）二极管 VD_2 开路或脱焊。

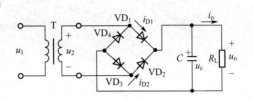

图 1.57　题 6 图

7. 图 1.58 所示的桥式整流滤波电路中，变压器次级电压 $u_2 = 20\sqrt{2}\sin\omega t\,(\mathrm{V})$，$R_L = 10\Omega$，求：

（1）当开关 SA1 闭合，SA2 断开时，输出电压平均值 U_O。

（2）当开关 SA1 断开，SA2 闭合时，输出电压平均值 U_O，负载 R_L 上电流平均值 I_L。

（3）当开关 SA1、SA2 同时闭合时，输出电压平均值 U_O，负载 R_L 上电流平均值 I_L。

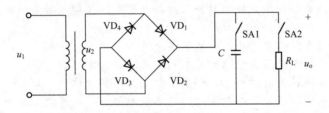

图 1.58　题 7 图

8. 设计一单相桥式整流滤波电路。要求输出电压 30V，已知负载电阻 R_L 为 0.8kΩ，交流电源频率为 50Hz，试选择整流二极管和滤波电容器。

9. 图 1.59 所示电路，试写出输出电压的表达式，并分析该电压是否可调。

10. 图 1.60 所示的三端可调稳压集成器组成的稳压电路，若输出电压足够大，$R_1 = 240\Omega$，要求输出 1.25～32V 可调，试求 R_P 值。

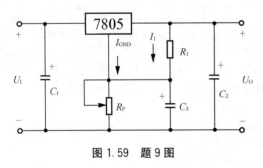

图 1.59　题 9 图

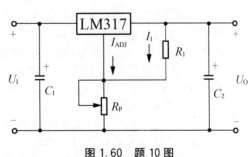

图 1.60　题 10 图

项目 2

扩音机的制作与调试

⌄ 知识目标

- ➤ 了解晶体管的结构、掌握晶体管的电流分配关系及放大原理。
- ➤ 掌握晶体管的输入输出特性、理解其含义，了解主要参数的定义。
- ➤ 会使用万用表检测晶体管的质量和判断引脚。
- ➤ 会查阅半导体器件手册，能按要求选用晶体管。
- ➤ 掌握 3 种组态放大电路的基本构成及特点。
- ➤ 掌握非线性失真的概念，静态工作点的求解方法。
- ➤ 会用微变等效电路分析法求解电压放大倍数、输入电阻和输出电阻。
- ➤ 了解工作点稳定电路工作点稳定原理。
- ➤ 了解多级放大电路的几种耦合方式和特点。
- ➤ 掌握反馈的概念以及反馈类型的判断方法。
- ➤ 熟悉负反馈的引入对放大电路性能产生的影响，能正确根据要求引入负反馈。
- ➤ 正确理解典型功放电路的组成原则、工作原理以及各种状态的特点。
- ➤ 熟悉功放电路最大输出功率和效率的估算方法，会选择功放管。

⌄ 技能目标

- ➤ 掌握晶体管引脚的判断及电流放大特性检测方法。
- ➤ 掌握基本放大电路静态工作点的调试方法，会用示波器观察信号波形，熟悉截止失真、饱和失真的波形，掌握消除失真的方法。
- ➤ 会用万用表测量晶体管的静态工作点，并由此判断工作状态，会用毫伏表测量输入、输出信号的有效值，并计算电压放大倍数、输入电阻、输出电阻。
- ➤ 掌握负反馈放大电路静态工作点的测量与调整方法。
- ➤ 会用集成功率放大器设计实用功放电路，掌握消除交越失真的方法。
- ➤ 掌握简单元器件质量检测和极性判别的方法。
- ➤ 掌握焊接、装配、调试典型放大电路的基本技能。

⌄ 工作任务

- ➤ 晶体管引脚的判断及电流放大特性检测。
- ➤ 共射放大电路静态工作点及动态性能的测试。
- ➤ 共集电极放大电路动态性能指标的测试。
- ➤ 负反馈放大电路的测试。
- ➤ 低频功率放大电路的测试。
- ➤ 扩音机的制作与调试。

实训任务2.1 晶体管引脚的判断及电流放大特性检测

2.1.1 晶体管的认识

常见晶体管如图2.1所示。

(a) 小功率晶体管　　(b) 中功率晶体管　　(c) 大功率晶体管

图2.1　常见晶体管

1. 晶体管的结构及符号

晶体三极管也称为半导体三极管，简称晶体管。它是通过一定的制作工艺，将两个PN结结合在一起，具有控制电流作用的半导体器件。由于晶体管工作时有两种载流子参与导电，故也叫双极型晶体管。晶体管可以用来放大微弱的信号和作为无触点开关。

晶体管从结构上来讲分为两类：NPN型晶体管和PNP型晶体管。图2.2所示为晶体管的结构示意图和符号。

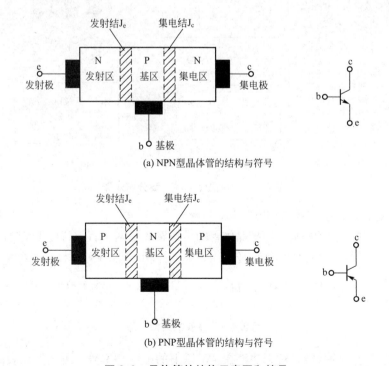

(a) NPN型晶体管的结构与符号

(b) PNP型晶体管的结构与符号

图2.2　晶体管的结构示意图和符号

符号中发射极上的箭头方向表示发射结正偏时电流的流向。

晶体管要实现电流放大作用,在制作时必须保证下列特点。

(1)基区做得很薄(几微米到几十微米),且掺杂浓度低。

(2)发射区的杂质浓度最高。

(3)集电区掺杂浓度低于发射区,且面积比发射区大得多。

晶体管按所用的材料来分,有硅管和锗管两种;根据工作频率分,有高频管、低频管;按用途来分,有放大管和开关管等;根据工作功率分为大功率管、中功率管和小功率管。另外从晶体管封装材料来分,有金属封装管和玻璃封装管,近几年又多用硅铜塑料封装。常见的晶体管外形如图2.1所示。

2. 晶体管的识别与检测

1)晶体管引脚识别

常见晶体管的引脚分布规律如图2.3所示。

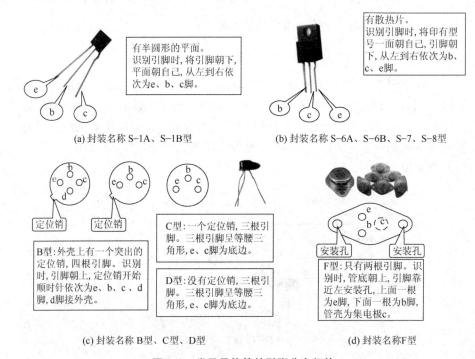

图2.3 常见晶体管的引脚分布规律

2)用万用表判别引脚和管型

用万用表判别引脚的根据是:把晶体管的结构看成是两个背靠背的PN结,如图2.4所示,对NPN管来说,基极是两个结的公共阳极,对PNP管来说,基极是两个结的公共阴极。

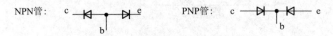

图2.4 晶体管的结构设想

(1)判断晶体管的基极。对于功率在1W以下的中小功率管,可用万用表的$R\times100$挡或$R\times1k$挡测量,对于功率在1W以上的大功率管,可用万用表的$R\times1$挡或$R\times10$挡测量。

用黑表笔接触某一引脚，用红表笔分别接触另两个引脚，如表头读数都很小，则与黑表笔接触的那一引脚是基极，同时可知此晶体管为 NPN 型。若用红表笔接触某一引脚，而用黑表笔分别接触另两个引脚，表头读数同样都很小时，则与红表笔接触的那一引脚是基极，同时可知此晶体管为 PNP 型。用上述方法既判定了晶体管的基极，又判别了晶体管的类型。

（2）判断晶体管发射极和集电极。如图 2.5 所示，以 NPN 型晶体管为例，确定基极后，假定其余的两只脚中的一只是集电极，将黑表笔接到此引脚上，红表笔则接到假定的发射极上。用手指把假设的集电极和已测出的基极捏起来（但不要相碰），看表针指示，并记下此阻值的读数。然后再作相反假设，即把原来假设为集电极引脚假设为发射极。作同样的测试并记下此阻值的读数。比较两次读数的大小，若前者阻值较小，说明前者的假设是对的，那么黑表笔接的一只引脚就是集电极，剩下的一只引脚便是发射极。

若需判别是 PNP 型晶体管，仍用上述方法，但必须把表笔极性对调一下。

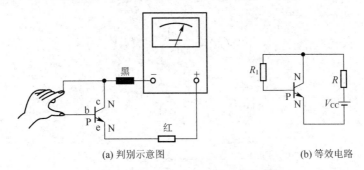

(a) 判别示意图　　　　　　　　(b) 等效电路

图 2.5　判别晶体管 c、e 电极的原理图

【做一做】

实训 2-1：用万用表检测晶体管引脚、管型和电流放大倍数

实训流程：

在元件盒中取出两个晶体管，根据判别原理介绍的方法进行如下测量。

（1）类型判别（判别晶体管是 PNP 型还是 NPN 型），并确定基极 b。

（2）判断晶体管集电极 c 和发射极 e。

（3）把三极管按类型和引脚顺序插入 h_{FE} 插孔相应的 E、B、C 孔中，用 h_{FE} 挡位，测出晶体管的 β 值。

把以上测量结果填入表 2-1 中，并画出晶体管简图，标出引脚名称。

表 2-1　晶体管型号、类型、引脚图和 β 值

晶体管型号	类型	引脚图	β 值

2.1.2 晶体管主要特性

【做一做】

实训 2-2：晶体管电流放大检测

为了了解晶体管的电流分配原则及其放大原理，先来做一个实验，实验电路如图 2.6 所示。为了保证晶体管能起到放大作用，除了其本身的内部结构外，还必须满足必要的外部条件，即发射结加正向电压，集电结加反向电压。

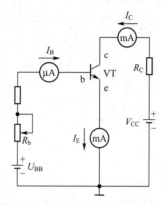

图 2.6　晶体管电流放大实验电路

改变可变电阻 R_b 的值，则基极电流 I_B、集电极电流 I_C 和发射极电流 I_E 都发生变化，电流的方向如图中所示。测量结果，填入表 2-2 中。

表 2-2　晶体管各电极电流的实验测量数据

基极电流 I_B/mA	0	0.010	0.020	0.040	0.060	0.080	0.100
集电极电流 I_C/mA							
发射极电流 I_E/mA							

【想一想】

(1) 归纳一下在 U_{BB} 和 U_{CC} 满足什么条件时，晶体管电流放大效果明显？

(2) 基极电流 I_B、集电极电流 I_C 和发射极电流 I_E 三者有什么关系？

1. 晶体管的电流分配原则及放大作用

晶体管电流放大作用的条件如下。

内部条件：发射区掺杂浓度高，基区掺杂浓度低且很薄，集电区面积大。

外部条件：发射结加正向电压(正偏)，而集电结必须加反向电压(反偏)。

1) 实验结论

(1) $I_E = I_C + I_B$，结果符合基尔霍夫电流定律。

(2) $I_C \gg I_B$，而且有 I_C 与 I_B 的比值近似相等，大约等于某一定值，此为晶体管的直

流放大系数 $\bar{\beta}$，定义 $\bar{\beta}=\dfrac{I_C}{I_B}$。

（3）I_C 和 I_B 变化量的比值，也近似相等，且约等于 $\bar{\beta}$。定义 $\beta=\dfrac{\Delta I_C}{\Delta I_B}$，$\beta$ 称为晶体管的交流放大系数。一般有晶体管的电流放大系数：

$$\beta \approx \bar{\beta}$$

可见，晶体管基极电流的微小变化，可以引起比它大数十倍的集电极电流的变化，从而实现小电流对大电流的放大及控制作用，晶体管通常也称为电流控制器件。

（4）当 $I_B=0$（基极开路）时，集电极电流的值很小，称此电流为晶体管的穿透电流 I_{CEO}。穿透电流 I_{CEO} 越小越好。

2）晶体管实现电流分配的原理

上述实验结论可以用载流子在晶体管内部的运动规律来解释。图 2.7 为晶体管内部载流子的传输与电流分配示意图。

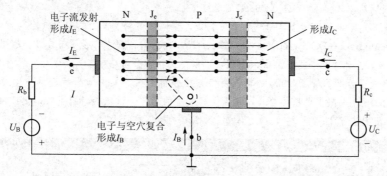

图 2.7 晶体管内部载流子传输与电流分配示意图

（1）发射结正向偏置，掺杂浓度高的发射区向基区发射自由电子，形成发射极电流 I_E。

（2）一小部分自由电子在基区与空穴复合，形成基极电流 I_B。

（3）集电极反向偏置，使极大部分从发射区扩散过来的自由电子越过很薄的基区，被面积大而掺杂浓度低的集电区收集，形成集电极电流 I_C。

这样，很小的基极电流 I_B 就可以控制较大的集电极电流 I_C，从而实现了电流的放大作用。

［例 2-1］ 一个处于放大状态的晶体管，用万用表测出三个电极的对地电位分别为 $U_1=-7\text{V}$，$U_2=-1.8\text{V}$，$U_3=-2.5\text{V}$。试判断该晶体管的管脚、管型和材料。

解题方法：

（1）晶体管处于放大状态时，发射结正向偏置，集电极反向偏置，则三管脚中，电位中间的管脚一定是基极。

（2）在放大状态时，发射结 U_{BE} 约为 $0.6 \sim 0.7\text{V}$ 或 $0.2 \sim 0.3\text{V}$。如果找到电位相差上述电压的两管脚，则一个是基极，另一个一定是发射极，而且也可确定管子的材料。电位差为 $0.6 \sim 0.7\text{V}$ 的是硅管，电位相差 $0.2 \sim 0.3\text{V}$ 的是锗管。

（3）剩下的第三个管脚是集电极。

（4）若该晶体管是 NPN 型的，则处于放大状态时，电位满足 $U_C > U_B > U_E$；若该晶体管是 PNP 型的，则处于放大状态时，电位满足 $U_C < U_B < U_E$。

解：（1）将三个管脚从大到小排列：$U_2=-1.8\text{V}$，$U_3=-2.5\text{V}$，$U_1=-7\text{V}$。可知

③脚为基极。

(2) 因为 $U_2-U_3=[(-1.8)-(-2.5)]=0.7(V)$，所以该管为硅材料晶体管，而且②脚为发射极。

(3) ①脚为集电极。

(4) 因为晶体管处于放大状态时，电位满足 $U_C<U_B<U_E$，所以该管为 PNP 型。

【做一做】

实训 2-3：晶体管共射输入特性曲线的仿真测试

测试电路：如图 2.8 所示。

实训流程：

(1) 按图画好电路。

(2) 在基极回路中串接入 $1m\Omega(0.001\Omega)$ 的取样电阻。

(3) 对图 2.8 所示电路中的节点 3 进行直流扫描，可间接得到晶体管的输入特性。

Simulate→Analyses→DC Sweep，在 DC Sweep Analyses 对话窗中，设置节点 3 为输出节点，设置合适的分析参数，单击对话窗中的 Simulate 按钮，可以得到扫描分析结果。

(4) 图 2.8 所示为晶体管 2N2923 的输入特性扫描分析曲线，其中横坐标表示晶体管基极电压的变化，纵坐标表示 $1m\Omega$ 电阻上电压的变化，将纵坐标电压的变化除以取样电阻阻值，就可转化为基极电流的变化(1nV 电压对应于 $1\mu A$ 电流)，即晶体管 2N2923 的输入特性曲线。

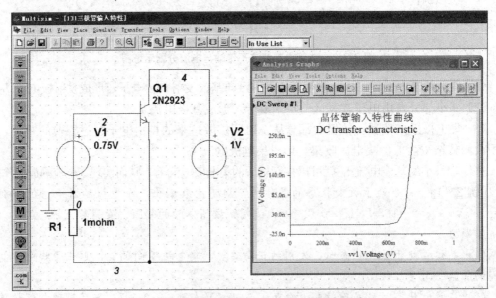

图 2.8　晶体管共射输入特性曲线的仿真测试

【画一画】

根据仿真结果，画出晶体管 2N2923 的输入特性曲线。

2. 晶体管的共射输入特性曲线

采用共射接法(图 2.6)的晶体管(伏安)特性曲线称为共射特性曲线。

当晶体管的输出电压 U_{CE}（即集电结电压）为常数，晶体管输入电流（即基极电流）I_B 与输入电压 U_{BE}（即发射结电压）之间的关系曲线称为晶体管的共射输入特性曲线，即

$$I_B = f(U_{BE}) \mid_{U_{CE}} = 常数$$

图 2.9 所示为某小功率 NPN 型硅管的共射输入特性曲线。

从仿真实验得到的输入特性曲线以及图 2.8 所示的曲线中，可见以下两点。

（1）晶体管输入特性与二极管伏安特性相似，也有一段死区电压。只有发射极电压 U_{BE} 大于死区电压时，晶体管才进入放大状态。此时 U_{BE} 略有变化，I_B 变化很大。

（2）当 $U_{CE} \geqslant 1V$ 时，晶体管处于放大状态。此时对于不同 U_{CE}，晶体管输入特性基本重合。

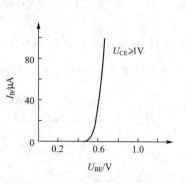

图 2.9 晶体管的输入特性曲线

【做一做】

实训 2-4：晶体管共射输出特性曲线的仿真测试

测试电路：如图 2.10 所示。

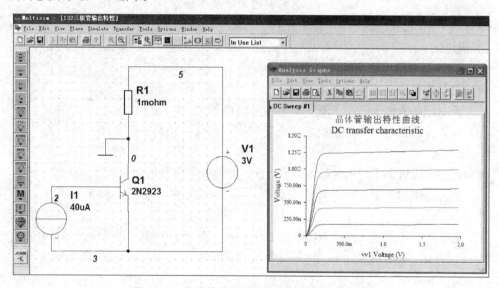

图 2.10 晶体管共射输出特性曲线的仿真测试

实训流程：

（1）按图画好电路。

（2）在集电极回路中串接入 $1m\Omega$（0.001Ω）的取样电阻。

（3）对图 2.10 所示电路中的节点 5 进行直流扫描，可间接得到晶体管的输出特性。

Simulate→Analyses→DC Sweep，在 DC Sweep Analyses 对话窗中，设置节点 5 为输出节点，设置合适的分析参数，单击对话窗中的 Simulate 按钮，可以得到扫描分析结果。

（4）图 2.10 所示为晶体管 2N2923 的输出特性扫描分析曲线，其中横坐标表示晶体管集电极电压的变化，纵坐标表示 $1m\Omega$ 电阻上电压的变化，将纵坐标电压的变化除以取样电阻阻值，就可转化为集电极

电流的变化(1μV 电压对应于 1mA 电流),即晶体管 2N2923 的输出特性曲线。

【画一画】

根据仿真结果,画出晶体管 2N2923 的输出特性曲线。

3. 晶体管的共射输出特性曲线

当晶体管的输入电流(即基极电流)I_B 为常数时,输出电流 I_C(即集电极电流)与输出电压 U_{CE}(即集电结电压)之间的关系曲线称为晶体管的共射输出特性曲线,即

$$I_C = f(U_{CE}) \mid_{I_B = 常数}$$

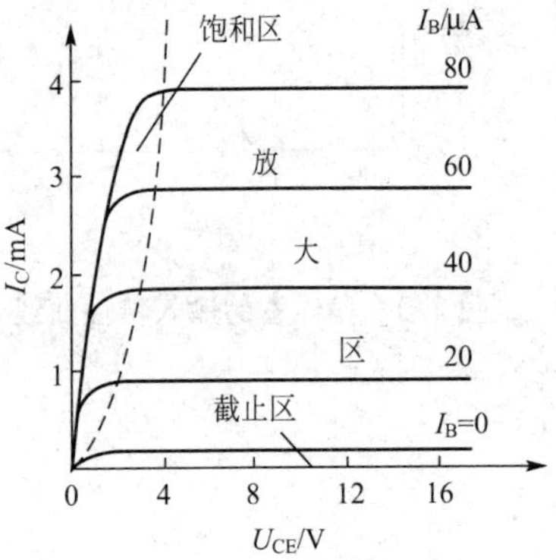

图 2.11 所示为某小功率 NPN 型硅管的共射输出特性曲线。从图中可见以下两点。

(1) 在不同的基极电流 I_B 下,可以得出不同的曲线。改变 I_B 的值可得到一组晶体管输出特性曲线。

(2) 在 I_B 保持定值(如 $I_B = 60\mu A$)的条件下,$U_{CE} = 0V$ 时,集电极无收集作用,$I_C = 0$;随着 U_{CE} 的增大,I_C 上升;当 U_{CE} 大到一定值后,I_C 几乎不再随 U_{CE} 的增大而增大,基本恒定。

图 2.11 晶体管的输出特性曲线

晶体管的输出特性曲线可分为 3 个工作区域。

1) 截止区

晶体管工作在截止状态时,具有以下特点。

(1) 发射结和集电结均反向偏置。

(2) 若不计穿透电流 I_{CEO},有 I_B、I_C 近似为 0。

(3) 晶体管的集电极和发射极之间电阻很大,晶体管相当于一个断开的开关。

2) 放大区

输出特性曲线近似平坦的区域称为放大区。晶体管工作在放大状态时,具有以下特点。

(1) 发射结正向偏置,集电结反向偏置,即 NPN 型的晶体管,满足 $U_C > U_B > U_E$ 的电位关系。

(2) 集电极电流 I_C 的大小受基极电流 I_B 的控制,满足 $I_C = \beta I_B$,即晶体管具有电流放大作用;I_C 只受 I_B 的控制,几乎与 U_{CE} 的大小无关,晶体管可看作受基极控制的受控恒流源。

(3) 对 NPN 型硅晶体管,有发射结电压 $U_{BE} \approx 0.7V$;对 NPN 型锗晶体管,有 $U_{BE} \approx 0.2V$。

3) 饱和区

晶体管工作在饱和状态时,具有以下特点。

(1) 晶体管的发射结和集电结均正向偏置。

(2) 晶体管的 I_B 增大,I_C 几乎不再增大,晶体管失去放大能力,通常有 $I_C < \beta I_B$。

(3) U_{CE} 的值很小,此时的电压 U_{CE} 称为晶体管的饱和压降,用 U_{CES} 表示。一般硅晶体管的 U_{CES} 约为 0.3V,锗晶体管的 U_{CES} 约为 0.1V;深度饱和时,U_{CES} 约等于 0,晶体管类似于一个导通的开关。

晶体管作为开关使用时，通常工作在截止和饱和导通状态；作为放大元件使用时，一般要工作在放大状态。

[例2-2] 已知某 NPN 型锗晶体管，各极对地电位分别为 $U_C=-2V$，$U_B=-7.7V$，$U_E=-8V$。试判断三极管处于何种工作状态？

解题方法：

（1）发射结正偏时，凡满足 NPN 硅管 $U_{BE}=0.6\sim0.7V$，PNP 硅管 $U_{BE}=-0.6\sim-0.7V$；NPN 锗管 $U_{BE}=0.2\sim0.3V$，PNP 硅管 $U_{BE}=-0.2\sim-0.3V$ 条件者，晶体管一般处于放大或饱和状态。不满足上述条件的，晶体管处于截止状态，或已经损坏。

（2）区分放大或饱和状态。在满足放大或饱和状态后，再去检查集电结偏置情况。若集电结反偏，则晶体管处于放大状态；若集电结正偏，则晶体管处于饱和状态。

（3）发射结反偏，或小于(1)中的数据，则晶体管处于截止状态或损坏。

（4）若发射结正偏，但 U_{BE} 过大，也属于不正常情况，可能要被击穿损坏。

解：已知该管为 NPN 型锗晶体管。

（1）$U_B-U_E=(-7.7)-(-8)=0.3(V)$，发射结正偏。

（2）$U_B-U_C=(-7.7)-(-2)=-5.7(V)<0$，集电结反偏。

所以，该晶体管处于放大状态。

4. 晶体管的主要参数

晶体管的参数用来表示晶体管各种性能指标，是评价晶体管优劣，正确选定晶体管的重要依据，它们可以通过查半导体手册来得到。下面介绍晶体管的几个主要参数。

1）共射极电流放大系数 $\bar{\beta}$ 和 β

在共射极接法下，静态无变化信号输入时，晶体管集电极电流与基极电流的比值称为共射极直流电流放大系数 $\bar{\beta}$，表达式为 $\bar{\beta}=\dfrac{I_C}{I_B}$。

共射极交流电流放大系数 β 是指在交流工作状态下，晶体管集电极电流变化量与基极电流变化量的比值，表达式为 $\beta=\dfrac{\Delta I_C}{\Delta I_B}$。一般有 $\beta\approx\bar{\beta}$。

共射极接法是指从基极输入信号，从集电极输出信号，发射极作为输入信号和输出信号的公共端。

2）极间反向电流

（1）集电极基极间的反向饱和电流 I_{CBO}。指发射极开路，集电结与基极之间加反向电压时产生的反向饱和电流。I_{CBO} 对温度十分敏感，直接影响晶体管工作的稳定性。该值越小，晶体管温度特性越好。硅晶体管比锗晶体管要小得多。

（2）集电极发射极间的穿透电流 I_{CEO}。指基极($I_B=0$)开路时，集电极与发射极间加电压时的集电极电流。由于该电流是由集电极穿过基极流到发射极，故称为穿透电流。其值越小，晶体管热稳定性越好。

3）极限参数

极限参数是指晶体管正常工作时不能超过的值，否则有可能损坏晶体管。

（1）集电极最大允许电流 I_{CM}。I_C 在一定的范围内变化，β 值保持基本不变，但当 I_C 数值大到一定程度时，β 值将减小。β 值减小到额定值的 70% 时，所允许的电流称为集电极最大允许电流。

（2）集电极最大允许功率损耗 P_{CM}。表示集电结上允许损耗功率的最大值，超过此值就会使晶体管的性能下降甚至烧毁。图 2.12 中的 P_{CM} 线为晶体管的允许功率损耗线，临界线以内的区域为晶体管工作时的安全区。

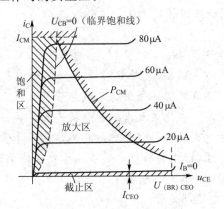

图 2.12　晶体管的安全工作区

（3）反向击穿电压。$U_{(BR)EBO}$——集电极开路时，发射极与基极间允许的最大反向电压。

$U_{(BR)CBO}$——发射极开路时，集电极与基极间允许的最大反向电压。

$U_{(BR)CEO}$——基极开路时，集电极与发射极间允许的最大反向电压。

选择晶体管时，要保证反向击穿电压大于工作电压的两倍以上。

[例 2-3]　某晶体管的极限参数 $P_{CM}=150mW$，$I_{CM}=50mA$，$U_{(BR)CEO}=20V$。试问在下列几种情况下，哪些是正常工作状态？

（1）$U_{CE}=5V$，$I_C=20mA$；

（2）$U_{CE}=2V$，$I_C=60mA$；

（3）$U_{CE}=6V$，$I_C=30mA$。

解题方法：P_{CM}、I_{CM} 和 $U_{(BR)CEO}$ 是晶体管的三个极限参数，在使用时均不能超过。如果 P_C 过大，晶体管性能下降，甚至可能烧毁；如果 I_C 太大，则晶体管的放大能力将下降；如果晶体管的两个 PN 结的反向工作电压过大，则可能因过电压而击穿。

解题步骤：

（1）因为 $U_{CE}<U_{(BR)CEO}$，$I_C<I_{CM}$，$P_C=I_CU_{CE}=100mW<P_{CM}$，所以该情况下晶体管正常工作。

（2）虽然有 $U_{CE}<U_{(BR)CEO}$，$P_C=I_CU_{CE}=120mW<P_{CM}$，但 $I_C=60mA>I_{CM}$，因此该情况下晶体管不能正常工作。

（3）虽然有 $U_{CE}<U_{(BR)CEO}$，$I_C<I_{CM}$，但 $P_C=I_CU_{CE}=180mW>P_{CM}$，因此该情况下晶体管也不能正常工作。

5. 温度对晶体管参数的影响

温度对晶体管参数影响很大。相同基极电流 I_B 下，U_{BE} 随温度升高而减小，每升高 1℃，U_{BE} 下降 2～2.5mV。相同 ΔI_B 下，晶体管的输出特性曲线间隔随温度升高而拉宽，β 值增大。在室温附近，反向电流随温度升高而增大，每升高 10℃，反向饱和电流将增加 1 倍。温度对晶体管特性的影响如图 2.13 所示。

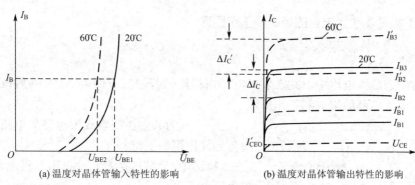

(a) 温度对晶体管输入特性的影响　　　　(b) 温度对晶体管输出特性的影响

图 2.13　温度对晶体管特性的影响

实训任务 2.2　共射极放大电路静态工作点及动态性能的测试

放大电路是电子技术中应用十分广泛的一种单元电路。所谓"放大",是指将一个微弱的电信号,通过某种装置,得到一个波形与该微弱信号相同但幅值却大很多的信号输出。这个装置就是晶体管放大电路。"放大"作用的实质是电路对电流、电压或能量的控制作用,即把直流电源 V_{CC} 的能量转移给输出信号,输入信号的作用是控制这种转移,使放大电路输出信号的变化重复或反映输入信号的变化。

放大电路的核心元件是晶体管,因此,放大电路若要实现对输入小信号的放大作用,必须首先保证晶体管工作在放大区,即其发射结正向偏置、集电结反向偏置。此条件是通过外接直流电源,并配以合适的偏置电路来实现的。

晶体管基本放大电路按结构分有共发射极、共集电极和共基极 3 种组态,如图 2.14 所示。其中图 2.14(a)信号从基极输入,从集电极输出,发射极为输入信号和输出信号的公共端,故称为共发射极(简称共射极)放大电路;图 2.14(b)信号从基极输入,从发射极输出,输入信号和输出信号的公共端为集电极,称共集电极放大电路;图 2.14(c)为共基极放大电路,信号从发射极输入,从集电极输出,输入信号和输出信号的公共端为基极。

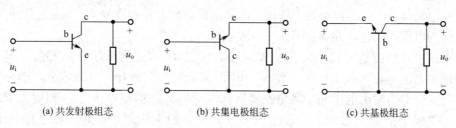

(a) 共发射极组态　　　　(b) 共集电极组态　　　　(c) 共基极组态

图 2.14　晶体管的 3 种组态

无论放大电路的组态如何,其目的都是让输入的微弱小信号通过放大电路后,输出时其信号幅度显著增强。必须清楚:幅度得到增强的输出信号,其能量并非来自于晶体管,而是由放大电路中的直流电源提供的。晶体管只是实现了对能量的控制,使之转换成信号能量,并传递给负载。

2.2.1 共射极基本放大电路的组成及工作原理

1. 电路组成

在 3 种组态放大电路中，共发射极电路用得比较普遍。下面以 NPN 共射极放大电路为例，讨论放大电路的组成和工作原理。

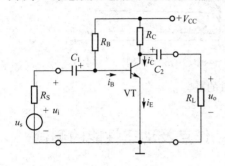

图 2.15 共射极基本放大电路

图 2.15 为共射极基本放大电路的电路图。电路中各元件作用如下。

(1) 晶体管 VT 放大元件，用基极电流 i_B 控制集电极电流 i_C。

(2) 电源 V_{CC} 使晶体管的发射结正偏，集电结反偏，晶体管处在放大状态，同时也是放大电路的能量来源，提供电流 i_B 和 i_C。V_{CC} 一般在几伏到十几伏之间。

(3) 偏置电阻 R_B 用来调节基极偏置电流 I_B，使晶体管有一个合适的工作点，一般为几十 kΩ 到几百 kΩ。

(4) 集电极负载电阻 R_C 将集电极电流 i_C 的变化转换为电压的变化，以获得电压放大，一般为几 kΩ。

(5) 电容 C_1、C_2 用来传递交流信号，起到耦合的作用。同时，又使放大电路和信号源及负载间直流相隔离，起隔直流作用。为了减小传递信号的电压损失，C_1、C_2 应选得足够大，一般为几 μF 至几十 μF，通常采用电解电容器。

2. 放大器中电流电压符号使用规定

(1) 用大写字母带大写下标表示直流分量，如 I_B、U_C。

(2) 用小写字母带小写下标表示交流分量，如 i_b、u_c。

(3) 用小写字母带大写下标表示直流分量与交流分量的叠加，即总量，如 i_B。

3. 工作原理

信号电压 u_i 经 C_1 交流耦合，加在三极管 VT 的基极和发射极之间，引起基极电流 i_B 的变化。通过晶体管 VT 的以小控大作用引起集电极电流 i_C 作相应变化；i_C 通过 R_C 使电流的变化转换为电压的变化，即 $u_{CE} = V_{CC} - i_C R_C$。

由上式可看出：当 i_C 增大时，u_{CE} 就减小，所以 u_{CE} 的变化正好与 i_C 相反，即共射放大电路输出电压与输入电压具有"倒相"作用。u_{CE} 经过 C_2 滤掉了直流成分，耦合到输出端的交流成分即为输出电压 u_o。若电路参数选取适当，u_o 的幅度将比 u_i 幅度大很多，亦即输入的微弱小信号 u_i 被放大了，这就是放大电路的工作原理，其变化过程如图 2.16 所示。

从上面放大电路的工作过程可概括放大电路的组成原则为以下两点。

(1) 直流偏置正确，晶体管必须工作在放大状态。

外加电源必须保证晶体管的发射结正偏，集电结反偏，并具有合适的静态工作点 Q。

(2) 输入输出交流通路畅通。

输入电压 u_i 能引起晶体管的基极电流 i_B 作相应的变化；晶体管集电极电流 i_C 的变化

要能转为电压的变化输出。

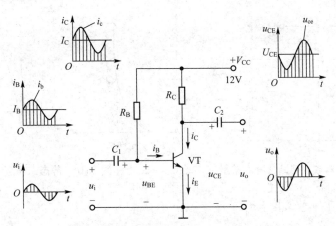

图 2.16　放大电路信号放大的变化过程

4. 放大电路主要性能指标

1) 电压放大倍数 A_u

电压放大倍数 A_u 指放大电路输出电压 u_o 与输入电压 u_i 的比值。

常用分贝(dB)来表示电压放大倍数,这时称为增益。

$$电压增益 = 20\lg|A_u|(\text{dB})$$

2) 输入电阻 r_i

输入电阻 r_i 是指从放大电路的输入端看进去的等效电阻。定义为输入电压 u_i 与输入电流 i_i 的比值。

对于一定的信号源电路,输入电阻 r_i 越大,放大电路从信号源得到的输入电压 u_i 就越大,放大电路向信号源索取电流的能力也就越小。

3) 输出电阻 r_o

输出电阻 r_o 是指从放大电路的输出端(不包括负载)看进去的等效电阻。定义为负载开路,信号源短路时,输出端加的测试电压 u_T 与产生相应测试电流 i_T 的比值。

当放大电路作为一个电压放大器来使用时,其输出电阻 r_o 的大小决定了放大电路的带负载能力。r_o 越小,放大电路的带负载能力越强,即放大电路的输出电压 u_o 受负载的影响越小。

2.2.2　共射极基本放大电路的静态分析

1. 静态工作点的概念

静态是指无交流信号输入时,电路的工作状态。电路中由于电源的存在,产生了一组直流分量。直流分析就是要求出此时的 I_B、I_C 和 U_{CE} 3 个数值。共射极基本放大电路各静态参量如图 2.17 所示。

由于 (I_B, U_{BE}) 和 (I_C, U_{CE}) 分别对应于输入、输出特性曲线上的一个点,用 Q 表示,所以称为静态工作点,如图 2.18 所示。

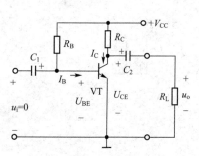

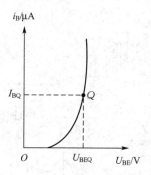

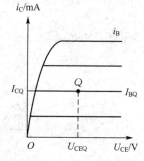

图 2.17　共射极基本放大电路各静态参量

图 2.18　静态工作点 Q

2. 放大器设置静态工作点的目的

(1) 放大器没有静态工作点的情况，如图 2.19 所示。

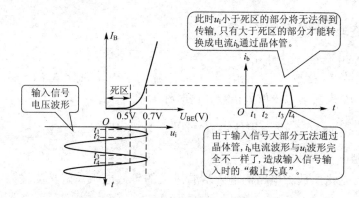

图 2.19　放大器没有静态工作点的情况

放大器没有设置静态工作点便会产生波形失真。

(2) 放大器设置静态工作点的目的是保证信号不失真，如图 2.20 所示。

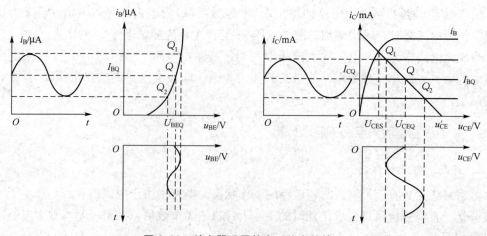

图 2.20　放大器设置静态工作点的情况

放大器由于设置了静态工作点，保证了信号在整个周期放大器都处于放大状态，保证了信号不失真。

3. 静态工作点的分析方法

1) 公式估算法

直流下耦合电容 C_1、C_2 相当于开路，由直流通路求工作点上的 I_{BQ}

$$I_{BQ} = \frac{V_{CC} - U_{BEQ}}{R_B}$$

由晶体管放大特性可求得 I_{CQ}

$$I_{CQ} = \beta I_{BQ}$$

如图 2.21 所示，可求得工作点上 U_{CEQ}

$$U_{CEQ} = V_{CC} - I_{CQ} R_c$$

2) 图解法

利用晶体管的输入、输出特性曲线求解静态工作点的方法称为图解法，其分析步骤一般如下。

（1）按已选好的晶体管型号在手册中查找，或从晶体管图示仪上描绘出管子的输入、输出特性，如图 2.22 所示。

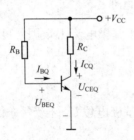

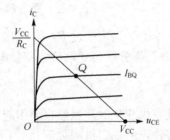

图 2.21　基本放大电路的直流通路　　　　图 2.22　静态工作点图解分析

（2）画出直流负载线。根据 $u_{CE} = V_{CC} - i_C R_C$ 得到 i_C-u_{CE} 关系曲线为一条直线，该直线与两个坐标的交点分别为(V_{CC}，0)和(0，V_{CC}/R_C)，其斜率为($-1/R_C$)，由集电极电阻 R_C 确定。

（3）确定静态工作点，直流负载线上交点有多个，只有 I_{BQ} 对应的交点才是 Q 点。

Q 点的影响因素有很多，如电源电压波动、元件的老化等，不过最主要的影响则是环境温度的变化。晶体管是一个对温度非常敏感的器件，随温度的变化，晶体管参数会受到影响，如温度每升高 10℃，反向饱和电流 I_{CEO} 将增加 1 倍；温度每升高 1℃，β 值增大 0.5%～1%；温度每升高 1℃，U_{BE} 下降 2～2.5mV。这些都将使 I_C 值发生变化，导致静态工作点变动。

固定偏置的放大电路存在很大的不足，它无法有效地抑制温度对静态工作点的影响，将造成放大电路中的各参量随之发生变化，如温度 $T \uparrow \rightarrow Q$ 点$\uparrow \rightarrow I_C \uparrow \rightarrow U_{CE} \downarrow \rightarrow U_C \downarrow$。

如果 $U_C < U_B$，则集电结就会由反偏变为正偏，当两个 PN 结均正偏时，电路出现"饱和失真"。为了不失真地传输信号，实用中需对固定偏置放大电路进行改造。分压式偏置的共发射极放大电路可通过反馈环节有效地稳定静态工作点。

2.2.3 分压式偏置放大电路

1. 稳定静态工作点原理

分压式偏置的共发射极放大电路由于设置了反馈环节，因此当温度升高而造成 I_C 增大时，可自动减小 I_B，从而抑制了静态工作点由于温度而发生的变化，保持 Q 点稳定。

如图 2.23 所示，这种分压式偏置的共发射极基本放大电路需要满足 $I_1 \approx I_2$ 的小信号条件。

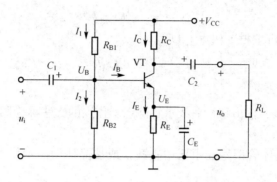

图 2.23 分压式偏置放大电路

由于 $I_1 \approx I_2 \gg I_B$，流过 R_{B1} 和 R_{B2} 支路的电流远大于基极电流 I_B，因此可近似把 R_{B1} 和 R_{B2} 视为串联，据分压公式可确定基极电位

$$U_B \approx \frac{R_{B2}}{R_{B1} + R_{B2}} V_{CC}$$

当温度发生变化时，虽然也要引起 I_C 的变化，但基极电位 U_B 不受影响。

静态工作点的稳定过程如下。

温度 $T \uparrow \rightarrow I_C \uparrow \rightarrow I_E \uparrow \rightarrow U_E \uparrow \rightarrow U_{BE} \downarrow \rightarrow I_B \downarrow$

$I_C \downarrow \longleftarrow$

当温度升高时，I_C 增大，射极电阻 R_E 上的电压增大，使 E 点的电位 U_E 升高，由于基极电位 U_B 固定，因而净输入电压 U_{BE} 减小，使基极电流 I_B 也减小，最终导致集电极电流 I_C 减小，从而使静态工作点得到稳定。

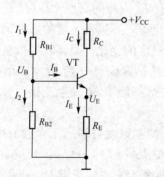

图 2.24 分压式电路的直流通路

2. 静态工作点估算

偏置电阻 R_{B1} 和 R_{B2} 应选择适当数值，使之符合 $I_1 \approx I_2 \gg I_B$ 的条件。在小信号条件下，I_B 可近似视为 0 值。

如图 2.24 所示，由直流通路估算出静态工作点 Q 处的值。

$$U_B \approx \frac{R_{B2}}{R_{B1} + R_{B2}} V_{CC}$$

$$I_{CQ} \approx I_{EQ} = \frac{U_B - U_{BEQ}}{R_E}$$

$$I_{BQ} = \frac{I_{CQ}}{\beta}$$

$$U_{CEQ} \approx V_{CC} - I_{CQ}(R_C + R_E)$$

2.2.4 共射极放大电路的动态分析

放大电路加入交流输入信号的工作状态称为动态。动态时，放大电路输入的是交流微弱小信号；电路内部各电压、电流都是交直流共存的叠加量；放大电路输出的则是被放大的输入信号。性能指标分析就是要求解有信号输入时放大电路的输入电阻 r_i、输出电阻 r_o及电压放大倍数 A_u 等指标。

1. 图解法

通过图解观察放大电路输入和输出波形的变化，可很直观地了解放大电路工作的整个动态过程，得到放大电路的工作区域、失真情况和放大倍数等。

1）交流负载线

在分析动态工作情况时，由于耦合电容 C_1，C_2 对交流可看作短路，而直流电源对交流也可看作短路接地，基本放大电路的交流通路如图 2.25 所示，因此，交流等效负载为$R'_L = R_L // R_C$。

由图 2.25 可知

$$u_{ce} = -i_c R'_L$$

而 $u_{ce} = u_{CE} - U_{CE}$，$i_c = i_C - I_C$，代入上式可得

$$u_{CE} - U_{CE} = -(i_C - I_C)R'_L$$

表明动态时 i_C 与 u_{CE} 的关系仍为一直线，该直线的斜率为 $(-1/R'_L)$，它由交流等效负载 R'_L 决定。显然这条直线通过静态工作点 Q。图 2.26 所示直流负载线和交流负载线。

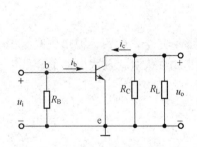

图 2.25 基本放大电路的交流通路

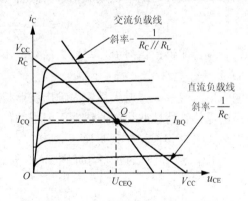

图 2.26 直流负载线和交流负载线

2）分析动态工作情况

（1）根据输入信号 u_i 在输入特性曲线上求出 i_B。设放大电路 $u_i = 0.02\sin\omega t \text{V}$，由于耦合电容对交流可看作短路，因此晶体管 BE 间的总电压是在原有直流电压 $U_{BE} = 0.7\text{V}$ 的基础上叠加一交流信号 u_i，即 $u_{BE} = U_{BE} + u_i = 0.7 + 0.02\sin\omega t(\text{V})$，其波形如图 2.27(a)中曲线①所示。由 u_i 波形可在输入特性曲线上求出 i_B 的波形。

由图 2.27(a)可见，对应于幅值为 0.02V 的输入电压，i_B 将在 $20 \sim 60\mu\text{A}$ 变动，即$i_B = 40 + 20\sin\omega t(\mu\text{A})$，其波形如图 2.27(a)中曲线②所示。

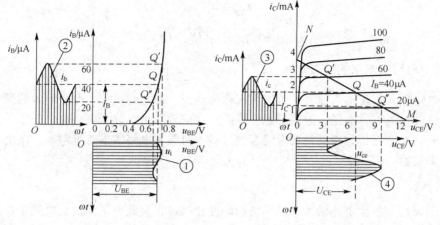

(a) 根据u_i在输入特性曲线上求出i_B (b) 根据i_B在输出特性曲线上求出i_C和u_{CE}

图 2.27 动态工作图解

(2) 根据 i_B 在输出特性曲线上求出 i_C 和 u_{CE}。当 i_B 在 $20\sim60\mu A$ 变动时，动态工作点将沿交流负载线在 Q' 和 Q'' 之间移动。直线段 $Q'\,Q''$ 为动态工作范围。根据动态工作点在直线段 $Q'\,Q''$ 之间变化的轨迹可得到对应的 i_C 和 u_{CE} 的波形。由图 2.27(b)可见，i_B 在 $20\sim60\mu A$ 变动时，i_C 在 $1.1\sim2.7\text{mA}(1.9\text{ mA}\pm0.8\text{ mA})$ 变动，变化规律与 i_B 相同，其波形如图 2.27(b)中曲线③所示；u_{CE} 在 $9.0\sim3.0\text{V}(6.0\text{V}\mp3.0\text{V})$ 变动，变化规律与 i_B 相反，如图 2.27(b)中曲线④所示。由此，可得到：$i_C=1.9+0.8\sin\omega t\,(\text{mA})$，$u_{CE}=6.0-3.0\sin\omega t\,(\text{V})$，$u_o=-3.0\sin\omega t\,(\text{V})$。

所以，该放大器的电压放大倍数为

$$A_u=\frac{u_o}{u_i}=\frac{-3.0}{0.02}=-150$$

其中，负号说明输出信号电压与输入信号电压反相。

3) 非线性失真

输入信号经放大器放大后，因输出波形与输入波形不完全一致称为波形失真。由于该失真是由晶体管特性曲线的非线性而引起的，故称为非线性失真。放大电路的非线性失真主要有截止失真和饱和失真两种。

(1) 工作点偏低时的状态，如图 2.28 所示。

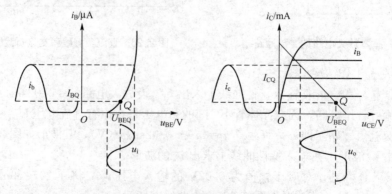

图 2.28 截止失真时的状态

当放大电路的静态工作点 Q 选取比较低时，I_{BQ} 较小，输入信号的负半周进入截止区产生截止失真。增大 I_{BQ} 值，抬高 Q 点，可消除截止失真。

（2）工作点偏高时的状态，如图 2.29 所示。

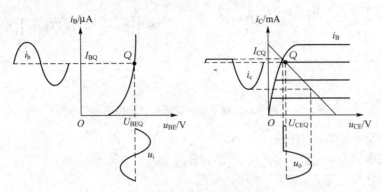

图 2.29　饱和失真时的状态

当放大电路的静态工作点 Q 选取比较高时，I_{BQ} 较大，U_{CEQ} 较小，输入信号的正半周进入饱和区而造成饱和失真。减小 I_{BQ} 值，增大 U_{CEQ} 值，降低 Q 点，可消除饱和失真。

2. 微变等效电路分析法

微变等效电路分析法指的是在输入为微变信号（小信号）的条件下，晶体管特性曲线上 Q 点附近的晶体管的非线性变化近似看作是线性的，即把非线性器件晶体管转为线性器件进行求解的方法。

用微变等效电路分析法分析放大电路的求解步骤如下。

（1）用公式估算法估算 Q 点值，并计算 Q 点处的参数 r_{be} 值。

（2）由放大电路的交流通路，画出放大电路的微变等效电路。

（3）根据等效电路列方程求解性能指标 A_u、r_i、r_o。

一般情况下，由高、低频小功率管构成的放大电路都符合小信号条件。因此其输入、输出特性在小范围内均可视为线性。

图 2.30 是晶体管的微变等效电路。其中 r_{be} 是晶体管输入端的等效电阻，受控电流源相当于晶体管的集电极电流。显然微变等效电路反映了晶体管电流的以小控大作用。r_{be} 值可由下列表达式求得

$$r_{be} = 300 + (1+\beta)\frac{26\,(\text{mV})}{I_E\,(\text{mA})}\,(\Omega)$$

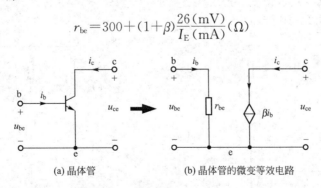

(a) 晶体管　　　　　　　　(b) 晶体管的微变等效电路

图 2.30　晶体管微变等效电路模型

能够稳定工作点的分压式偏置放大电路的交流通路及其微变等效电路如图 2.31 所示。

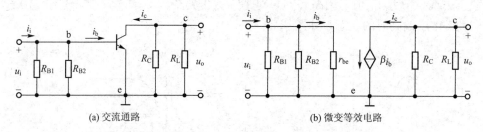

(a) 交流通路　　　　　　　　　　　　　(b) 微变等效电路

图 2.31　稳定放大电路的交流通路及其微变等效电路

显然电路交流等效输出电阻：$r_o = R_C$。

电路交流等效输入电阻：$r_i = r_{be} /\!/ R_{B1} /\!/ R_{B2}$。

由于小信号电路有 R_{B1} 和 $R_{B2} \gg r_{be}$，所以 $r_i \approx r_{be}$。

空载时，电路中电压放大倍数

$$A_u = \frac{u_o}{u_i} \approx \frac{-\beta i_b R_C}{i_b r_{be}} = -\beta \frac{R_C}{r_{be}}$$

若电路接入负载，则电路的电压放大倍数

$$A'_u = -\beta \frac{R_C /\!/ R_L}{r_{be}} = -\beta \frac{R'_L}{r_{be}}$$

共发射极放大电路的主要任务是对输入的小信号进行电压放大，因此电压放大倍数 A_u 是衡量放大电压性能的主要指标之一。共射放大电路的电压放大倍数随负载增大而下降很多，说明这种放大电路的带负载能力不强。

[例 2-4]　图 2.32 所示的基本放大电路，$\beta = 50$，$R_c = R_L = 3k\Omega$，$R_b = 350k\Omega$，$V_{CC} = 12V$，求：

(1) 画出直流通路并估算静态工作点 I_{BQ}、I_{CQ}、U_{CEQ}。

(2) 画出交流通路并求 r_{be}、A_u、r_i、r_o。

解题方法：用微变等效电路分析法分析放大电路的求解步骤。

(1) 用公式估算法估算 Q 点值，并计算 Q 点处的参数 r_{be} 值。

(2) 由放大电路的交流通路，画出放大电路的微变等效电路。

(3) 根据等效电路直接列方程求解 A_u、r_i、r_o。

解：(1) 静态工作点

直流通路如图 2.33 所示。

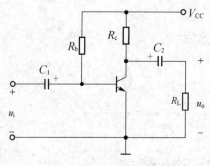

图 2.32　例 2-4 电路

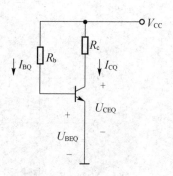

图 2.33　直流通路

$$I_{BQ} = \frac{V_{CC} - U_{BEQ}}{R_b} \approx \frac{V_{CC}}{R_b} = \frac{12}{350} = 0.034\ 3(mA) = 34.3\mu A$$

$$I_{CQ} = \beta \cdot I_{BQ} = 50 \times 0.034\ 3 = 1.72(mA) \approx I_{EQ}$$

$$U_{CEQ} = V_{CC} - I_{CQ}R_c = 12 - 1.72 \times 3 = 6.84(V)$$

（2）交流通路

交流通路如图 2.34 所示。

参数

$$r_{be} = 300 + (1+\beta)\frac{26mV}{I_{EQ}mA} = 300 + (1+50)\frac{26}{1.72}$$

$$= 1\ 070.9(\Omega) \approx 1.07k\Omega$$

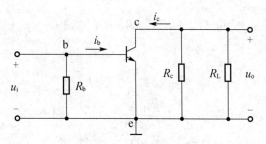

图 2.34 交流通路

（3）动态参数

电压放大倍数

$$A_u = -\beta\frac{R_c // R_L}{r_{be}} = -50\frac{3//3}{1.07} = -70.1$$

输入电阻

$$r_i = R_b // r_{be} \approx r_{be} = 1.07k\Omega$$

输出电阻

$$r_o \approx R_c = 3k\Omega$$

［例 2-5］ 放大电路如图 2.35 所示，已知直流电源 $V_{CC} = 15V$，三极管的 $U_{BE} = 0.7V$，$\beta = 50$，要求：

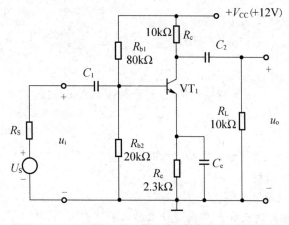

图 2.35 例 2-5 电路

(1) 画直流通路，求静态工作点 U_{CEQ}、I_{BQ}、I_{CQ}。

(2) 画放大器的微变等效电路。

(3) 求放大电路电压放大倍数 A_u、输入电阻 r_i 及输出电阻 r_o。

解：（1）静态工作点。

直流通路如图 2.36 所示。

$$U_B = \frac{R_{b2}}{R_{b1} + R_{b2}} V_{CC} = \frac{20}{80 + 20} \times 15 = 3(V)$$

$$I_{CQ} \approx I_{EQ} = \frac{U_B - U_{BEQ}}{R_e} = \frac{3 - 0.7}{2.3} = 1(mA)$$

$$I_{BQ} = \frac{I_{CQ}}{\beta} = \frac{1}{50} = 0.02(mA) = 20\mu A$$

$$U_{CEQ} = V_{CC} - I_{CQ}(R_c + R_e) = 15 - 1 \times (10 + 2.3) = 2.7(V)$$

（2）微变等效电路。

微变等效电路如图 2.37 所示。

参数

$$r_{be} = 300 + (1 + \beta)\frac{26mV}{I_{EQ}mA} = 300 + (1 + 50) \times \frac{26}{1}$$

$$= 1\ 626(\Omega) \approx 1.63(k\Omega)$$

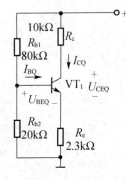

图 2.36　直流通路

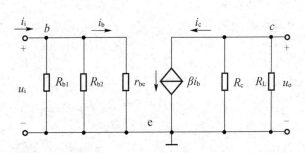

图 2.37　微变等效电路

（3）动态参数。

电压放大倍数

$$A_u = -\beta\frac{R_c//R_L}{r_{be}} = -50 \times \frac{10//10}{1.63} = -153.4$$

输入电阻

$$r_i = R_{b1}//R_{b2}//r_{be} \approx r_{be} = 1.63k\Omega$$

输出电阻

$$r_o \approx R_c = 10k\Omega$$

[例 2-6]　如图 2.38 所示，已知 $\beta = 60$，$U_{BEQ} = 0.7V$。

（1）估算 Q 值和 r_{be} 值。

（2）用微分等效电路法求 A_u、r_i、r_o。

（3）若 R_{b2} 逐渐增大到无穷，会出现什么情况？

解题步骤：

（1）静态工作点

直流通路如图 2.39 所示。

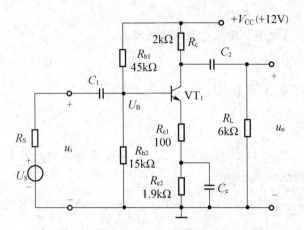

图 2.38　例 2 - 6 电路

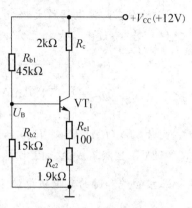

图 2.39　直流通路

$$U_B = \frac{R_{b2}}{R_{b1}+R_{b2}}V_{CC} = \frac{15}{45+15} \times 12 = 3(V)$$

$$I_{CQ} \approx I_{EQ} = \frac{U_B - U_{BEQ}}{R_e} = \frac{3-0.7}{1.9+0.1} = 1.15(mA)$$

$$I_{BQ} = \frac{I_{CQ}}{\beta} = \frac{1.15}{60} = 0.019\,2(mA) = 19.2\mu A$$

$$U_{CEQ} \approx V_{CC} - I_{CQ}(R_c+R_e) = 12 - 1.15 \times (2+1.9+0.1) = 7.4(V)$$

（2）微变等效电路。

微变等效电路如图 2.40 所示。

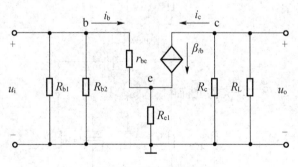

图 2.40　微变等效电路

参数

$$r_{be} = 300 + (1+\beta)\frac{26mV}{I_{EQ}mA} = 300 + (1+60)\frac{26}{1.15} = 1\,679(\Omega) \approx 1.68k\Omega$$

（3）动态参数。

电压放大倍数

$$A_u = -\beta \frac{R_c /\!/ R_L}{r_{be}+(1+\beta)R_{e1}} = -60\frac{2/\!/6}{1.68+(1+60)0.1} \approx -11.57$$

输入电阻

$$r_i = R_{b1} // R_{b2} // [r_{be} + (1 + \beta)R_{e1}] \approx 4.59 \text{k}\Omega$$

输出电阻

$$r_o \approx R_c = 2\text{k}\Omega$$

R_{e1}的存在，使电压放大倍数A_u的数值减小，输入电阻r_i的值增大。

（4）若R_{b2}逐渐增大到无穷，此时的 Q 点：

$$I_{BQ} \approx \frac{V_{CC}}{R_{b1} + (1 + \beta)(R_{e1} + R_{e2})} = \frac{12}{45 + (1 + 60)(1.9 + 0.1)}$$
$$= 0.071\,9(\text{mA}) = 71.9\mu\text{A}$$
$$I_{CQ} = \beta \cdot I_{BQ} = 60 \times 0.071\,9 = 4.31(\text{mA})$$

此时，$I_{CQ}(R_c + R_{e1} + R_{e2}) = 4.31 \times (2 + 1.9 + 0.1) = 17.25(\text{V})$，而电源电压只有$V_{CC} = 12\text{V}$，显然不成立，因此$I_{CQ}$不可能达到4.31mA。

三极管饱和时的集电极电流$I_C \approx \dfrac{V_{CC}}{R_c + R_{e1} + R_{e2}} = \dfrac{12}{2 + 1.9 + 0.1} \approx 3(\text{mA})$，所以三极管不再工作在放大区域，而是工作在饱和区，输出电压严重失真，放大电路无法工作。

 【做一做】

实训 2-5：分压式偏置放大电路静态工作点的测试

实训流程：

（1）按图 2.30 所示在实验板上接好线路，并用万用表简单判断板上晶体管 VT 的极性和好坏。

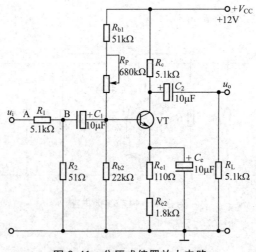

图 2.41　分压式偏置放大电路

（2）静态工作点的测量。所谓静态工作点的测量，就是用合适的直流毫安表和直流电压表分别测量晶体管的集电极电流I_E和管压降U_{CE}。

测量静态工作点为的是了解静态工作点的位置是否合适，如果测量出$U_{CE} < 0.5\text{V}$，则说明晶体管已经饱和；如果$U_{CE} \approx V_{CC}$（电源电压），则说明晶体管已经截止，如果遇到这两种情况，或者测量值和选定的静态工作点不一样，就需要对静态工作点进行调整，不然的话将使放大后的信号产生非线性失真。

在理论教学中我们知道，静态工作点的位置和偏置电阻有关，在这个实验电路中通过调节滑动电阻

R_P，使 $U_E=2V$，并测出 R_P 阻值，按表 2-3 测量并计算。

表 2-3　静态工作点的测量

	U_B/V	U_{BE}/V	U_E/V	U_{CE}/V
测量值				
计算值				

$R_P=$ _____。

（3）R_P 变化，对静态工作点的影响。

① 调节 R_P，观察 U_{BE}、I_B 有无明显变化，并记录：U_{BE} _____（有/无）明显变化；I_B _____（有/无）明显变化。

② 调节 R_P，观察 U_{CE}、I_C 有无明显变化，并记录：U_{CE} _____（有/无）明显变化；I_C _____（有/无）明显变化。

（4）结论：调节 R_P，_____（能/不能）改变共射极放大电路的静态工作点。

【做一做】

实训 2-6：分压式偏置放大电路动态性能指标的测试

实训流程：

当 $+V_{CC}$ 和交流负载电阻 R_L 确定后，放大器的动态范围取决于静态工作点的位置。为了得到最大的动态范围，应将静态工作点调在交流负载线的中点。为此，在放大器正常工作下，逐步加大输入信号的电压 u_i 的幅度，用示波器观察放大器的输出电压波形。如果输出的波形同时出现正、负峰被削，则说明静态工作点已在交流负载线的中点；如果是正峰被削掉或者是负峰被削掉，则说明静态工作点不在交流负载线的中点，此时必须调节 R_P，直到静态工作点最佳为止。

当静态工作点调好以后，逐渐增大 u_i 直到输出波形为最大不失真时，测量输出电压 u_o，则最大动态范围等于 $2\sqrt{2}u_o$。

1）放大倍数的测量

（1）将信号源调到频率为 $f=1kHz$，波形为正弦波，信号幅值为 2mV，接到放大器的输入端观察 u_i 和 u_o 波形，放大器不接负载。一般采用实验箱上加衰减的办法，图 2.41 中电阻 R_1（5.1kΩ）和电阻 R_2（51Ω）组成衰减器。即信号源用一个较大的信号，例如：在 A 端输入 100mV，经衰减后 B 端输出 1mV。

（2）在信号频率不变的情况下，逐步加幅值，测 u_o 不失真时的最大值并填入表 2-4 中。

表 2-4　不同输入信号下的放大倍数

测量值		计算值
u_i/mV	u_o/V	A_u

(3) 保持 $f=1\text{kHz}$, 幅值为 5mV, 放大器接入负载 R_L, 并将计算结果填入表 2-5 中。

表 2-5　负载对放大倍数的影响

给定参数		测量值		计算值
R_c	R_L	u_i/mV	u_o/V	$A_u=u_o/u_i$
$5.1\text{k}\Omega$	$5.1\text{k}\Omega$			
$5.1\text{k}\Omega$	$2\text{k}\Omega$			

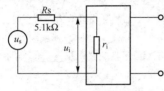

图 2.42　输入电阻测量

2) 放大器的输入、输出电阻

(1) 输入电阻测量。按照定义: $r_i=\dfrac{u_i}{i_i}$, 测量放大器的输入电阻一般采用"换算法"。所谓"换算法"测量, 即在信号源和放大器之间串接一个已知电阻 Rs, 如图 2.31 所示, 在放大器正常工作的情况下, 分别测出 u_i、u_s 的值, 则

$$r_i=\frac{u_i}{u_s-u_i}Rs$$

在测量时还应该注意以下几点。

① 由于 Rs 两端没有接地点, 而电压表一般测量的是对地的交流电压, 所以当测量 Rs 两端的电压 u_{Rs} 时, 必须分别测出电阻两端的对地电压 u_s、u_i, 并按下式求出 u_{Rs}

$$u_{Rs}=u_s-u_i$$

实际测量时电阻 Rs 的数值不能太大, 否则容易引入干扰; 但也不宜太小, 否则测量的误差较大。通常取 Rs 和 r_i 为同一个数量级比较合适, 本实验取 Rs 为 $5.1\text{k}\Omega$。

② 测量之前, 毫伏表应该校零, u_s 和 u_i 最好用同一个量程进行测量。

③ 用示波器监视输出波形, 要求在波形不失真的条件下进行上述的测量。

在输入端串接 $5.1\text{k}\Omega$ 电阻, 加入 $f=1\text{kHz}$ 的正弦波信号, 用示波器观察输出波形, 用毫伏表分别测量对地电位 u_s、u_i。如图 2.42 所示。

将所测数据及计算结果填入表 2-6 中。

表 2-6　输入电阻的测量

测量值		计算值
u_s/mV	u_i/mV	$r_i=u_i\cdot Rs/(u_s-u_i)$

(2) 输出电阻测量。放大器对于负载来说, 就相当于一个等效电压源, 这个等效电压源的内阻 r_o 就是放大器的输出电阻。

放大器的输出电阻的大小反映了放大器带负载的能力, 因此可以通过测量放大器接入负载前后电压的变化来求出其输出电阻 r_o。在放大器的正常工作的情况下, 首先测量放大器的开路输出电压 u_o, 再测量放大器接入已知负载 R_L 时的输出电压 u_L, 如图 2.43 所示。

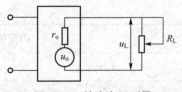

图 2.43　输出电阻测量

$$r_o=\left(\frac{u_o}{u_L}-1\right)\times R_L$$

在 A 点加 $f=1\text{kHz}$ 的正弦波交流信号, 在输出端接入可调电阻作为负载, 选择合适的 R_L 值使放大器的输出波形不失真(接示波器观察), 用毫伏表分别测量接上负载 R_L 时的电压 u_L 及空载时的电压 u_o。

将所测数据及计算结果填入表 2-7 中。

表 2-7　输出电阻的测量

测量值		计算值
$u_o(\text{mV}, R_L = \infty)$	$u_L(\text{mV}, R_L = \underline{\quad})$	$r_o = (u_o/u_L - 1) \times R_L$

 【练一练】

实训 2-7：共射极基本放大电路的仿真测试

测试电路：如图 2.44 所示。

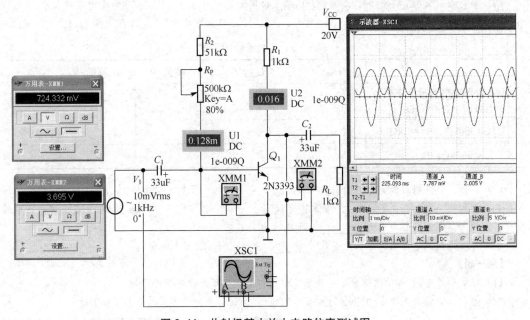

图 2.44　共射极基本放大电路仿真测试图

（1）按图画好电路。用直流电流表 U_1、U_2 分别测量基极电流 I_B 和集电极电流 I_C，用万用表 XMM_1、XMM_2 的直流电压挡分别测量电压 U_{BE}、U_{CE} 值。示波器 XSC_1 的 A、B 通道分别显示输入信号和输出的交流、直流叠加量。

（2）在静态条件下（输入信号为 0），改变电阻 R_P 的阻值，用直流电流表和万用表测得的静态工作点值分别填入表 2-8 中，求出静态电流放大系数。

（3）输入信号设置为振幅为 10mV 正弦波，用示波器 XSC_1 观察信号源波形和输出信号波形，观察输出信号波形的变化情况（大小变化，是否失真）。

（4）当输出信号波形为最大不失真情况下，测出输入电压和输出电压的幅值，算出电路电压放大倍数 A_u。

表2-8　静态工作点的测量

R_P/kΩ	200	300	400	500
I_B/mA				
I_C/mA				
U_{BE}/V				
U_{CE}/V				
晶体管静态电流放大系数 (I_C/I_B)				
输出波形是否失真 (输入信号为振幅为 10mV 正弦波)				

(5) 将输出信号设置为 0,记录此时的静态电压 U_{BE} 和 U_{CE} 值并填入表2-9中。

(6) 当 R_P＝350kΩ 时,测量此时的输入电压和输出电压的幅值,算出电路电压放大倍数 A_u。

(7) 当负载开路(R_L＝∞)时,测量此时的输入电压和输出电压的幅值,算出电路电压放大倍数 A_u。

(8) 用示波器分别观察输入信号、u_{BE} 信号、u_{CE} 信号、输出信号波形,理解信号放大的工作过程。

表2-9　放大倍数的测试

	U_{BE}/V	U_{CE}/V	u_i幅值/V	u_o幅值/V	A_u
输入信号波形为最大不失 真时,R_P= kΩ					
R_P＝350kΩ,R_L＝1kΩ	—	—			
R_P＝350kΩ,R_L＝∞	—	—			

(9) 结论:共发射极放大电路输出信号与输入信号_____(基本相同/完全不同),输出信号与输入信号幅度相比_____(变大/变小/基本不变),即_____(实现了/没有实现)信号不失真放大;输出信号与输入信号的相位关系为_____(同相/反相)。

接有负载电阻的电压放大倍数比空载时_____(增大/降低/基本不变)。

【想一想】

(1) 归纳偏置电阻 R_P 的阻值大小对静态工作点和输出信号是否失真的影响。

(2) 为什么当偏置电阻 R_P 的阻值达到 500 kΩ 时,晶体管电流放大系数会大幅度下降?

实训任务 2.3　共集电极放大电路动态性能指标的测试

【做一做】

实训 2-8:共集电极放大电路动态性能指标的测试

测试电路:如图 2.45 所示。

实训流程:

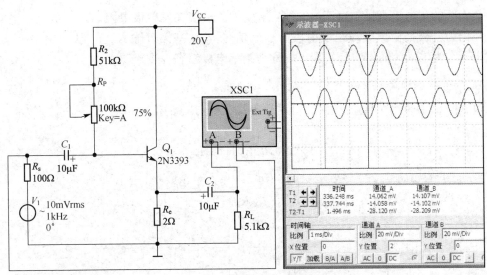

图2.45 共集电极放大电路仿真测试图

(1) 按图画好电路。调节 R_P，用示波器 XSC1 观察输出信号，使其不失真。

(2) 用示波器观察输入、输出信号，并记录：输入电压的幅度为_____ V；输出电压的幅度为
_____ V；计算放大倍数 $A_u =$ _____。

输出信号与输入信号的相位关系为_____（同相/反相）。

(3) 不接负载电阻 R_L，即增大负载电阻值，观察输出电压幅度有无明显变化。表明：共集电极放大
电路_____（具有/不具有）稳定输出电压的能力，即可推断共集电极放大电路的输出电阻_____（很
大/很小）。

(4) 在输入回路上改变电阻 R_S 值，观察输出电压幅度有无明显变化。表明：输入电阻变化，输出电
压幅度_____（减小/几乎不变），即可推断共集电极放大电路的输入电阻_____（很大/很小）。

(5) 结论：共集电极放大电路的电压放大倍数 $A_u =$ _____（$\gg 1/\approx 1/\ll 1$）；输入电阻_____（很
大/很小）；输出电阻_____（很大/很小）。

1. 电路组成

共集电极放大电路应用非常广泛，其电路构成如图 2.46 所示。其组成原则同共射极
电路一样，外加电源的极性要保证放大管发射结正偏，集电结反偏，同时保证放大管有一
个合适的 Q 点。

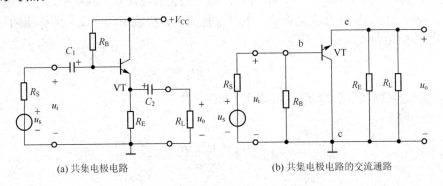

(a) 共集电极电路　　　　　　　　　　　　　(b) 共集电极电路的交流通路

图2.46 共集电极放大电路及其交流通路

晶体管的集电极直接与直流电源 V_{CC} 相接,负载接在发射极电阻两端。显然,电路的输入极仍为基极,输出极却是发射极。交流信号 u_i 从基极 b 输入,u_o 从发射极 e 输出,集电极 c 作为输入、输出的公共端,故称为共集电极组态。

2. 共集放大电路的静态分析

根据图 2.47 所示的直流通路,可估算静态工作点 Q 的值

$$I_{BQ} = \frac{V_{CC} - U_{BEQ}}{R_B + (1+\beta)R_E}$$

$$I_{CQ} = \beta I_{BQ}$$

$$U_{CEQ} = V_{CC} - I_{CQ}R_E \approx V_{CC} - I_{EQ}R_E$$

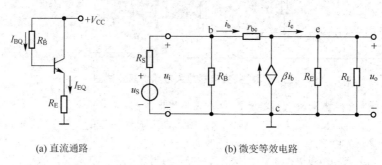

(a) 直流通路　　　　　　　　　(b) 微变等效电路

图 2.47　直流通路及其微变等效电路

3. 共集放大电路的动态分析

1) 电压放大倍数

$$u_o = (1+\beta)i_b(R_E /\!/ R_L)$$

$$u_i = i_b r_{be} + u_o$$

$$A_u = \frac{u_o}{u_i} = \frac{(1+\beta)(R_E /\!/ R_L)}{r_{be} + (1+\beta)(R_E /\!/ R_L)}$$

通常 $(1+\beta)(R_E /\!/ R_L) \gg r_{be}$,故式中分子小于和约等于分母,即共集电极放大电路的 A_u 小于和约等于1。因 A_u 为正值,说明 u_i 与 u_o 相位相同;又因 $u_i \approx u_o$,说明电路中的电压并没有被放大。但电路中 $i_e = (1+\beta)i_b$,说明电路仍有电流放大和功率放大作用。此外,u_o 是由射极输出的,因此共集电极放大电路又称为"射极输出器"或"射极跟随器"。

2) 输入电阻

$$r_i = R_B /\!/ [r_{be} + (1+\beta)(R_E /\!/ R_L)]$$

射极输出器的电阻较大,通常可达几十 kΩ 至几百 kΩ。

3) 输出电阻

$$r_o \approx R_E /\!/ \frac{r_{be} + R_S /\!/ R_B}{1+\beta} \approx \frac{r_{be}}{\beta}$$

显然,射极输出器的电阻较小,仅为几十 Ω 至几百 Ω。

射极跟随器具有较高的输入电阻和较低的输出电阻，这是射极跟随器最突出的优点。射极跟随器常用于多级放大器的第一级或最末级，也可用于中间隔离级。用作输入级时，其高输入电阻可以减轻信号源的负担，提高放大器的输入电压。用作输出级时，其低输出电阻可以减小负载变化对输出电压的影响，并易于与低阻负载相匹配，向负载传送尽可能大的功率。用于中间缓冲级，可减小前后级之间的相互影响。

实训任务2.4　负反馈放大电路的测试

2.4.1　多级放大电路

　　实际应用中，放大电路的输入信号一般为毫伏甚至微伏数量级，功率也在 1mW 以下，为了使放大后的信号能够驱动负载工作，输入信号必须经多级放大。多级放大电路可有效地提高放大电路的各种性能，如提高电路的电压增益、电流增益、输入电阻、带负载能力等。

　　多级放大电路图的组成框图如图 2.48 所示。多级放大电路的第一级为输入级，一般采用输入阻抗较高的放大电路，以便从信号源获得较大的电压输入信号并对信号进行放大。中间级一般采用共射极放大器，主要是为了获得较高的增益，有的需用几级放大电路才能完成信号的放大。多级放大电路的最后一级称为输出级，它与负载相连，因此要考虑负载的性质，通过放大，获得足够的电流和功率以驱动负载工作。

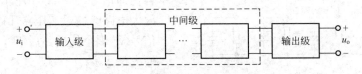

图2.48　多级放大电路的组成框图

1. 多级放大电路的耦合方式

　　在多级放大电路中，各级放大电路输入和输出之间的连接方式称为耦合方式。常见的连接方式有 3 种：阻容耦合、直接耦合和变压器耦合。

　　1）阻容耦合

　　指放大器各级之间通过隔直耦合电容连接起来。图 2.49 所示为阻容耦合两级放大电路。

　　阻容耦合多级放大电路具有以下特点。

　　（1）各级放大器的直流通路互不相通，即各级的静态工作点相互独立，互不影响，有利于放大器的设计、调试和维修。

　　（2）低频特性差，只能放大具有一定频率的交流信号，不适合放大直流或缓慢变化的信号。

　　（3）阻容耦合电路具有体积小、重量轻的优点，在分立元件电路中应用较多。在集成电路中制造大容量的电容器是比较困难的，因此阻容耦合方式一般不集成化。

　　2）直接耦合

　　指各级放大器之间通过导线直接相连接。图 2.50 所示为直接耦合两级放大电路。前级的输出信号 u_{o1}，直接作为后一级的输入信号 u_{i2}。

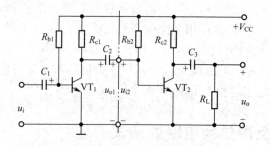

图 2.49　阻容耦合两级放大电路

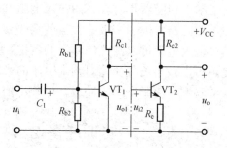

图 2.50　直接耦合两级放大电路

直接耦合电路的特点如下。

(1) 频率特性好，不但可以放大交流信号，而且也能放大极其缓慢变化的超低频信号以及直流信号。

(2) 电路中无大的耦合电容，结构简单，便于集成。

(3) 各级放大电路的静态工作点相互影响，不利于电路的设计、调试和维修。

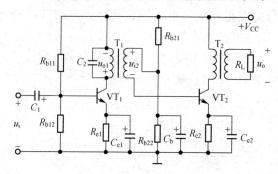

图 2.51　变压器耦合放大电路

(4) 输出存在温度漂移，即放大器无输入信号时，也有缓慢的无规则信号输出。

3) 变压器耦合

指各级放大电路之间通过变压器耦合传递信号。图 2.51 所示为变压器耦合放大电路。通过变压器 T1 把前级的输出信号 u_{o1} 耦合传送到后级，作为后一级的输入信号 u_{i2}。

变压器也具有隔直流、通交流的特性，因此变压器耦合放大器具有如下特点。

(1) 各级的静态工作点相互独立，互不影响，利于放大器的设计、调试和维修。

(2) 同阻容耦合一样，变压器耦合低频特性差，不适合放大直流及缓慢变化的信号，只能传递具有一定频率的交流信号。

(3) 输出温度漂移比较小。

(4) 便于实现级间的阻抗变换以及电压、电流的变换，容易获得较大的输出功率。

(5) 变压器体积和重量较大，不便于集成化。

2. 多级放大电路的分析

1) 多级放大电路的电压放大倍数 A_u

图 2.52 所示为多级放大电路的框图。

总电压放大倍数等于各级电压放大倍数的乘积，即

$$A_u = A_{u1} \times A_{u2} \times A_{u3} \times \cdots \times A_{un}$$

2) 多级放大电路的输入电阻 r_i

多级放大电路的输入电阻 r_i 等于从第一级放大电路的输入端所看到的等效输入电阻 r_{i1}。即

$$r_i = r_{i1}$$

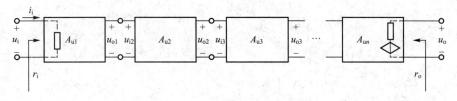

图2.52 多级放大电路动态参数框图

3）多级放大电路的输出电阻 r_o。

多级放大电路的输出电阻 r_o 等于从最后一级（末级）放大电路的输出端所看到的等效电阻 r_{on}。即

$$r_o = r_{on}$$

[例2-7] 两级阻容耦合放大电路如图2.53所示，已知 $\beta_1 = 60$，$\beta_2 = 80$，$R_{b1} = 20k\Omega$，$R_{b2} = 10k\Omega$，$R_b = 200k\Omega$，$R_c = 2k\Omega$，$R_{e1} = 2k\Omega$，$R_{e2} = 5.1k\Omega$，$R_L = 5.1k\Omega$，$V_{CC} = 12V$。

（1）判定 VT_1、VT_2 各构成什么组态电路？

（2）分别估算各级的静态工作点。

（3）画出微变等效电路。

（4）计算放大电路的电压放大倍数、输入电阻和输出电阻。

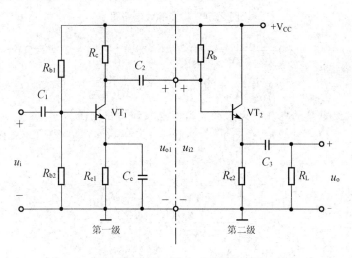

图2.53 例2-6电路

解题方法：多级放大器求解时，首先要判断各级放大器的静态工作点是否相互独立。如果是阻容耦合或变压器耦合，则静态工作点各级可以独立计算；如果是直接耦合，则计算时，必须要整体进行考虑。

解：（1）VT_1 放大器为第一级，构成分压式共射放大电路，VT_2 放大器为第二级，构成共集电极放大电路。两级的耦合是阻容耦合，独立计算各级静态工作点。

（2）估算各级的静态工作点。

第一级：

$$U_{B1} = \frac{R_{b2}}{R_{b1} + R_{b2}} V_{CC} = \frac{10}{20 + 10} \times 12 = 4(V)$$

$$I_{CQ1} \approx I_{EQ1} = \frac{U_{B1} - U_{BEQ1}}{R_{e1}} = \frac{4 - 0.7}{2} = 1.65(\text{mA})$$

$$I_{BQ1} = \frac{I_{CQ1}}{\beta_1} = \frac{1.65}{60} = 0.027\ 5(\text{mA}) = 27.5\mu A$$

$$U_{CEQ1} \approx V_{CC} - I_{CQ1}(R_c + R_{e1}) = 12 - 1.65 \times (2 + 2) = 5.4(\text{V})$$

第二级：

$$I_{BQ2} = \frac{V_{CC} - U_{BEQ2}}{R_b + (1+\beta_2)R_{e2}} = \frac{12 - 0.7}{200 + (1+80)5.1} = 0.018\ 4(\text{mA}) = 18.4\mu A$$

$$I_{CQ2} = \beta I_{BQ2} = 80 \times 0.018\ 4 = 1.472(\text{mA}) \approx I_{EQ}$$

$$U_{CEQ2} \approx V_{CC} - I_{CQ2}R_{e2} = 12 - 1.472 \times 5.1 = 4.49(\text{V})$$

（3）画出微变等效电路。

微变等效电路如图 2.54 所示。

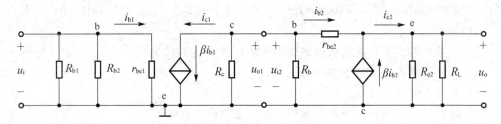

图 2.54 微变等效电路图

$$r_{be1} = 300 + (1+\beta_1)\frac{26\text{mV}}{I_{EQ1}\text{mA}} = 300 + (1+60)\frac{26}{1.65} = 1\ 261(\Omega) \approx 1.26\text{k}\Omega$$

$$r_{be2} = 300 + (1+\beta_2)\frac{26\text{mV}}{I_{EQ2}\text{mA}} = 300 + (1+80)\frac{26}{1.472} = 1\ 731(\Omega) \approx 1.73\text{k}\Omega$$

（4）计算放大电路的电压放大倍数、输入电阻和输出电阻。

$$R_{i2} = R_b//[r_{be2} + (1+\beta_2)(R_{e2}//R_L)] = 200//[1.73 + (1+80)(5.1//5.1)] \approx 102(\text{k}\Omega)$$

$$R_{o1} \approx R_c = 2\text{k}\Omega$$

$$A_{u1} = -\beta_1 \frac{R_c//R_{i2}}{r_{be1}} \approx -60\frac{2}{1.26} = -95$$

$$A_{u2} = \frac{(1+\beta_2)(R_{e2}//R_L)}{r_{be2} + (1+\beta_2)(R_{e2}//R_L)} \approx 1$$

$$A_u = A_{u1}A_{u2} \approx -95$$

$$R_i = R_{i1} = R_{b1}//R_{b2}//r_{be1} \approx r_{be1} = 1.26\text{k}\Omega$$

$$R_o = R_{o2} = R_{e2}//\frac{r_{be2} + R_b//R_{o1}}{1+\beta_2} = 5.1//\frac{1.73 + 200//2}{1+80} \approx 0.046(\text{k}\Omega) = 46\Omega$$

特别提示

求解多级放大电路的动态参数 A_u、r_i、r_o 时，一定要考虑前后级之间的相互影响。

（1）把后级的输入阻抗作为前级的负载电阻。

（2）把前级的开路电压作为后级的信号源电压，前级的输出阻抗作为后级的信号源阻抗。

2.4.2　负反馈放大电路

1. 反馈的基本概念

1) 什么是反馈

在电子系统中，把放大电路输出量（电压或电流）的部分或全部，经过一定的电路（反馈网络）反送回到放大电路的输入端，从而影响输出量的方式称为反馈。有反馈的放大电路称为反馈放大电路。

2) 反馈电路的一般方框图

反馈放大电路由基本放大电路和反馈网络组成，其构成如图2.55所示。

图中 X_i、X_{id}、X_f、X_o 分别表示放大电路的输入信号、净输入信号、反馈信号和输出信号，它们可以是电压量，也可以是电流量。

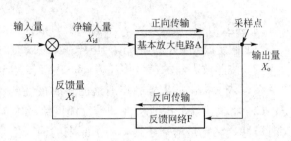

没有引入反馈时的基本放大电路称为开环电路，其中的 A 表示基本放大电路的放大倍数，也称为开环放大倍数。引入反馈后的放大电路称为闭环电路，F 表示反馈网络系数。

图 2.55　反馈放大电路的一般方框图

3) 反馈元件

在反馈电路中，既与基本放大电路输入回路相连，又与输出回路相连的元件，以及与反馈支路相连且对反馈信号的大小产生影响的元件，均称为反馈元件。

4) 反馈放大电路的一般表达式

（1）闭环放大倍数 A_f。

基本放大电路的放大倍数

$$A = \frac{X_o}{X_{id}}$$

反馈网络的反馈系数

$$F = \frac{X_f}{X_o}$$

反馈放大电路的放大倍数

$$A_f = \frac{X_o}{X_i}$$

基本放大电路的净输入信号

$$X_{id} = X_i - X_f$$

由上述式子可推出闭环放大电路放大倍数的一般表达式为

$$A_f = \frac{A}{1 + AF}$$

（2）反馈深度。

定义 $(1+AF)$ 为闭环放大电路的反馈深度，它反映了放大电路反馈强弱的程度。

若 $(1+AF) > 1$，则有 $A_f < A$，此时放大电路引入的反馈为负反馈。

若$(1+AF)<1$，则有$A_f>A$，此时放大电路引入的反馈为正反馈。

若$(1+AF)=0$，则有$A_f=\infty$，此时反馈放大电路出现自激振荡。

若$(1+AF)\gg1$，则有$A_f=\dfrac{A}{1+AF}\approx\dfrac{1}{F}$，此时称放大电路引入深度负反馈。

2. 反馈的类型及其判定方法

1) 正反馈和负反馈

若引入的反馈信号X_f削弱了外加输入信号，称为负反馈；若引入的反馈信号X_f增强了外加输入信号，则称为正反馈。

负反馈主要用于改善放大电路的性能指标，而正反馈主要用于振荡电路、信号产生电路中。

判定电路的反馈极性常采用电压瞬时极性法，具体方法如下。

(1) 假定放大电路的输入信号电压在某一瞬时对地的极性为"＋"(也可假定为"－")。

(2) 按照放大器的信号传递方向，逐级传递至输出端。根据晶体管各电极间相对相位的关系，依次标出放大器各点对地的瞬时极性。

(3) 将输出端的瞬时极性顺着反馈网络的方向逐级传递回输入回路，根据反馈信号的瞬时极性，确定是增强还是削弱了原来的输入信号。如果输入端电压的变化是增强的，则引入的为正反馈；反之，则为负反馈。

判定反馈的极性时，一般有这样的结论：在放大电路中，输入信号u_i和反馈信号u_f在相同端点时，如果引入的反馈信号u_f和输入信号u_i同极性，则为正反馈；若二者的极性相反，则为负反馈。当输入信号u_i和反馈信号u_f不在相同端点时，若引入的反馈信号u_f和输入信号u_i同极性，则为负反馈；若二者的极性相反，则为正反馈。图 2.56 所示为反馈极性的判定方法。

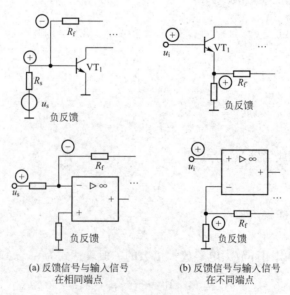

(a) 反馈信号与输入信号
在相同端点

(b) 反馈信号与输入信号
在不同端点

图 2.56 反馈极性的判定

如果反馈放大电路由单级运算放大器构成，则有反馈信号送回到反相输入端时，为负反馈；反馈信号送回到同相输入端时，为正反馈。

2）交流反馈和直流反馈

如果反馈量只有直流量，称为直流反馈；如果反馈量只有交流量，称为交流反馈；如果反馈量既有交流量，又有直流量，则称为交、直流反馈。

直流负反馈可以稳定放大电路的静态工作点；交流负反馈可以改善放大电路的动态性能。

交流反馈和直流反馈的判定，只要画出反馈放大电路的交、直流通路即可。在直流通路中，如果反馈回路存在，即为直流反馈；在交流通路中，如果反馈回路存在，即为交流反馈；如果在直、交流通路中，反馈回路都存在，即为交、直流反馈。

3）电压反馈和电流反馈

根据反馈信号从输出端的采样方式不同，可分为电压反馈和电流反馈。如果反馈信号从输出电压 u_o 采样，为电压反馈；反馈信号从输出电流 i_o 采样，为电流反馈。或采样环节与放大电路输出端并联，为电压反馈；采样环节与放大电路输出端串联，为电流反馈，如图 2.57 所示。

判定方法可以令 $u_o=0$，来检查反馈信号是否存在。若不存在，则为电压反馈；否则为电流反馈。

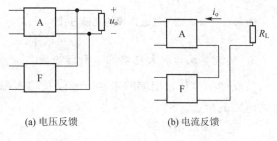

(a) 电压反馈　　(b) 电流反馈

图 2.57　反馈信号在输出端的采样方式

一般可以根据采样点与输出电压是否在相同端点来判断。电压反馈的采样点与输出电压在同一端点；电流反馈的采样点与输出电压在不同端点。晶体管组成的放大电路电压或电流反馈的简单判断如图 2.58 所示。

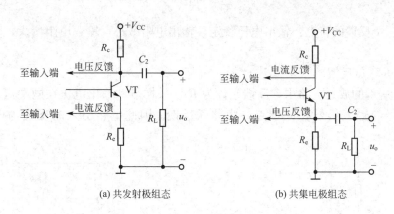

(a) 共发射极组态　　　　(b) 共集电极组态

图 2.58　电压或电流反馈的简单判断

4）串联反馈和并联反馈

根据反馈信号从输入端的连接方式不同，可分为串联反馈和并联反馈。若反馈信号 X_f 与输入信号 X_i 在输入回路中以电压的形式相加减，即在输入回路中彼此串联的，为串联反馈；若反馈信号 X_f 与输入信号 X_i 在输入回路中以电流的形式相加减，即在输入回路中彼此并联的，为并联反馈，如图 2.59 所示。

判定方法可采用直观判别法：在放大器的输入端，若输入信号和反馈信号是在同一个电极上，为并联反馈；反之，为串联反馈。图 2.60 为晶体管组成的放大电路串联或并联反馈的简单判断图。

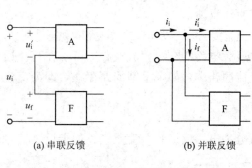

(a) 串联反馈　　　　　　(b) 并联反馈

图 2.59　反馈信号在输入端的连接方式

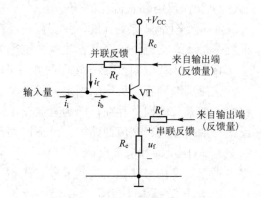

图 2.60　串联或并联反馈的简单判断

3. 交流负反馈放大电路的 4 种组态

按反馈信号从输出端的采样方式以及输入端的连接方式不同,可组成 4 种交流负反馈放大电路的组态。

1) 电压串联负反馈

图 2.61 所示的负反馈放大电路中,R_e 为连接输入和输出回路的反馈元件,引入的是负反馈。在输出端,采样点和输出电压同端点,为电压反馈;在输入端,反馈信号与输入信号在不同端点,为串联反馈。因此电路引入的反馈为电压串联负反馈。

放大电路引入电压串联负反馈后,通过自身闭环系统的调节,可使输出电压趋于稳定。

电压串联负反馈的特点:输出电压稳定,输出电阻减小,输入电阻增大,具有很强的带负载能力。

2) 电压并联负反馈

图 2.62 所示的放大电路中,反馈元件为 R_f。采样点和输出电压在同端点,为电压反馈;反馈信号与输入信号在同端点,为并联反馈。因此电路引入的反馈为电压并联负反馈。

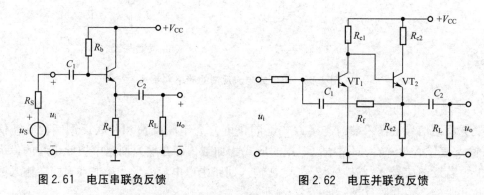

图 2.61　电压串联负反馈　　　　　　**图 2.62　电压并联负反馈**

电压并联负反馈的特点:输出电压稳定,输出电阻减小,输入电阻减小。

3) 电流串联负反馈

图 2.63 所示的电路中,反馈元件为 R_e。在输出端,若令 $u_o = 0$,反馈信号仍然存在,且

输入端反馈信号与输入信号在不同端点，可以判定此电路引入的反馈为电流串联负反馈。

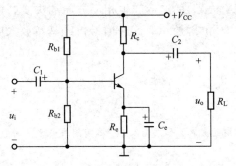

图 2.63 电流串联负反馈

电流串联负反馈的特点：输出电流稳定，输出电阻增大，输入电阻增大。

4）电流并联负反馈

图 2.64 所示的电路中，反馈元件为 R_f。当输出电压 $u_o=0$ 时，反馈信号仍然存在，为电流反馈；反馈信号与输入信号在同端点，为并联反馈。因此电路引入的反馈为电流并联负反馈。

电流并联负反馈的特点：输出电流稳定，输出电阻增大，输入电阻减小。

4. 负反馈对放大电路性能的影响

放大电路引入负反馈后，虽然其放大倍数减小，即增益下降，但可从多方面改善其性能。

1）提高放大倍数的稳定性

闭环放大电路增益的相对变化量是开环放大电路增益相对变化量的 $(1+AF)$ 分之一，即引入负反馈后，电路的增益相对变化量减小，负反馈放大电路的增益稳定性得到提高。

2）减小环路内的非线性失真

晶体管是一个非线性器件，放大器在对信号进行放大时不可避免地会产生非线性失真。假设放大器的输入信号为正弦信号，在没有引入负反馈时，基本放大电路的非线性放大，使输出信号为正半周幅度大于负半周的失真，如图 2.65(a)所示。

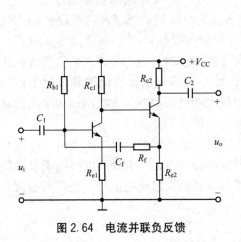

图 2.64 电流并联负反馈

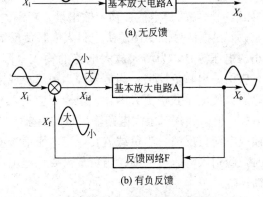

图 2.65 引入负反馈减小失真

引入负反馈后，反馈的信号正比于失真信号。该反馈信号在输入端与输入信号相比较，使净输入信号 $X_{id} = (X_i - X_f)$ 的波形产生相反方向的失真，即正半周幅度小于负半周幅度(称为预失真)，如图 2.65(b)所示。这一信号再经基本放大电路放大后，就可减小输出信号的非线性失真。

特别提示

引入负反馈减小的是环路内的失真。如果输入信号本身有失真，此时引入负反馈的作用不大。

3）抑制环路内的噪声和干扰

在反馈环内，放大电路本身产生的噪声和干扰信号，可以通过负反馈进行抑制，其原理与减小非线性失真的原理相同。同样，对反馈环外的噪声和干扰信号，引入负反馈也无能为力。

4）扩展通频带

通频带是指放大器放大倍数大致相同的一段频带范围，超出这一范围，放大倍数将显著下降。

在多级放大电路中，级数越多，增益越大，频带越窄。引入负反馈后，可有效扩展放大电路的通频带。图 2.66 所示为放大器引入负反馈后通频带的变化情况，其中 BW 为无反馈通频带，BW_f 为引入反馈后的通频带。

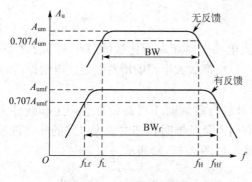

图 2.66　负反馈扩展频带

5）改变输入和输出电阻

（1）负反馈对放大电路输入电阻的影响。串联负反馈使放大电路的输入电阻增大；而并联负反馈使输入电阻减小。

（2）负反馈对放大电路输出电阻的影响。电压负反馈使放大电路的输出电阻减小；而电流负反馈使输出电阻增大。

6）放大电路引入负反馈的一般原则

（1）为了使放大电路稳定静态工作点，应引入直流负反馈；为了改善电路的动态性能(如增加增益的稳定性、稳定输出量、减小失真、扩展频带等)，应引入交流负反馈。

（2）根据信号源的性质决定引入串联负反馈或并联负反馈。当信号源为恒压源或内阻较小的电压源时，为增大放大电路的输入电阻，以减小信号源的输出电流和内阻上的压降，应引入串联负反馈；当信号源为恒流源或内阻较大的电流源时，为减小放大电路的输入电阻，使电路获得更大的输入电流，应引入并联负反馈。

（3）根据负载对放大电路输出量的要求，即负载对其信号源的要求，决定引入电压负反馈或电流负反馈。当负载需要稳定电压信号或者减小输出电阻，以提高电路的带负载能力时，应引入电压负反馈；当负载需要稳定电流信号或者增大输出电阻时，应引入电流负反馈。

（4）在多级放大电路中，为了改善放大电路性能，应优先引入级间负反馈。

【做一做】

实训 2-9：负反馈放大电路的测试

实训流程：

(1) 照图 2.67 在实验板上接好线路，判断反馈电阻 R_f 所引入的反馈属于_____。

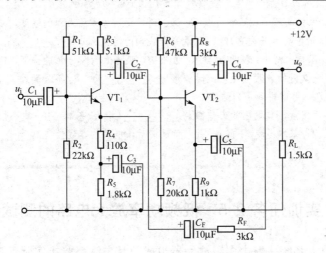

图 2.67 负反馈放大电路

(2) 测量负反馈对电压放大倍数的影响。

① 输入端接入幅值为 1mV，频率为 $f=1kHz$ 的正弦波交流信号。

开环电路：R_F 不接入电路中。

闭环电路：R_F 接入电路中。

② 按表 2-10 中要求测量并填写。

表 2-10 负反馈对电压放大倍数的影响

	R_L	u_i/mV	u_o/mV	$A_u = u_o/u_i$
开环	∞	1		
	1.5kΩ	1		
闭环	∞	1		
	1.5kΩ	1		

(3) 负反馈对输入、输出电阻的影响。

① 输入电阻。在输入端串接 5.1kΩ 的电阻。按表 2-11 中要求测量并填写。

表 2-11 负反馈对输入电阻的影响

	u_s/V	u_i/V	r_i
开环			
闭环			

② 输出电阻。按表 2-12 中要求测量并填写。

表 2-12　负反馈对输出电阻的影响

	$u_{\mathrm{o}}(R_{\mathrm{L}}=\infty)$	$u_{\mathrm{oL}}(R_{\mathrm{L}}=1.5\mathrm{k\Omega})$	r_{o}
开环			
闭环			

(4) 负反馈对失真的改善作用。用示波器观察负反馈对波形失真的影响。

① 将电路开环,保持电源+12V 和负载 R_{L} 值不变,逐渐加大信号源的幅度,观察波形的变化情况。当输出信号出现失真(但不要过分失真)时,记录失真波形的幅值。$u_{\mathrm{i}}=$_____,$u_{\mathrm{o}}=$_____。

② 将电路闭环,保持电源+12V 和负载 R_{L} 值不变,逐渐加大信号源的幅度,观察波形的变化情况。当输出幅度接近开环失真时的波形幅度,此时波形_____(失真/不失真)。

(5) 通过上述实训,可以得到下列结论。

放大电路引入负反馈后,其电压放大倍数将_____(增大/基本不变/减小),其电压放大倍数的稳定性_____(提高/基本不变/下降);引入负反馈后,电路的非线性失真_____(可以/不可以)减小。

实训任务 2.5　低频功率放大电路的测试

电子设备的放大系统一般由多级放大器组成,其末级都要接实际负载。这就要求有较大的电压、电流,即能够输出足够大的功率来带动一定的负载工作。能够为负载提供足够大功率的放大器称为功率放大器,简称"功放"。

2.5.1　低频功率放大电路的特点与分类

1. 功率放大电路特点及主要技术指标

功率放大电路的主要任务是不失真(或较小失真)、高效率地向负载提供足够的输出功率,其特点及主要技术指标如下。

1) 尽可能大的输出功率

为了获得尽可能大的输出功率,功率放大器常常工作在接近极限的工作状态。

假定输入信号为某一频率的正弦信号,则输出功率为

$$P_{\mathrm{o}}=I_{\mathrm{o}}U_{\mathrm{o}}=\frac{1}{2}I_{\mathrm{om}}U_{\mathrm{om}}$$

式中:I_{o}、U_{o}、I_{om}、U_{om} 分别为负载上的正弦信号的电流、电压的有效值,电流、电压的最大值。

最大输出功率 P_{om} 是指在正弦输入信号下,输出波形不超过规定的非线性失真指标时,放大电路最大输出电压和最大输出电流有效值的乘积。

2) 尽可能高的功率转换效率

放大电路的效率反映了功放把电源功率转换成输出信号功率(即有用功率)的能力。

$$\eta=\frac{P_{\mathrm{o}}}{P_{\mathrm{E}}}\times100\%$$

式中:P_{o} 为信号输出功率;P_{E} 为直流电源向电路提供的功率。

3）非线性失真尽可能小

大信号工作状态，输出波形不可避免地存在着非线性失真。不同的功放电路对非线性失真有不同的要求。在实际使用时，要将非线性失真限制在允许的范围内。

4）有效的散热措施

由于功放管工作在极限的状态，有相当大的功率消耗在功放管的集电结上，造成功放管温度升高，性能变差，严重时甚至损坏，因此功放管散热措施需要重视。

5）分析方法

由于功放管工作在大信号状态，因此只能采用图解法对其输出功率和效率等指标作粗略估算。

6）选择功放管注意点

（1）注意极限参数的选择，保证功放管安全使用。

（2）合理选择功放的电源电压及工作点。

（3）对晶体管加散热措施。

7）主要技术指标

功率放大电路的主要技术指标为最大输出功率和转换效率。

2．功率放大电路工作状态的分类

根据功放管导通时间不同，可以分为甲类、乙类、甲乙类3种。

1）甲类（图2.68）

特点：①输入信号的整个周期内，晶体管均导通；②效率低，一般只有30%左右，最高只能50%。

应用：小信号放大电路。

2）乙类（图2.69）

特点：①输入信号的整个周期内，晶体管仅在半个周期内导通；②效率高，最高可达78.5%。③缺点是存在交越失真。

应用：乙类互补功率放大电路。

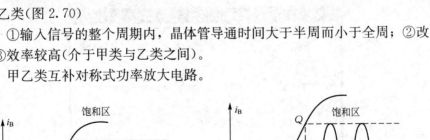

图2.68　甲类功率放大电路工作状态

3）甲乙类（图2.70）

特点：①输入信号的整个周期内，晶体管导通时间大于半周而小于全周；②改善了交越失真；③效率较高（介于甲类与乙类之间）。

应用：甲乙类互补对称式功率放大电路。

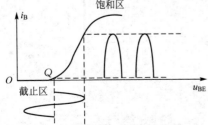

图2.69　乙类功率放大电路工作状态

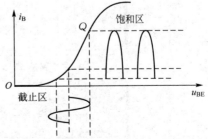

图2.70　甲乙类功率放大电路工作状态

【做一做】

实训2-10：乙类互补对称功率放大电路的测试

测试电路：如图2.71所示。

实训流程：

(1) 按图画好电路。

(2) 用万用表XMM1、XMM2测量两晶体管集电极的电流I_{C1}、I_{C2}值，用万用表XMM3测量输出电压；用示波器XSC1观察信号源波形和输出信号波形。

(3) 使输入信号为0，测量两晶体管集电极静态工作电流$I_{C1} = $_____，$I_{C2} = $_____。
结论：此电路静态功耗_____(基本为0/比较大)。

(4) 加入输入信号，其有效值为2V，频率1kHz，用示波器观察信号源波形和输出信号波形。
结论：输出信号波形在过零点处_____(无明显失真/有明显失真)。

(5) 将输入信号的有效值改为8.5V，频率1kHz，用示波器观察输出信号波形，并记录幅值$U_{om} = $_____。计算$P_o = \dfrac{1}{2}\dfrac{U_{om}^2}{R_L} = $_____。

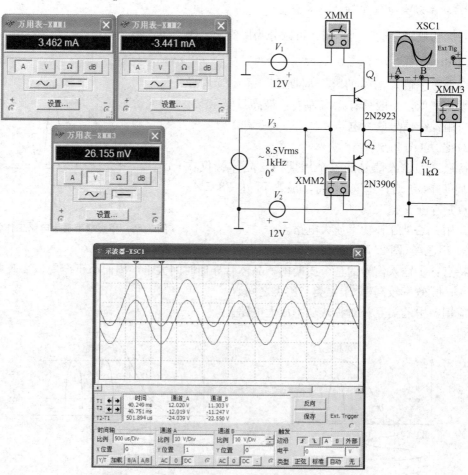

图2.71 乙类互补对称功率放大电路的仿真测试

（6）用万用表测量电源提供的平均直流电流 I_o 值，计算电源提供的功率 P_E、单个功放管管耗 P_T 和效率 η。

$I_o = \underline{\hspace{2cm}}$，$P_E = 2V_{CC}I_o = \underline{\hspace{2cm}}$，$P_T = \dfrac{1}{2}(P_E - P_o) = \underline{\hspace{2cm}}$，$\eta = \dfrac{P_o}{P_E} = \underline{\hspace{2cm}}$％。

（7）结论：该电路输出信号的效率 _____（大于50％/小于50％），效率 _____（较高/较低）。

2.5.2　乙类互补对称功率放大电路

1. 电路的组成和工作原理

VT_1、VT_2 分别为 NPN 型和 PNP 型晶体管，其特性和参数对称，由正、负等值的双电源供电，如图 2.72 所示。

1）静态分析

当输入信号 $u_i = 0$ 时，两个晶体管都工作在截止区，此时，静态工作电流为零，负载上无电流流过，输出电压为零，输出功率为零。

2）动态分析

当有输入信号时，VT_1 和 VT_2 轮流导电，交替工作，使流过负载 R_L 的电流为一完整的正弦信号。

由于两个不同极性的晶体管互补对方的不足，工作性能对称，所以这种电路通常称为互补对称式功率放大电路。

2. 性能指标估算

由图 2.73 所示的图解分析可知，该电路的输出电流最大允许变化范围为 $2I_{om}$，输出电压最大允许变化范围为 $2U_{om}$。因此，性能指标可估算如下。

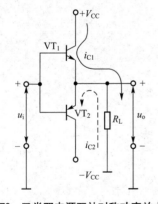

图 2.72　乙类双电源互补对称功率放大电路

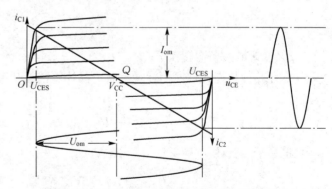

图 2.73　乙类互补对称功率放大电路的图解分析

1）输出功率

输出功率

$$P_o = I_o U_o = \frac{1}{2}I_{om}U_{om} = \frac{1}{2}\frac{U_{om}^2}{R_L}$$

当信号足够大，使

$$U_{om}=V_{CC}-U_{CES}$$

最大不失真输出功率

$$P_{om}=\frac{1}{2}\frac{U_{om}^2}{R_L}=\frac{1}{2}\frac{(V_{CC}-U_{CES})^2}{R_L}$$

理想状态下 $\quad U_{CES}=0$

最大不失真输出功率

$$P_{om}\approx\frac{1}{2}\frac{V_{CC}^2}{R_L}$$

2) 效率

直流电源 V_{CC} 提供给电路的功率

$$P_{E1}=I_{av1}V_{CC}=\frac{1}{\pi}I_{om}V_{CC}=\frac{1}{\pi}\frac{U_{om}}{R_L}V_{CC}$$

考虑正负两组直流电源提供给电路，总的功率

$$P_E=2P_{E1}=\frac{2}{\pi}\frac{U_{om}}{R_L}V_{CC}$$

效率

$$\eta=\frac{\pi}{4}\frac{U_{om}}{V_{CC}}$$

输出信号达到最大不失真时，效率最高。此时

$$(U_{om})_{max}=V_{CC}-U_{CES}\approx V_{CC}$$

$$\eta_{max}\approx\frac{\pi}{4}\approx78.5\%$$

3) 单管最大平均管耗 P_{T1m}

不计其他耗能元件所消耗功率时，晶体管消耗功率

$$P_T=P_E-P_o=\frac{2}{\pi}\frac{U_{om}}{R_L}V_{CC}-\frac{1}{2}\frac{U_{om}^2}{R_L}=\frac{2}{R_L}\left(\frac{U_{om}V_{CC}}{\pi}-\frac{U_{om}^2}{4}\right)$$

单管平均管耗

$$P_{T1}=\frac{1}{2}P_T=\frac{1}{R_L}\left(\frac{U_{om}V_{CC}}{\pi}-\frac{U_{om}^2}{4}\right)=\frac{V_{CC}}{\pi}I_{om}-\frac{1}{4}I_{om}^2R_L$$

最大平均管耗

令 $\frac{dP_{T1}}{dI_{om}}=0$，即 $\frac{V_{CC}}{\pi}-\frac{1}{2}R_LI_{om}=0$，可得

$$I_{om}=\frac{2V_{CC}}{\pi R_L},\quad U_{om}=\frac{2V_{CC}}{\pi}$$

此时，P_{T1} 最大。因此，单管的最大管耗为

$$P_{\text{T1max}} \approx 0.1 \frac{V_{\text{CC}}^2}{R_{\text{L}}} = 0.2 P_{\text{om}}$$

3. 选管原则

(1) 每只晶体管的最大允许管耗(或集电极功率损耗)$P_{\text{CM}} \geqslant P_{\text{T1max}} = 0.2 P_{\text{omax}}$。

(2) 考虑到当 VT_2 接近饱和导通时，忽略饱和压降，此时 VT_1 管的 u_{CE1} 具有最大值，且等于 $2V_{\text{CC}}$。因此，应选用 $U_{\text{CEO}} > 2V_{\text{CC}}$ 的管子。

(3) 通过晶体管的最大集电极电流约为 $V_{\text{CC}}/R_{\text{L}}$，所选晶体管的 $I_{\text{CM}} \geqslant V_{\text{CC}}/R_{\text{L}}$。

2.5.3　甲乙类互补对称功率放大电路

1. 交越失真及其消除方法

在实训 2-10 中可以看到，在输入电压较小时，存在一小段死区，此段输出电压与输入电压不存在线性关系，产生了失真。由于这种失真出现在通过零值处，故称为交越失真。交越失真波形如图 2.74 所示。

为减小交越失真，改善输出波形，通常设法使晶体管在静态时提供一个较小的能消除交越失真所需的正向偏置电压，使两个晶体管处于微导通状态，放大电路工作在接近乙类的甲乙类工作状态。图 2.75 所示就是双电源甲乙类互补对称功放电路。

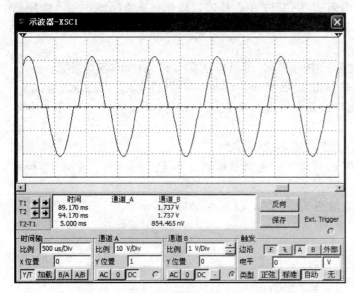

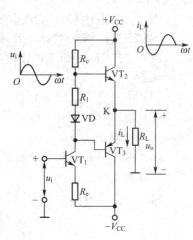

图 2.74　乙类互补对称功率放大电路的交越失真　　　图 2.75　甲乙类互补对称功放电路

由于该类电路静态工作点 Q 的位置设置很低，以避免降低效率，工作情况与乙类相近，可采用乙类双电源互补对称功放电路计算公式估算。

2. 甲乙类单电源互补对称功率放大电路

图 2.76 所示为甲乙类单电源互补对称功率放大电路，其特点是由单电源供电，输出端通过大电容量的耦合电容 C_2 与负载电阻 R_{L} 相连，这种电路也称为 OTL(无输出变压器)电路。而双电源互补对称功率放大电路也称为 OCL(无输出电容)电路。

在图 2.76 的电路中，C_2 的电容量很大，静态时，R_1、R_2 调整恰当，可使两晶体管的

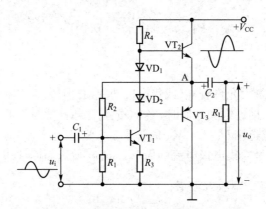

图 2.76 甲乙类单电源互补对称功率放大电路

发射极节点 A 稳定在 $V_{CC}/2$ 的直流电位上。在信号输入时，由于 VT_1 组成的前置放大级具有倒相作用，因此，在信号负半周时，VT_2 导通，VT_3 截止，VT_2 以射极输出器的形式将正向信号传送给负载，同时对电容 C_2 充电；在信号正半周时，VT_2 管截止，VT_3 管导通，电容 C_2 放电，充当 VT_3 管的直流工作电源，使 VT_3 管也以射极输出器形式将输入信号传送给负载。这样，只要选择时间常数 $R_L C_2$ 足够大（远大于信号最大周期），单电源电路就可以达到与双电源电路基本相同的效果。

在该电路中，VT_1 的上偏置电阻 R_2 一端与 A 点相连，起到直流负反馈作用，能使 A 点的直流电位稳定，且容易获得 $V_{CC}/2$ 值；R_2 还引入交流负反馈，使放大电路的动态性能得到改善。

用 $V_{CC}/2$ 取代 OCL 功放有关公式中的 V_{CC}，就可以估算 OTL 功放的各类指标。

[例2-8] 互补对称功放电路如图 2.72 所示，已知 $V_{CC}=12V$，$R_L=8\Omega$，试求：

(1) 考虑 $U_{CES}=0.5V$ 时，电路的最大输出功率 P_{om}、电源供给功率 P_E、效率 η 和单管管耗 P_{T1}。

(2) 不考虑 U_{CES} 时电路的 P_{om}、P_E、η 和 P_{T1}。

(3) 在正弦信号 $u_i=8\sin\omega t \text{ V}$ 的作用下，电路的输出功率 P_o、效率 η、管耗 P_T 和电源提供的功率 P_E。

(4) 如果功放晶体管的极限参数为 $I_{CM}=2A$，$U_{CEO}=30V$，$P_{CM}=5W$，说明所给晶体管能否正常工作。

解：(1) 当 $U_{CES}=0.5V$ 时

$$U_{om}=V_{CC}-U_{CES}=12-0.5=11.5 \text{ (V)}$$

$$P_{om}=\frac{1}{2}\frac{U_{om}^2}{R_L}=\frac{1}{2}\frac{(V_{CC}-U_{CES})^2}{R_L}=\frac{11.5^2}{2\times 8}=8.27(\text{W})$$

$$P_E=\frac{2}{\pi}\frac{U_{om}}{R_L}V_{CC}=\frac{2}{\pi}\times\frac{11.5}{8}\times 12=10.98(\text{W})$$

$$\eta=\frac{P_{om}}{P_E}=\frac{8.27}{10.98}\times 100\%=75.3\%$$

$$P_{T1}=\frac{1}{2}(P_E-P_{om})=0.5\times(10.98-8.27)=1.36(\text{W})$$

(2) 不考虑 U_{CES}，即 $U_{CES}=0$ 时

$$P_{om}=\frac{1}{2}\frac{(V_{CC}-U_{CES})^2}{R_L}=\frac{1}{2}\frac{V_{CC}^2}{R_L}=\frac{12^2}{2\times 8}=9(\text{W})$$

$$P_E = \frac{2}{\pi}\frac{U_{om}}{R_L}V_{CC} = \frac{2}{\pi}\times\frac{12}{8}\times12 = 11.46(W)$$

$$\eta = \frac{\pi}{4} = 78.5\%$$

$$P_{T1} = \frac{1}{2}(P_E - P_{om}) = 0.5\times(11.46-9) = 1.23(W)$$

（3）在正弦信号 $u_i=8\sin\omega t$ V 的作用下，由于互补对称功放电路为射极输出器，$A_u\approx1$，$u_o\approx u_i$，因此有

$$U_{om}=U_{im}=8V$$

$$P_{om} = \frac{1}{2}\frac{U_{om}^2}{R_L} = \frac{8^2}{2\times8} = 4(W)$$

$$P_E = \frac{2}{\pi}\frac{U_{om}}{R_L}V_{CC} = \frac{2}{\pi}\times\frac{8}{8}\times12 = 7.64(W)$$

$$\eta = \frac{P_{om}}{P_E} = \frac{4}{7.64}\times100\% = 52.4\%$$

$$P_{T1} = \frac{1}{2}(P_E - P_{om}) = 0.5\times(7.64-4) = 1.82(W)$$

（4）选择功放管时，要求

$$I_{CM} > \frac{V_{CC}}{R_L} = \frac{12}{8} = 1.5(A)$$

$$U_{CEO} > 2V_{CC} = 2\times12 = 24(V)$$

$$P_{CM} > 0.2P_{om} = 0.2\times9 = 1.8(W)$$

所选的功放管满足参数的要求，故能安全工作。

【做一做】

实训2-11：甲乙类单电源互补对称功率放大电路的测试

实验电路为OTL互补功率放大电路，在该电路中 VT_1 管的 R_1 和 R_P 组成的上偏置电阻的一端与M点相连，即引入直流负反馈，只要适当选择 R_P 值，就可以使M点直流电压稳定并容易得到 $U_M=V_{CC}/2$。同时，此反馈也是交流负反馈，可以使放大电路的动态指标得到改善。

实训流程：

（1）按图2.77在实验板上接好线路。

（2）调静态工作点。静态时，调节电位器使得 VT_2、VT_3 的发射极节点电压为电源电压的一半，即电容 C_3 两端的直流电压为 $0.5V_{CC}$。

（3）当输入信号时，由于 C_3 上的电压维持不变，可近似地看成恒压源，因而根据OCL电路工作原理可以得出以下各类指标。

最大不失真输出电压

$$(U_{om})_{max} = \frac{1}{2}V_{CC} - U_{CES}$$

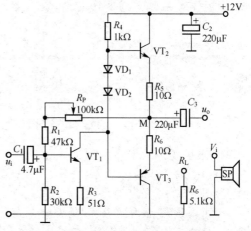

图2.77 互补对称功率放大器电路

最大不失真输出电流

$$(I_{om})_{max}=\frac{(U_{om})_{max}}{R_L}$$

最大不失真输出功率

$$P_{omax}=\frac{1}{2}(I_{om})_{max}(U_{om})_{max}\approx\frac{V_{CC}^2}{8R_L}$$

接负载 $R_L=5.1k\Omega$，输入端加 $f=1kHz$ 交流正弦波信号，逐渐增大输入幅值，用示波器观察使输出幅值增大到最大不失真。用数字万用表测量此时的交流电压有效值 U_o 和集电极平均直流电流值 I。

$U_o=$ _____ ；$I=$ _____ 。

求出输出功率 $P_o=U_o^2/R_L=$ _____ 。

求出电源功率 $P_E=IV_{CC}$ _____ 。

效率 $\eta=P_o/P_E\times100\%$ = _____ 。

(4) 改变电源电压，测量并比较输出功率和效率。

在输入端接 $f=1kHz$ 交流正弦波，幅值调到使输出幅度最大而不失真。

按表 2-13 中要求填写。

表 2-13

V_{CC}/V	U_o/V	I/mA	P_o/W	P_E/W	$\eta=P_o/P_E$
12					
6					

(5) 改变负载，测量并比较输出功率和效率。

在输入端接 $f=1kHz$ 交流正弦波，幅值调到使输出幅度最大而不失真。

按表 2-14 中要求填写。

表 2-14

R_L	U_o/V	I/mA	P_o/W	P_E/W	$\eta=P_o/P_E$
5.1kΩ					
扬声器(8Ω)					

【想一想】

改变电源电压或者改变负载，功率放大电路的输出功率如何变化？效率如何变化？为什么会出现这种现象？

【练一练】

实训 2-12：甲乙类 OTL 互补对称功率放大电路的仿真测试

测试电路：如图 2.78 所示。

实训流程：

(1) 按图画好电路。

(2) 仿真观察电容 C_2 的直流电压 $U_A=$ _____ 。

(3) 加入输入信号，其有效值为 2V，频率 1kHz，用示波器观察信号源波形和输出信号波形：在过零点处 _____ (无明显失真/有明显失真)。

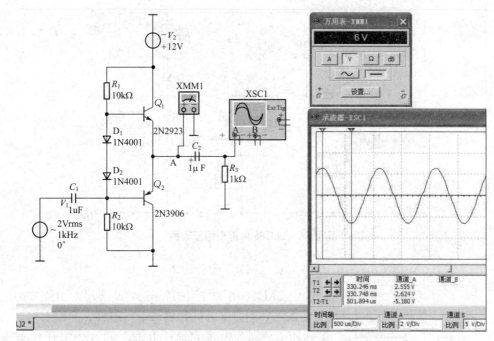

图 2.78　甲乙类 OTL 互补对称功率放大电路的仿真测试图

2.5.4　集成功率放大器

集成功率放大器具有性能优越、工作可靠、输出功率大、外围元件少、调试方便等优点，广泛应用于收音机、电视机、扩音机、伺服放大电路等音频领域。

集成功放种类很多，从用途上划分，有通用型功放和专用型功放；从输出功率上划分，有小功率功放和大功率功放等。这里以一种通用型小功率集成功率放大器 LM386 为例进行介绍。

1. LM386 内部电路

LM386 是一种音频集成功放，具有自身功率低、电压增益可调整、电源电压范围大、外接元件少和总谐波失真小等优点，广泛应用于收录机和收音机中。

LM386 的内部电路原理图如图 2.79 所示。

输入级为差分放大电路，VT_1 和 VT_2、VT_4 和 VT_6 分别构成复合管，作为差分放大电路的放大管；VT_3 和 VT_5 组成镜像电流源作为 VT_2 和 VT_4 的有源负载；信号从 VT_1 和 VT_6 管的基极输入，从 VT_4 管的集电极输出，为双端输入单端输出差分电路。中间级为共射极放大电路，VT_7 为放大管，恒流源作有源负载，以增大放大倍数。输出级中的 VT_8 和 VT_{10} 管复合成 PNP 型管，与 NPN 型管 VT_9 构成准互补输出级。二极管 VD_1 和 VD_2 为输出级提供合适的偏置电压，可以消除交越失真。电阻 R_6 从输出端连接到 VT_4 的发射极，形成反馈通路，并与 R_4 和 R_5 构成反馈网络。从而引入了深度电压串联负反馈，使整个电路具有稳定的电压增益。该电路由单电源供电，故为 OTL 电路，输出端(引脚5)应外接输出电容后再接负载。

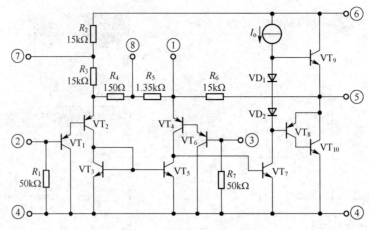

图 2.79 LM386 内部电路原理图

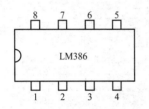

图 2.80 LM386 的引脚图

2. LM386 的引脚图

LM386 引脚排列图如图 2.80 所示。引脚 2 为反相输入端,引脚 3 为同相输入端;引脚 5 为输出端;引脚 6 和 4 分别为电源和地;引脚 1 和 8 为电压增益设定端;使用时在引脚 7 和地之间接旁路电容,通常取 $10\mu\mathrm{F}$。

3. LM386 的典型应用电路

LM386 的电压增益近似等于 2 倍的 1 脚和 5 脚内部的电阻值除以内部 $\mathrm{VT_2}$ 和 $\mathrm{VT_4}$ 发射极之间的电阻值。所以 LM386 组成的最小增益功率放大器的总的电压增益为

$$2\times\frac{R_6}{R_4+R_5}=2\times\frac{15}{0.15+1.35}=20$$

图 2.81 为 LM386 的最少元件用法,其总的电压放大倍数为 20,利用 R_W 可以调节扬声器的音量。

如果要得到最大增益的功率放大器电路,可采用图 2.82。由于 1 脚和 8 脚之间接入一个电解电容器,则该电路的电压增益将变得最大。电压增益为

$$2\times\frac{R_6}{R_4}=2\times\frac{15}{0.15}=200$$

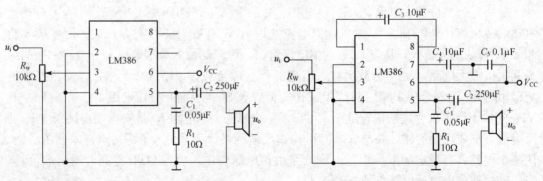

图 2.81 LM386 的最少元件用法   图 2.82 LM386 的最大增益用法

若要得到任意增益的功率放大器，可在1脚和8脚之间再接入一个可变电阻，如图2.83所示。

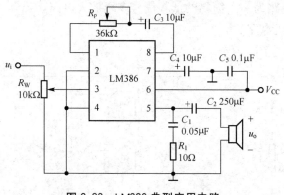

图 2.83 LM386 典型应用电路

【做一做】

实训 2-13：集成音频功率放大器的调整与测试

实训流程：

(1) 按图2.84制作电路。注意接线要短，以避免自激振荡。

(2) 用万用表测试LM386各引脚对地的静态电压值。

(3) 加入频率为1kHz、有效值为10mV的正弦波信号，用示波器观察功放电路的输出波形，估算电压放大倍数。

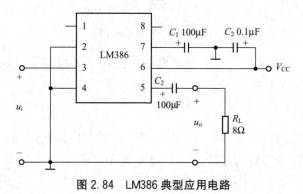

图 2.84 LM386 典型应用电路

实训任务2.6 扩音机的制作和调试

所谓扩音机就是把话筒、收音机或其他声源输出的微弱信号进行放大后，输送到扬声器，使之发出更大声音的装置。扩音机一般使用多级放大，是一种典型的放大器。通过对扩音机的制作和调试，可以加深对各类放大电路的认识，进一步掌握电子电路的焊接、装配和调试过程，掌握简单元器件质量检测和极性判别的方法。

2.6.1 扩音机电路的组成

图 2.85 所示的电路为一个简易的低频信号多级放大电路,当输入信号为音频信号时,该电路就是一种扩音机电路。

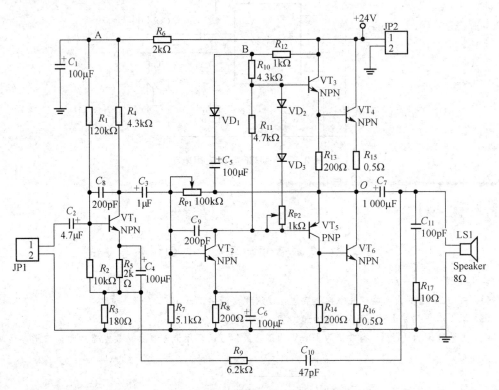

图 2.85　扩音机电路

该电路共 3 级,第 1 级(VT_1)为前置电压放大,第 2 级(VT_2)是推动级,第 3 级是 OTL 互补对称功率放大电路。

1. 前置放大级

前置放大级采用能自动稳定静态工作点的分压式偏置放大电路,R_1 为上偏置电阻,R_2 为下偏置电阻,C_4 为射极旁路电容。通过限流降压电阻 R_5,使晶体管 VT_1 有一个合适的静态工作点;C_1 是电源退耦电容,以稳定该节点 A 的电压;C_8 用于抑制 VT_1 的高频自激现象。C_2 为信号输入耦合元件。

2. 推动级

推动级的晶体管 VT_2 采用小功率低噪声晶体管,目的是通过对信号的放大,使第三级功放电路获得足够的推动信号。通过 R_{P1} 和 R_7 两个偏置电阻,使 VT_2 获得偏置电压,R_{P1} 和 R_7 兼具有负反馈作用,既稳定工作点又改善电路性能。调节 R_{P1},就可设置合适的静态工作点;R_{P1} 和 R_7 值选取合适,可使 O 点的电位为扩音机电路的中点电位(+12V)。C_6、C_9 同样为射极旁路电容和抑制高频自激电容。

3. OTL 功率输出级

输出级采用甲乙类 OTL 互补对称功率放大电路，VT_3、VT_4 复合等效为一只 NPN 型管，VT_5、VT_6 复合等效为一只 PNP 型管，VD_2、VD_3 和 R_{P2} 为复合功放管提供偏置电压，使其微导通，工作在甲乙类状态。VD_2、VD_3 管选用具有负温度系数的二极管，可以稳定复合功放管的静态电流。调节 R_{P2}，可实现静态工作点的调整。一般在能够消除交越失真的情况下，尽量使 Q 点低。

R_{15}、R_{16} 是防止 VT_4、VT_6 过流的限流电阻，取值一般在 $0.5 \sim 1\Omega$。R_{13}、R_{14} 为泄放电阻，主要是放掉 VT_3、VT_5 的部分反向饱和电流，改善复合管的稳定性，其值不可过小，否则将使有用信号损失过大。

VD_1、C_5 和 R_{12} 组成"自举升压电路"。在信号正半周输出时，由于大电容 C_5 的作用，使 B 点的电位随 O 点的电位同幅上升(升幅刚好弥补这一过程中的 R_{10} 和 VT_3、VT_4 的基极与集电极间的压降)，提高了正半周信号的输出幅度。若 C_5 失容，输出可能出现正半周失真。

2.6.2 扩音机电路的工作原理

电路的第 1 级、第 2 级属于小信号电压放大电路，音频信号通过 VT_1、VT_2 两级放大后，从 VT_2 的集电极输出经两次倒相后的放大了的音频信号，输入到 OTL 功率电路。

OTL 功率电路静态时，由于上、下两复合管的特性对称，O 点的电位为中点电位，这个电压对大电容 C_7 进行充电，使其两端的直流电压为电源电压的一半($+12V$)，作为下部复合管电路的供电电源。

动态时，VT_2 的集电极输出信号的正半周时，VT_3、VT_4 导通，VT_5、VT_6 截止。同样，输出信号的负半周时，VT_5、VT_6 导通，VT_3、VT_4 截止。这样，在负载上就可得到一个放大的完整信号。

2.6.3 扩音机的安装与调试

【做一做】

实训 2-14：安装与调试扩音机

实训流程：

(1) 识读电路原理图，理解各部分电路的原理和功能。

(2) 编制电路元器件表。

(3) 元器件的质量检测。

(4) 用 Protel DXP 或相关软件设计、制作印制电路板。

(5) 电路的安装。安装时要遵循安装工艺的要求。

(6) 电路的调试与检测。要检查元件的安装和焊接是否正确可靠，二极管、晶体管、电解电容器极性有无装反，大功率管与散热支架间的绝缘是否良好等。

(7) 设计文档的编写。

习　题　2

1. 已知两只晶体管的电流放大系数 β 分别为 50 和 100，现测得放大电路中这两只管子两个电极的电流如图 2.86 所示。分别求另一电极的电流，标出其实际方向，并在圆圈中画出管子。

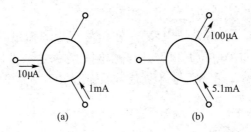

图 2.86　题 1 图

2. 晶体管工作在放大状态时，测得三只晶体管的直流电位如图 2.87 所示。试判断各晶体管的引脚、管型和半导体材料。

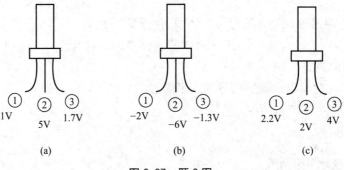

图 2.87　题 2 图

3. 晶体管的每个电极对地的电位如图 2.88 所示，试判断各晶体管处于何种工作状态（NPN 型为硅晶体管，PNP 型为锗晶体管）。

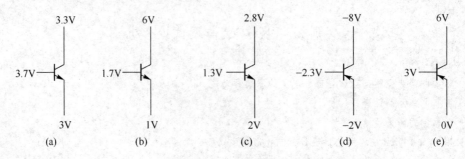

图 2.88　题 3 图

4. 试判断图 2.89 所示电路中，哪些可实现正常的交流放大？为什么？

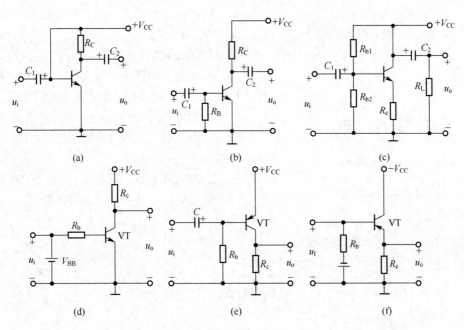

图 2.89 题 4 图

5. 电路如图 2.90 所示，R_P 为滑动变阻器，$R_{BB}=$ 100kΩ，$\beta=50$，$R_C=1.5$kΩ，$V_{CC}=20$V。

（1）如要求 $I_{CQ}=2.5$mA，则 R_B 值应为多少？

（2）如要求 $U_{CEQ}=6$V，则 R_B 值又应为多少？

6. 基本放大电路如图 2.91 所示，$\beta=50$，$R_C=R_L=$ 4kΩ，$R_b=400$kΩ，$V_{CC}=20$V。

（1）画出直流通路并估算静态工作点 I_{BQ}、I_{CQ}、U_{CEQ}。

（2）画出交流通路并求 r_{be}、A_U、r_i、r_o。

7. 放大电路如图 2.92 所示，已知晶体管的 $U_{BE}=$

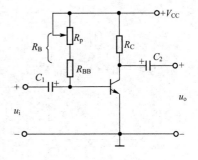

图 2.90 题 5 图

0.7V，$\beta=60$。

（1）试分别画出电路的直流通路、交流通路和微变等效电路。

（2）求电路的静态工作点 U_{CEQ}、I_{BQ}、I_{CQ}。

（3）求放大电路输入电阻 r_i、输出电阻 r_o 及电压放大倍数 A_u。

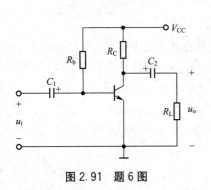

图 2.91 题 6 图

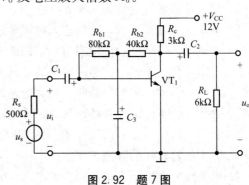

图 2.92 题 7 图

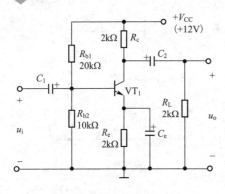

图 2.93 题 8 图

8. 放大电路如图 2.93 所示，已知晶体管的 $U_{BE}=0.7V$，$\beta=50$。

（1）画直流通路并求静态工作点 U_{CEQ}、I_{BQ}、I_{CQ}。

（2）画放大器的微变等效电路；并求放大电路输入电阻 r_i、输出电阻 r_o 及电压放大倍数 A_u。

9. 射极输出器如图 2.94 所示，已知 $U_{BE}=0.7V$，$\beta=50$，$R_b=150k\Omega$，$R_e=3k\Omega$，$R_L=1k\Omega$，$V_{CC}=24V$。

（1）画出直流通路，求静态值 I_B、I_C 和 U_{CE}。

（2）画出交流通路和微变等效电路。

（3）求 r_{be}、A_u 和 r_i、r_o。

10. 如图 2.95 所示放大电路。

（1）分别画出求 u_{o1}、u_{o2} 的微变等效电路。

（2）分别写出 $A_{u1}=\dfrac{u_{o1}}{u_i}$，$A_{u2}=\dfrac{u_{o2}}{u_i}$ 的表达式。

（3）分别求解输出电阻 r_{o1} 和 r_{o2}。

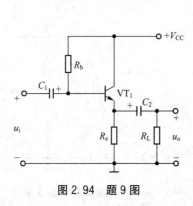

图 2.94 题 9 图

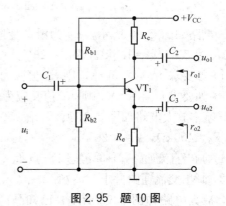

图 2.95 题 10 图

11. 两级阻容耦合放大电路如图 2.96 所示，已知 $\beta_1=\beta_2=60$，$R_{b1}=33k\Omega$，$R_{b2}=10k\Omega$，$R_{b3}=33k\Omega$，$R_{b4}=10k\Omega$，$R_{c1}=3.3k\Omega$，$R_{c2}=3.3k\Omega$，$R_{e1}=R_{e2}=1.5k\Omega$，$R_L=5.1k\Omega$，$R_S=0.5k\Omega$，$V_{CC}=24V$。

（1）分别估算各级的静态工作点。

（2）画出交流通路，求电路的输入电阻和输出电阻。

（3）空载且不考虑信号源电阻时，求两级放大电路的电压放大倍数。

（4）考虑负载而不考虑信号源电阻时，求两级放大电路的电压放大倍数。

（5）考虑信号源电阻和负载时，放大电路的对信号源的电压放大倍数。

12. 两级直接耦合放大电路如图 2.97 所示，已知 $\beta_1=50$，$\beta_2=80$，$R_{b1}=120k\Omega$，$R_{b2}=30k\Omega$，$R_c=2.4k\Omega$，$R_{e1}=2.5k\Omega$，$R_{e2}=4.3k\Omega$，$R_L=300\Omega$，$V_{CC}=7.5V$。

（1）分别估算各级的静态工作点。

（2）求各级的电压放大倍数和总的电压放大倍数。

（3）求电路的输入电阻和输出电阻。

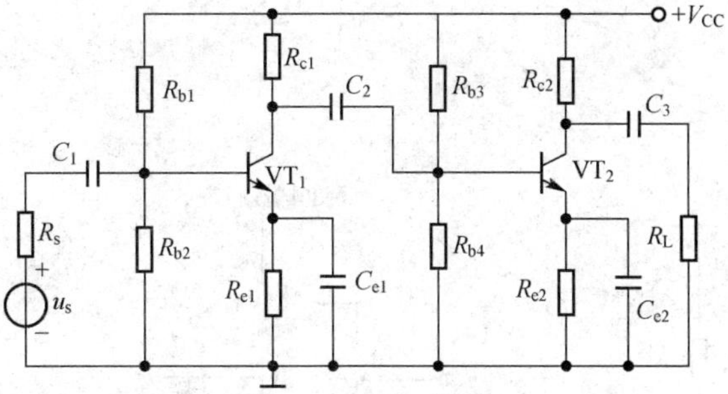

图 2.96　题 11 图

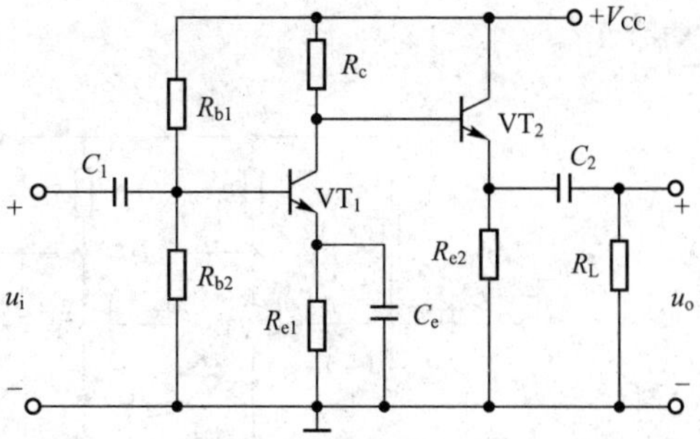

图 2.97　题 12 图

13. 找出图 2.98 所示的各电路的反馈元件，并判断反馈的类型及反馈量。

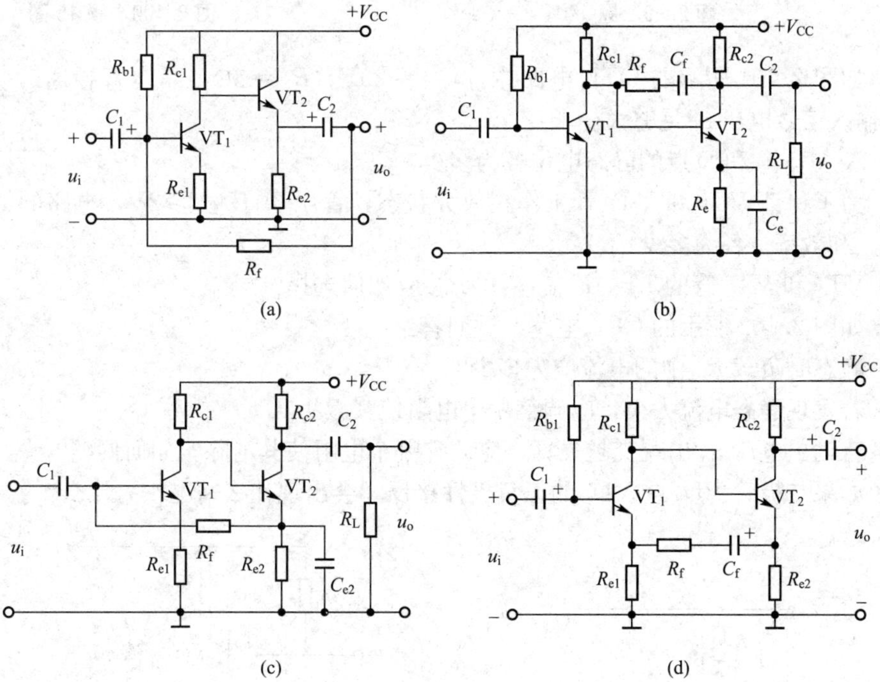

图 2.98　题 13 图

14. 在图 2.99 中，根据电路的要求引入正确的负反馈，并连接好反馈电阻 R_f（连接在 J、K、M、N 端子上）。

(1) 希望电路向信号源索取的电流减小。

(2) 希望负载发生变化时，输出电流能够稳定。

(3) 希望电路的输入电阻减小。

15. 如图 2.100 所示电路，试求：

(1) 不考虑 U_{CES} 时电路的最大输出功率、效率、直流电源供给功率和管耗。

(2) 考虑 $U_{CES}=2V$ 时电路的最大输出功率、效率、直流电源供给功率和管耗。

(3) 在正弦信号 u_i 的作用下，VT_1、VT_2 轮流导通各半个周期，如果忽略管子的死区电压，试求当 u_o 的有效值为 10V 时，电路的输出功率 P_o、效率 η、管耗 P_T 和电源提供的功率 P_E。

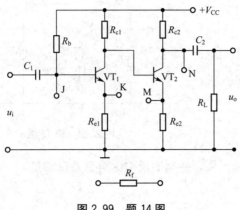

图 2.99 题 14 图

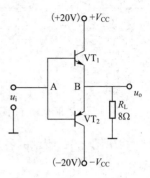

图 2.100 题 15 图

16. 如图 2.101 所示的 OTL 电路中，$V_{CC}=20V$，$R_L=8\Omega$，晶体管导通时 $|U_{BE}|=0.7V$，输入信号电压 u_i 足够大。求：

(1) A、B、C 和 D 点的静态电位各为多少？

(2) 为了保证 VT$_2$ 和 VT$_3$ 管工作在放大状态，管压降 $|U_{CE}|\geqslant 2V$，电路的最大输出功率 P_{omax} 和效率 η 各为多少？

(3) VT$_2$ 和 VT$_3$ 管的 I_{CM}、$U_{(BR)CEO}$ 和 P_{CM} 应如何选择？

17. 如图 2.102 所示的 OCL 电路，试回答：

(1) 静态时负载 R_L 中的电流应为多少？

(2) 若发现静态电流太大，应调整哪个电阻使其减小？

(3) 若输出电压 u_o 出现交越失真，应调整哪个电阻使其消除？如何调整？

(4) 如果二极管 VD$_1$ 或 VD$_2$ 的正负极性接反，会出现什么情况？为什么？

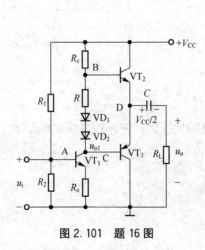

图 2.101 题 16 图

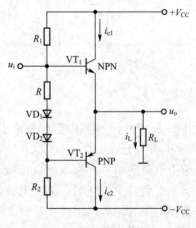

图 2.102 题 17 图

项目 3

信号产生电路的设计与制作

知识目标

> 了解集成运算放大器的电路结构，熟知集成运算放大器降低零点漂移的基本方法。

> 掌握集成运算放大器组成的 3 种输入形式的放大器及信号运算电路的结构特点和主要性能。

> 掌握区分运算放大器工作在不同区域的方法。

> 能按照输出电压与输入电压的关系要求，设计集成运算放大器应用电路，并确定电阻的阻值。

> 掌握典型三角波、方波产生应用电路。

> 了解振荡器的功能、电路结构、振荡条件。

> 熟知 LC 振荡的电路组成、理解电路工作原理，会判别电路是否振荡。

> 了解石英晶体振荡电路的基本形式，理解基本工作原理。

> 掌握函数产生器 8038 的功能及其应用。

技能目标

> 掌握利用运算放大器工作在不同区域的特点分析运算放大器应用电路的方法。

> 能正确识读集成运算放大器的引脚。

> 会用电阻测量法或电压测量法判断集成运算放大器质量的好坏。

> 初步具有排除集成运算放大器常见应用电路故障的能力。

> 练习识读特色信号产生电路实例。

> 会用示波器观察振荡波形的频率和幅度；掌握振荡电路频率调整方法。

> 会用集成函数产生器 8038 设计实用信号产生电路，并掌握调试方法。

工作任务

> 比例运算电路的制作与测试。

> 三角波、方波发生器的设计与制作。

> 函数信号发生器的设计与制作。

实训任务 3.1　集成运算放大器的认识

集成电路是一种集成化的半导体器件，即以半导体单晶硅为芯片，采用专门的制造工艺，把晶体管、场效应管、二极管、电阻器等元件及它们之间的连线所组成的完整电路制作在一起，然后封装在一个外壳内，成为一个不可分的固定组件，使之具有特定功能。

常见的集成电路封装形式如图 3.1 所示。

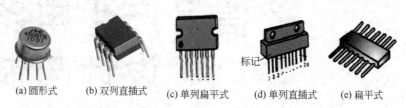

(a) 圆形式　　(b) 双列直插式　　(c) 单列扁平式　　(d) 单列直插式　　(e) 扁平式

图 3.1　集成电路封装形式

集成电路(英文简称 IC)是 20 世纪 60 年代初发展起来的一种新型半导体器件。集成电路体积小、密度大、功耗低、引线短、外接线少，从而大大提高了电子电路的可靠性与灵活性，减少组装和调整工作量，降低了成本。自 1959 年世界上第一块集成电路问世至今，只不过才经历了几十年时间，但它已深入到工农业、日常生活及科技领域的相当多产品中。

3.1.1　集成运算放大器的基本组成

集成运算放大电路是一种双端输入、单端输出，具有高增益、高输入阻抗、低输出阻抗的多级直接耦合放大电路。早期，运算放大电路主要用来完成模拟信号的求和、微分和积分等运算，故称为运算放大器。现在，运算放大电路的应用已远远超过运算的范围，它在通信、控制和测量等设备中得到了广泛应用。

图 3.2 所示为集成运算放大器的电路符号。

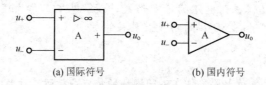

(a) 国际符号　　　　　(b) 国内符号

图 3.2　集成运算放大器的电路符号

集成运算放大器可以有同相输入、反相输入及差动输入 3 种输入方式。

从 20 世纪 60 年代发展至今，集成运算放大器虽然类型和品种相当丰富，但在结构上基本一致，其内部通常包含 4 个基本组成部分：输入级、中间级、输出级以及偏置电路，如图 3.3 所示。

图 3.3　集成运算放大器的基本组成部分

运算放大器的输入级常利用差动放大电路的对称特性来提高整个电路的共模抑制比和电路性能；中间级的主要作用是提高电压增益，一般由多级放大电路组成；输出级常用电压跟随器或互补对称功率放大电路，以降低输出电阻，提高带负载能力；偏置电路为各级放大电路提供合理的偏置电流。

3.1.2　集成运算放大器的种类

1. 通用型运算放大器

通用型运算放大器是以通用为目的而设计的。这类器件的主要特点是价格低廉、产品量大面广，其性能指标能适合于一般性使用。常见的型号有 μA741、LM358、LM324 等。

2. 高阻型运算放大器

高阻型运算放大器的特点是差模输入阻抗非常高，输入偏置电流非常小。常使用场效应管作为运算放大器的差分输入级，使其不仅输入阻抗高，输入偏置电流低，而且具有高速、宽带和低噪声等优点，但该类运算放大器输入失调电压较大。常见的集成器件有 LF356、LF355、LF347 及更高输入阻抗的 CA3130、CA3140 等。

3. 低温漂型运算放大器

低温漂型运算放大器具有失调电压小且温度的变化影响小特点，主要应用在精密仪器、弱信号检测等自动控制仪表中。目前常用的高精度、低温漂运算放大器有 OP-07、OP-27、AD508 及由 MOSFET 组成的斩波稳零型低漂移器件 ICL7650 等。

4. 高速型运算放大器

高速型运算放大器的主要特点是具有较高的转换速率和较宽的频率响应，主要应用于快速 A/D 和 D/A 转换器、视频放大器等器件中。常见的运放有 LM318、μA715 等。

5. 低功耗型运算放大器

电子电路集成化的最大优点是能使复杂电路小型轻便，所以随着便携式仪器应用范围的扩大，必须用低电源电压供电的低功率消耗运放，这类运放有 TL-022C、TL-060C 等，其工作电压为 $\pm 2 \sim \pm 18\text{V}$，消耗电流为 $50 \sim 250\mu\text{A}$。

6. 高压大功率型运算放大器

运算放大器的输出电压主要受供电电源的限制。在普通的运算放大器中，输出电压的最大值一般仅几十伏，输出电流仅几十毫安。若要提高输出电压或增大输出电流，集成运放外部必须要加辅助电路。高压大电流集成运算放大器外部不需附加任何电路，即可输出高电压和大电流。例如 D41 集成运算放大器的电源电压可达 $\pm 150\text{V}$，μA791 集成运放的输出电流可达 1A。

3.1.3　集成运算放大器的主要性能指标

1. 开环差模电压放大倍数 A_{od}

其数值很高，一般约为 $10^4 \sim 10^7$。该值反映了输出电压 U_o 与输入电压 U_+ 和 U_- 之间的关系。

2. 差模输入电阻 r_{id}

集成运算放大器的差模输入电阻很高，一般在几十千欧至几十兆欧。

3. 输出电阻 r_o

由于集成运算放大器总是工作在深度负反馈条件下，因此其闭环输出电阻很低，约在几十欧至几百欧之间。

4. 最大共模输入电压 U_{icmax}

指运放两个输入端能承受的最大共模信号电压。超出这个电压时，运算放大器的输入级将不能正常工作或共模抑制比下降，甚至造成器件损坏。

5. 输入失调电压 U_{IO}

指为使输出电压为零而在输入端加的补偿电压，其大小反映了电路的不对称程度和调零的难易。

6. 共模抑制比 K_{CMR}

反映了集成运算放大器对共模输入信号的抑制能力。其定义为差模电压放大倍数与共模电压放大倍数的比值。K_{CMR} 越大越好。

3.1.4 集成运算放大器使用中的几个具体问题

1. 集成运算放大器的选择

在由运算放大器组成的各种系统中，由于功能要求不一样，对运算放大器的性能要求也不一样。

在没有特殊要求的场合，尽量选用通用型集成运算放大器，这样既可降低成本，又容易保证货源。当一个系统中使用多个运算放大器时，尽可能选用多运算放大器集成电路，例如 LM324、LF347 等都是将 4 个运算放大器封装在一起的集成电路。

实际选择集成运放时，除性能参数要考虑之外，还应考虑其他因素。例如信号源的性质，是电压源还是电流源；负载的性质；集成运算放大器输出电压和电流是否满足要求；环境条件；精度要求；集成运算放大器允许工作范围、功耗与体积等因素是否满足要求等。

2. 集成运算放大器参数的测试

以 μA741 为例，其引脚排列如图 3.4(a)所示。其中 2 脚为反相输入端，3 脚为同相输入端，7 脚接正电源 15V，4 脚接负电源 $-15V$，6 脚为输出端，1 脚和 5 脚之间应接调零电位器。μA741 的开环电压增益 A_{od} 约为 94dB（5×10^4 倍）。

用万用表估测 μA741 的放大能力时，需接上 $\pm15V$ 电源。万用表拨至 50V 挡，电路如图 3.4(b)所示。

3. 集成运算放大器使用注意事项

1）集成运算放大器的电源供给方式

集成运算放大器有两个电源接线端 $+V_{CC}$ 和 $-V_{EE}$，但有不同的电源供给方式。对于不同的电源供给方式，对输入信号的要求是不同的。

（1）对称双电源供电方式。运算放大器多采用这种方式供电。相对于公共端(地)的正

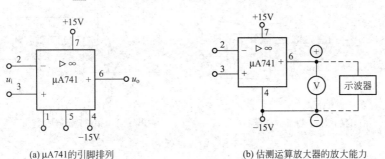

(a) μA741的引脚排列　　　　(b) 估测运算放大器的放大能力

图 3.4　μA741 的引脚排列及估测运算放大器的放大能力

电源($+E$)与负电源($-E$)分别接于运算放大器的$+V_{CC}$和$-V_{EE}$引脚上。在这种方式下，可把信号源直接接到运放的输入脚上，而输出电压的振幅可达正负对称电源电压。

(2) 单电源供电方式。单电源供电是将运放的$-V_{EE}$引脚连接到接地端上。此时为了保证运算放大器内部单元电路具有合适的静态工作点，在运算放大器输入端一定要加入一直流电位。此时运算放大器的输出是在某一直流电位基础上随输入信号变化的。静态时，运算放大器的输出电压近似为$V_{CC}/2$，为了隔离掉输出中的直流成分要接入电容。

2) 集成运算放大器的调零问题

由于集成运算放大器的输入失调电压和输入失调电流的影响，当运算放大器组成的线性电路输入信号为零时，输出往往不等于零。为了提高电路的运算精度，要求对失调电压和失调电流造成的误差进行补偿，这就是运算放大器的调零。常用的调零方法有内部调零和外部调零，对于没有内部调零端子的集成运算放大器，只有采用外部调零方法。下面以μA741为例，图 3.5 给出了常用调零电路，其中图 3.5(a)所示的是内部调零电路；图 3.5(b)是外部调零电路。

3) 集成运算放大器的自激振荡问题

运算放大器是一个高放大倍数的多级放大器，在接成深度负反馈条件下，很容易产生自激振荡。自激振荡使放大器的工作不稳定。为了消除自激振荡，有些集成运算放大器内部已设置了消除自激的补偿网络，有些则引出消振端子，采用外接一定的频率补偿网络进行消振，如接 RC 补偿网络。另外，防止

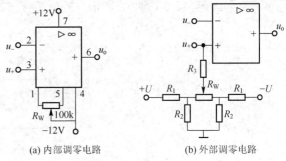

(a) 内部调零电路　　　(b) 外部调零电路

图 3.5　常用调零电路

通过电源内阻造成低频振荡或高频振荡的措施是在集成运放的正、负供电电源的输入端对地之间并接入一电解电容器($10\mu F$)和一高频滤波电容器($0.01\sim0.1\mu F$)。

4) 集成运算放大器的保护问题

集成运算放大器在使用中常因以下 3 种原因被损坏：输入信号过大，使 PN 结击穿；电源电压极性接反或过高；输出端直接接"地"或接电源，此时，运算放大器将因输出级功耗过大而损坏。因此，为使运算放大器安全工作，也需要从这 3 个方面进行保护。

(1) 输入端保护。防止差模电压过大的保护电路如图 3.6(a)所示，它可将输入电压限制在二极管的正向导通电压以内；图 3.6(b)所示是防止共模电压过大的保护电路，它限制集成运算放大器的共模输入电压不超过$+U$ 至$-U$ 的范围。

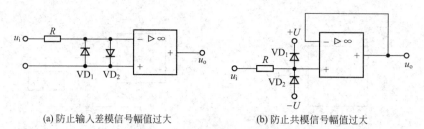

(a) 防止输入差模信号幅值过大　　　　　　　(b) 防止共模信号幅值过大

图 3.6　输入端保护电路

(2) 输出端保护。对于内部没有限流或短路保护的集成运算放大器,可以采用图 3.7 所示的输出保护电路。其中图 3.7(a)将双向击穿稳压管接在电路的输出端,而图 3.7(b) 则将双向击穿稳压管接在反馈回路中,都能限制输出电压的幅值。

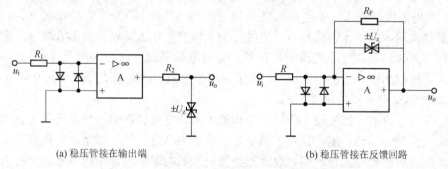

(a) 稳压管接在输出端　　　　　　　　　　(b) 稳压管接在反馈回路

图 3.7　输出端保护电路

(3) 电源端保护。为防止正负电源接反,可利用二极管的单向导电性,在电源端串接 二极管来实现保护,如图 3.8 所示。若电源接错,则二极管反向截止,电源被断开。

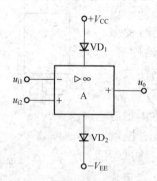

图 3.8　电源端保护

实训任务 3.2　比例运算放大电路的制作与测试

运算放大器是具有两个输入端、一个输出端的高增益和高输入阻抗的电压放大器。若 在它的输出端和输入端之间加上反馈网络就可以组成具有各种功能的电路。当反馈网络为 线性电路时可实现加、减、乘、除等模拟运算等功能。

使用运算放大器时,调零和相位补偿是必须注意的两个问题,此外还应注意同相端和 反相端到地的直流电阻等,以减少输入端直流偏流引起的误差。

【做一做】

实训3-1：比例运算放大电路的测试

1) 电压跟随器

按图3.9在实验板上接好线路。

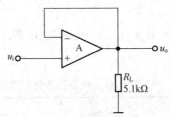

图3.9 电压跟随器

按表3-1中要求测量并记录，理论值待学完3.2后计算填入(下同)。

表3-1 电压跟随器测量值和理论计算值

	u_i/V		−1	−0.5	0	+0.5	1
u_o/V	$R_L = \infty$	测量值					
		理论值					
	$R_L = 5.1k$	测量值					
		理论值					

2) 反相比例放大电路

按图3.10在实验板上接好线路。

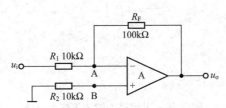

图3.10 反相比例放大电路

按表3-2中要求测量并记录。

表3-2 反相比例放大电路测量值和理论计算值

	u_i/V	0.05	0.1	0.5	1	2
u_o/V	实测值					
	理论值					
	误差值					
u_A/V						
u_B/V						

3)同相比例放大电路

按图 3.11 在实验板上接好线路。

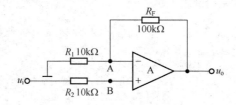

图 3.11　同相比例放大电路

按表 3-3 中要求测量并记录。

表 3-3　同相比例放大电路测量值和理论计算值

u_i/V		0.05	0.1	0.5	1	2
u_o/V	实测值					
	理论值					
	误差值					
u_A/V						
u_B/V						

4)反相输入的加法放大电路

按图 3.12 在实验板上接好线路。

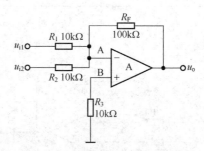

图 3.12　反相输入的加法放大电路

按表 3-4 中要求测量并记录。

表 3-4　反相输入的加法放大电路测量值和理论计算值

u_{i1}/V		+0.5	−0.5
u_{i2}/V		0.2	0.2
u_o/V	实测值		
	理论值		
u_A/V			
u_B/V			

5）差分放大电路

按图3.13在实验板上接好线路。

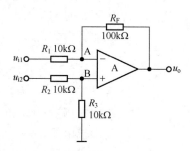

图3.13　双端输入的加法放大电路

按表3-5中要求测量并记录。

表3-5　双端输入的加法放大电路测量值和理论计算值

u_{i1}/V		1	2	0.2
u_{i2}/V		0.5	1.8	−0.2
u_o/V	实测值			
	理论值			
u_A/V				
u_B/V				

3.2.1　理想运算放大器

理想运算放大器可以理解为实际运算放大器的理想化模型，就是将集成运算放大器的各项技术指标理想化，得到一个理想的运算放大器。

（1）开环差模电压放大倍数 $A_{od}=\infty$。

（2）差模输入电阻 $r_{id}=\infty$。

（3）输出电阻 $r_{od}=0$。

（4）输入失调电压 $U_{IO}=0$，输入失调电流 $I_{IO}=0$；输入失调电压的温漂 $dU_{IO}/dT=0$，输入失调电流的温漂 $dI_{IO}/dT=0$。

（5）共模抑制比 $K_{CMR}=\infty$。

（6）输入偏置电流 $I_{IB}=0$。

（7）−3dB 带宽 $f_h=\infty$。

（8）无干扰、噪声。

3.2.2　集成运算放大器的两个工作区

集成运算放大器的传输特性曲线如图3.14所示。从图中可以看到：集成运算放大器有两类应用，即工作在线性区或工作在非线性区。

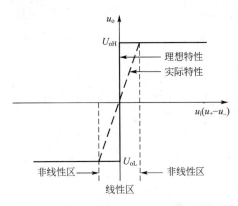

图 3.14 集成运算放大器的传输特性

1. 运算放大器工作在线性工作区时的特点

线性工作区是指输出电压 u_o 与输入电压 u_i 成正比时的输入电压范围。在线性工作区中，集成运算放大器 u_o 与 u_i 之间关系为

$$u_o = A_{od}u_i = A_{od}(u_+ - u_-)$$

式中：A_{od} 为集成运算放大器的开环差模电压放大倍数；u_+ 和 u_- 分别为同相输入端和反相输入端电压。

对于理想运算放大器，$A_{od} = \infty$；而 u_o 为有限值，因此有 $u_+ - u_- \approx 0$，即

$$u_+ \approx u_-$$

这一特性称为理想运算放大器输入端的"虚短"。

"虚短"和"短路"是截然不同的两个概念，"虚短"是指两点电位近似相等，但仍然有微小电压；而"短路"的两点之间，电压为零。

由于理想运算放大器的输入电阻 $r_{id} = \infty$，而加到运算放大器输入端的电压有限，所以运算放大器两个输入端的电流满足

$$i_+ \approx i_- \approx 0$$

这一特性称为理想运算放大器输入端的"虚断"。同样，"虚断"与"断路"也是不同的，"虚断"是指该支路的电流近似为零，但并不是完全为零；而"断路"则是该支路的电流完全为零。

2. 运算放大器工作在非线性工作区时的特点

在非线性工作区，运算放大器的输入信号超出了线性放大的范围，输出电压与输入电压失去了比例关系，输出信号不随输入信号的改变而变化，进入了饱和工作状态，输出电压为正向饱和压降 U_{oH}（正向最大输出电压）或负向饱和压降 U_{oL}（负向最大输出电压），如图 3.14 所示。

理想运算放大器工作在非线性区时，由于 $r_{id} = r_{ic} = \infty$，而输入电压总是有限值，所以不论输入电压是差模信号还是共模信号，两个输入端的电流均为无穷小，即仍满足"虚断"条件

$$i_+ \approx i_- \approx 0$$

为使运放工作在非线性区，一般使运放工作在开环状态，也可外加正反馈。

3.2.3 比例运算电路

线性应用电路中，一般都在电路中加入深度负反馈，使运放工作在线性区，以实现各种不同功能。

在对集成运算放大器应用电路的分析过程中，一般将实际运算放大器视为理想运算放大器来处理，只有在需要研究应用电路的误差时，才会考虑实际运算放大器特性带来的影响。

1. 反相比例运算电路

图 3.15 所示为反相比例运算电路。该电路的输入电压加在反相输入端，为保证运放工作在线性区，在输出端和反相输入端之间接反馈电阻 R_F 构成深度电压并联负反馈。

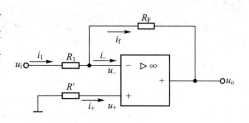

图 3.15 反相比例运算电路

由"虚断"可推出：$i_+ = 0$，因此 u_+ "虚地"。

根据"虚短"又可推出：$u_- = u_+ = 0$。可得

$$i_1 = \frac{u_i}{R_1}, \quad i_f = -\frac{u_o}{R_F}$$

反相输入端虚断，所以

$$i_1 = i_f$$

$$\frac{u_i}{R_1} = -\frac{u_o}{R_F}$$

整理后可得

$$u_o = -\frac{R_F}{R_1} u_i$$

可见反相比例运算电路的输出电压与输入电压相位相反，而幅度成正比关系，比例系数取决于电阻阻值之比。

为保持运放输入级的差分放大电路具有良好的对称性，减少温漂，提高运算精度，一般要求从运算放大器两个输入端向外看的等效电阻相等，因此在同相端接入一个 R' 电阻。R' 称为平衡电阻，其值为 $R' = R_F /\!/ R_1$。

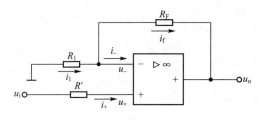

图 3.16 同相比例运算电路

2. 同相比例运算电路

图 3.16 所示为同相比例运算电路。输入电压加在同相输入端，为保证运算放大器工作在线性区，在输出端和反相输入端之间接反馈电阻 R_F 构成深度电压串联负反馈，R' 为平衡电阻，$R' = R_F /\!/ R_1$。

由"虚断"可推出：$i_+ = 0$。

根据"虚短"又可推出：$u_- = u_+ \approx u_i$，可得

$$i_1 = -\frac{u_i}{R_1}, \quad i_f = -\frac{u_o - u_i}{R_F}$$

$$i_1 = i_f$$

由此可知

$$\frac{u_i}{R_1} = \frac{u_o - u_i}{R_F}$$

整理后可得

$$u_o = \left(1 + \frac{R_F}{R_1}\right) u_i$$

显然同相比例运算电路的输出必然大于输入，比例系数取决于电阻 R_F 与 R_1 阻值之比。

同相比例运算电路中引入了电压串联负反馈，故该电路输入电阻极高，输出电阻很低。

若 $R_1 = \infty$ 或 $R_F = 0$，则 $u_o = u_i$，此时电路构成电压跟随器，如图 3.17 所示。

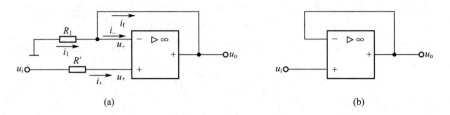

(a)   (b)

图 3.17　电压跟随器

[例 3 - 1]　如图 3.18 所示的运放电路，已知 $R_1 = 3\text{k}\Omega$，$R_2 = 9\text{k}\Omega$，$R_4 = 6\text{k}\Omega$，$R_5 = 30\text{k}\Omega$，集成运放 A_1、A_2 的最大输出幅度均为 $\pm 8\text{V}$。

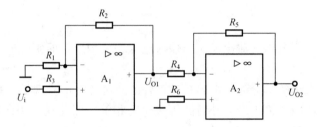

图 3.18　例 3 - 1 图

问：(1) 第一级、第二级各构成什么运放电路？

(2) 如果 $U_i = 0.3\text{V}$，则 $U_{O1} = ?$，$U_{O2} = ?$。

(3) 如果 $U_i = 0.5\text{V}$，则 $U_{O1} = ?$，$U_{O2} = ?$。

(4) 平衡电阻 R_3、R_6 应为多大？

解：(1) 第一级构成同相比例运算电路，第二级构成反相比例运算电路。

(2) 当 $U_i = 0.3\text{V}$ 时

$$U_{O1} = \left(1 + \frac{R_2}{R_1}\right)U_i = \left(1 + \frac{9}{3}\right) \times 0.3 = 1.2(\text{V})$$

$$U_{O2} = -\frac{R_5}{R_4}U_{O1} = -\frac{30}{6} \times 1.2 = -6(\text{V})$$

(3) 当 $U_i = 0.5\text{V}$ 时

$$U_{O1} = \left(1 + \frac{R_2}{R_1}\right)U_i = \left(1 + \frac{9}{3}\right) \times 0.5 = 2(\text{V})$$

因为集成运放 A_2 的最大输出幅度为 $\pm 8\text{V}$，而

$$-\frac{R_5}{R_4}U_{O1} = -\frac{30}{6} \times 2 = -10(\text{V})$$

所以，当 $U_i = 0.5\text{V}$ 时

$$U_{O2} = -8\text{V}$$

（4）平衡电阻

$$R_3 = R_1 /\!/ R_2 = 3 /\!/ 9 = 2.25 (\mathrm{k}\Omega)$$
$$R_6 = R_4 /\!/ R_5 = 6 /\!/ 30 = 5 (\mathrm{k}\Omega)$$

3. 反相求和电路

图 3.19 所示为反相求和电路，该电路可实现多个输入信号相加。输入信号 u_{i1}、u_{i2}
（实际应用中可以根据需要增减输入信号的数量）从反相端输入；为使运放工作在线性区，R_F 引入深度电压并联负反馈；R' 为平衡电阻，$R' = R_F /\!/ R_1 /\!/ R_2$。

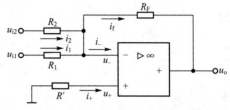

反相电路存在"虚地"现象，因此：$\boldsymbol{u_-} = \boldsymbol{u_+} = $"地"。

可得

图 3.19 反相求和电路

$$i_1 = \frac{u_{i1}}{R_1}, \quad i_2 = \frac{u_{i2}}{R_2}$$

$$i_f = -\frac{u_o}{R_F}$$

因为

$$i_1 + i_2 = i_f$$

将各电流代入

$$\frac{u_{i1}}{R_1} + \frac{u_{i2}}{R_2} = -\frac{u_o}{R_F}$$

整理上式可得

$$u_o = -R_F \left(\frac{u_{i1}}{R_1} + \frac{u_{i2}}{R_2} \right)$$

如果取各输入电阻

$$R_1 = R_2 = R_F$$

则

$$u_o = -(u_{i1} + u_{i2})$$

实现了反相求和运算。

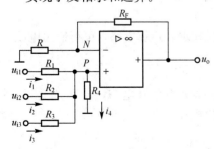

图 3.20 同相求和电路

4. 同相求和电路

为实现同相求和，可以将各输入电压加在运放的同相输入端，为使运放工作在线性状态，电阻支路 R_f 引入深度电压串联负反馈，如图 3.20 所示。

根据"虚断"可得

$$i_1 + i_2 + i_3 = i_4$$

即

$$\frac{u_{i1}-u_P}{R_1}+\frac{u_{i2}-u_P}{R_2}+\frac{u_{i3}-u_P}{R_3}=\frac{u_P}{R_4}$$

$$\left(\frac{1}{R_1}+\frac{1}{R_2}+\frac{1}{R_3}+\frac{1}{R_4}\right)u_P=\frac{u_{i1}}{R_1}+\frac{u_{i2}}{R_2}+\frac{u_{i3}}{R_3}$$

由"虚短"可得：

$$u_N=u_P=R_P\left(\frac{u_{i1}}{R_1}+\frac{u_{i2}}{R_2}+\frac{u_{i3}}{R_3}\right)$$

式中，$R_P=R_1/\!/R_2/\!/R_3/\!/R_4$

再根据同相比例输入电路：

$$u_0=\left(1+\frac{R_F}{R}\right)u_P$$

可得

$$u_0=\left(1+\frac{R_F}{R}\right)R_P\left(\frac{u_{i1}}{R_1}+\frac{u_{i2}}{R_2}+\frac{u_{i3}}{R_3}\right)$$

或

$$u_o=R_F\times\frac{R_P}{R_N}\times\left(\frac{u_{i1}}{R_1}+\frac{u_{i2}}{R_2}+\frac{u_{i3}}{R_3}\right)$$

式中，$R_N=R/\!/R_F$

根据对称性要求：

$$R_N=R_P$$

因此

$$u_o=R_F\left(\frac{u_{i1}}{R_1}+\frac{u_{i2}}{R_2}+\frac{u_{i3}}{R_3}\right)$$

若

$$R_1=R_2=R_3=R_F$$

则实现同相求和运算：

$$u_o=u_{i1}+u_{i2}+u_{i3}$$

5. 加减运算电路

当多个信号同时作用于同相和反相两个输入端时，可实现加减运算。

图 3.21 所示为 4 个输入的加减运算电路。

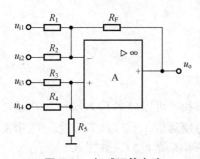

图 3.21　加减运算电路

可利用叠加原理来求解该电路。加减运算电路可分解为反相输入端各信号作用时的等效电路与同相输入端各信号作用时的等效电路，分别如图 3.22(a) 和图 3.22(b) 所示。

图 3.22(a) 为反相求和运算电路，可得输出电压

$$u_{o1}=-R_F\left(\frac{u_{i1}}{R_1}+\frac{u_{i2}}{R_2}\right)$$

图 3.22(b) 为同相求和运算电路，若 $R_1/\!/R_2/\!/R_F=R_3/\!/R_4/\!/R_5$，则输出电压

$$u_{o2}=R_F\left(\frac{u_{i3}}{R_3}+\frac{u_{i4}}{R_4}\right)$$

因此，所有信号同时作用时的输出电压

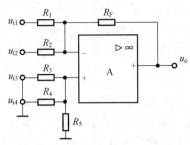

(a) 反相输入端各信号作用时的等效电路

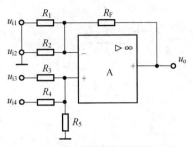

(b) 同相输入端各信号作用时的等效电路

图 3.22　利用叠加原理求解加减运算电路

$$u_o = u_{o1} + u_{o2} = R_F \left(\frac{u_{i3}}{R_3} + \frac{u_{i4}}{R_4} - \frac{u_{i1}}{R_1} - \frac{u_{i2}}{R_2} \right)$$

若电路只有两个输入，且参数对称，如图 3.23 所示，则

$$u_o = \frac{R_F}{R}(u_{i2} - u_{i1})$$

电路实现了对输入差模信号的比例运算。

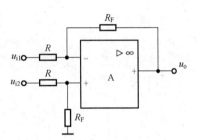

图 3.23　差动输入运算电路

双端输入(或称差动输入)运算电路由于电阻选取和调整不方便，实际上很少采用，常使用两级电路来实现差模信号的比例运算。

[例 3–2]　已知集成运算电路如图 3.24 所示。

(1) 试推导 u_{o1}，u_o 的表达式。

(2) 当 $R_1 = R_5$，$R_2 = R_4$ 时，试求 u_o 与 u_i(设 $u_i = u_{i2} - u_{i1}$)的关系式。

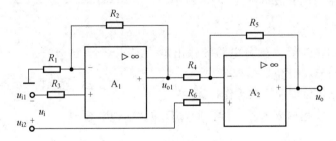

图 3.24　例 3–2 电路

解：(1) 第 1 级电路为同相比例运算电路，因而有

$$u_{o1} = \left(1 + \frac{R_2}{R_1} \right) u_{i1}$$

利用叠加原理，第 2 级电路的输出

$$u_o = -\frac{R_5}{R_4} u_{o1} + \left(1 + \frac{R_5}{R_4} \right) u_{i2} = -\frac{R_5}{R_4} \left(1 + \frac{R_2}{R_1} \right) u_{i1} + \left(1 + \frac{R_5}{R_4} \right) u_{i2}$$

(2) 当 $R_1 = R_5$，$R_2 = R_4$ 时，有

$$u_o = \left(1 + \frac{R_1}{R_2} \right)(u_{i2} - u_{i1}) = \left(1 + \frac{R_1}{R_2} \right) u_i$$

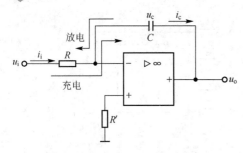

图3.25　反相积分电路基本形式

例 3-2 是两级同相输入端输入信号来实现差模信号的比例运算。习题 5-5 则是两级反相输入端输入信号来实现差模信号的比例运算。

6. 积分电路

积分电路可以完成对输入信号的积分运算，即输出电压与输入电压的积分成正比。图 3.25 所示为反相积分电路。电容 C 引入电压并联负反馈，运放工作在线性区。

积分电路也存在"虚短"和"虚断"现象，因此有

$$i_i = i_c$$

$$u_o = -u_c = -\frac{1}{C}\int i_c \mathrm{d}t$$

所以

$$u_o = -\frac{1}{C}\int i_i \mathrm{d}t, \quad 其中 \ i_i = \frac{u_i}{R}$$

将 i_i 代入 u_o 表达式得

$$u_o = -\frac{1}{RC}\int u_i \mathrm{d}t$$

电路实现了输出电压正比于输入电压对时间的积分。式中的比例常数 RC 称为电路的时间常数。

基本积分电路的积分波形如图 3.26 所示。

7. 微分电路

微分是积分的逆运算，微分电路的输出电压是输入电压的微分，电路如图 3.27 所示。图中 R 引入电压并联负反馈使运放工作在线性区。

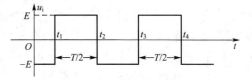

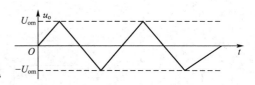

图 3.26　基本积分电路的积分波形

微分电路属于反相输入电路，因此同样存在"虚地"现象。

因为

$$i_c = C\frac{\mathrm{d}u_c}{\mathrm{d}t} = C\frac{\mathrm{d}u_i}{\mathrm{d}t}$$

又有

$$i_c = i_R = -\frac{u_o}{R}$$

所以

$$u_o = -RC\frac{\mathrm{d}u_i}{\mathrm{d}t}$$

电路实现了输出电压正比于输入电压对时间的微分，式中的比例常数 RC 称为电路的

时间常数。

微分电路信号波形如图 3.28 所示。

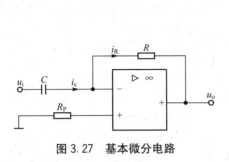

图 3.27　基本微分电路

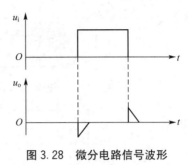

图 3.28　微分电路信号波形

【练一练】

实训 3-2：比例运算放大电路的仿真测试

1）反相比例放大电路

测试电路：如图 3.29 所示。

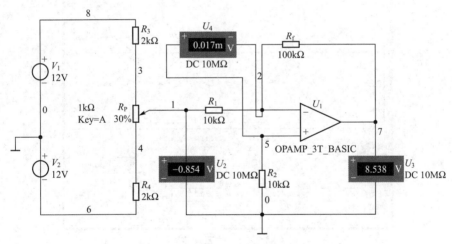

图 3.29　反相比例放大电路仿真测试电路图

实训流程：

（1）按图画好仿真电路，其中 OPAMP_3T_BASIC 为理想的集成运算放大器。

（2）调整电位器 R_p，将 U_2、U_3、U_4 3 个电压表的数值填入表 3-6 中，并与理论估算值进行比较。

表 3-6　反相比例放大电路仿真测试

输入电压	电位器百分比	0%	10%	20%	40%	60%	80%	90%	100%
	u_i/V								
输出电压	理论估算值 u_o/V								
	实际测量值 u_o/V								
运放两输入端的电压 $(u_+ - u_-)$/V									

（3）将输入电压换成有效值为 0.5V 的交流信号，用虚拟示波器 XSC1 观察输入输出波形。仿真测试电路图如图 3.30 所示，其仿真波形如图 3.31 所示。

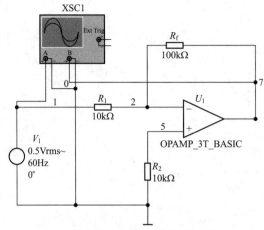

图 3.30　仿真测试电路图

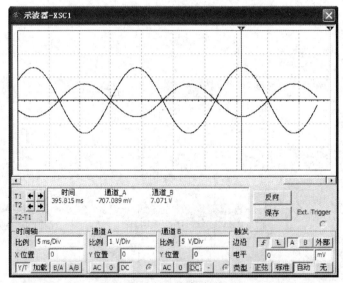

图 3.31　仿真波形

通过上述实训，可以得到下列结论。

① 输入电压在一定范围内，反相比例放大电路的输出电压值与输入电压值之比等于＿＿＿＿＿＿＿（用电阻等元件符号表示），且输出电压相对于输入电压是＿＿＿＿＿＿＿（反相/同相）。

② 当输入电压超过一定范围时，输出电压值与输入电压值＿＿＿＿＿＿＿（成/不成）比例；此时，输出电压值＿＿＿＿＿＿＿（随/不随）输入电压值变化而变化。

2）加法电路

测试电路：如图 3.32 所示。

实训流程：

（1）按图画好仿真电路。

（2）根据表 3-7，调整电位器 R_{P1}、R_{P2}，将 U_2、U_3、U_4 3 个电压表的数值填入表中，并与理论估算值进行比较。

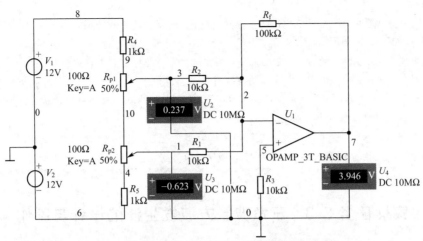

图 3.32   加法电路仿真测试电路图

表 3-7   加法电路仿真测试

电位器 R_{P1} 百分比	80%	60%	40%
电位器 R_{P2} 百分比	40%	30%	20%
输入电压 u_{i1}（即 U_2）/V			
输入电压 u_{i2}（即 U_3）/V			
输出电压 u_o（即 U_4）/V			
理论计算 u_o/V			

3）积分电路

测试电路：如图 3.33 所示。

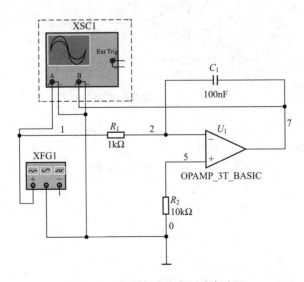

图 3.33   积分电路仿真测试电路图

实训流程：

（1）按图画好仿真电路，其中 XFG1 为函数信号发生器。XFG1 产生方波，其频率为 1kHz，占空比为 50%，振幅 1V。

（2）用虚拟示波器 XSC_1 观察输入输出波形，画出各波形，并标出有关参数。

（3）改变接入电阻 R_1 值为 10kΩ，观察并记录输入输出波形。

（4）保持 R_1 值为 1kΩ，信号频率分别改为 500Hz、1kHz 和 2kHz，观察并记录输出波形。

通过上述实训，可以得到下列结论。

积分电路中，输入电压波形为方波，则输出电压波形为_____（正弦波/方波/三角波）。输出波形的幅值与 RC _____（有关/无关），与输入信号的频率_____（有关/无关）。

实训任务 3.3　三角波、方波发生器的设计与制作

在自动化、电子、通信等领域中，经常需要进行性能测试和信息的传送等，这些都离不开一些非正弦信号。常见非正弦信号产生电路有方波、三角波、锯齿波产生电路等。本节将重点介绍方波产生电路和锯齿波产生电路的基本工作原理。

【做一做】

实训 3-3：非正弦波发生器电路

1）方波发生器

按图 3.34 在实验板上接好线路。

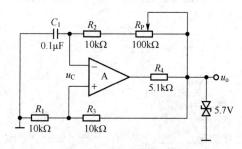

图 3.34　方波发生电路

（1）观察 u_c 和 u_o 的波形及频率。

$f_c=$ _____（Hz），　$f_o=$ _____（Hz）

u_c 和 u_o 的波形

（2）调节 R_p，测量 $R_p=0$，$R_p=100$kΩ 时的频率及波形，在表 3-8 中填写。

表 3-8　电阻 R 对输出频率的影响($R=R_p+R_2$)

阻值	f（测量值）	f（计算值）	输出波形
$R=10\text{k}\Omega$			
$R=110\text{k}\Omega$			

（3）为了获得更低的频率，调节 R_P、R_2、C、R_1、R_3。

改变电容 C_1，由 $0.1\sim10\mu\text{F}$，则 $f=$____ $\sim$ ____

改变电阻 R_1，由 $10\sim20\text{k}\Omega$，则 $f=$____ $\sim$ ____

改变电阻 R_3，由 $10\sim5\text{k}\Omega$，则 $f=$____ $\sim$ ____

2）三角波发生器

按图 3.35 在实验板上接好线路。

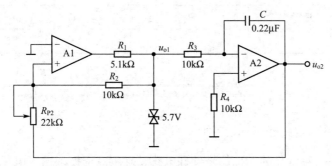

图 3.35　三角波发生电路

（1）观察 u_{o1} 及 u_{o2} 的波形。

u_{o1} 波形和 u_{o2} 波形

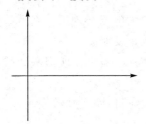

（2）改变输出波形的频率，方法如方波。选择合适的参数进行实验并观测。

3）锯齿波发生器

按图 3.36 在实验板上接好线路。

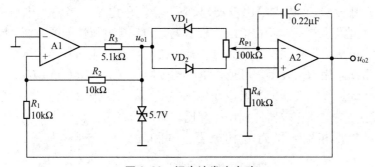

图 3.36　锯齿波发生电路

（1）观察 u_{o2}，u_{o1} 的波形和频率并填表 3-9。

表 3-9 u_{o1}、u_{o2} 的波形的比较

	频率/Hz	波形
u_{o1}		
u_{o2}		

（2）改变锯齿波频率并测量变化范围。

改变 R_1、R_2、C 和 R_{P1} 值。

表 3-10 电阻、电容参数对锯齿波频率的影响

	R_1	R_2	C	R_{P1}
f/Hz				

（3）可以得到的结论：_____。

3.3.1 集成运算放大电路的非线性应用电路

电压比较器是一种常见的模拟信号处理电路，它将一个模拟输入电压与一个参考电压进行比较，并将比较的结果以"高电平"或"低电平"形式输出。该电路的输入信号是连续变化的模拟量，而输出则为高、低电平的数字量，因此比较器可作为模拟电路和数字电路的"接口"，用于电平检测及波形变换等领域中。

由于比较器的输出只有高、低电平两种状态，故集成运算放大电路必须工作在非线性区。从电路结构来看，集成运算放大电路应处于开环状态或加入正反馈。

集成运算放大电路工作在开环或正反馈状态，电压放大倍数 A_u 极高，所以只要输入一个很小的信号电压，即可使运算放大电路进入非线性区。

电压比较器一般有两种接法：将输入电压接在反相输入端，同相输入端接参考电压，称为反相比较器，反之则为同相比较器。

根据比较器的传输特性不同，可分为单门限电压比较器、滞回比较器等。

1. 单门限电压比较器

单门限电压比较器(又称单限比较器)只有一个门限电平，当输入电压达到此门限值时，输出状态立即发生跳变。反相单限比较器电路和其传输特性如图 3.37 所示。

比较器输出电压由一种状态跳变为另一种状态时，所对应的临界输入电压通常称为阈值电压或门限电压，用 U_{TH} 表示。可见，单限比较器的阈值电压 $U_{TH}=U_R$。

若 $U_R=0$，即运算放大器的参考电压输入端接地，则比较器的阈值电压 $U_{TH}=0$。这种单限比较器也称为过零比较器，利用过零比较器可以将正弦波变为方波。

图 3.38(a) 为反相输入的过零比较器，同相输入端接地，其输入、输出波形如图 3.38(b)所示。

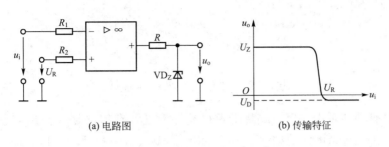

(a) 电路图　　　　　　　　(b) 传输特征

图 3.37　反相单限比较器电路和其传输特性

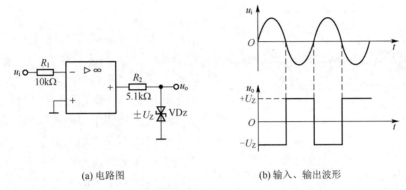

(a) 电路图　　　　　　　　(b) 输入、输出波形

图 3.38　反相过零比较器电路和输入、输出波形

2. 滞回比较器

单限比较器电路简单，灵敏度高，但其抗干扰能力差。如果输入电压受到干扰或噪声的影响，在门限电平上下波动，则输出电压将在高、低两个电平之间反复跳变，使后续电路出现误操作。为解决这一问题，常常采用滞回电压比较器。

图 3.39(a)为反相滞回电压比较器。它是从输出端引入一个正反馈电阻到同相输入端，使同相输入端的电位随输出电压变化而变化，使其形成上、下两个门限电压，达到获得正确、稳定的输出电压的目的。

传输过程中，当输入电压 u_i 从小逐渐增大，或者 u_i 从大逐渐减小时，两种情况下的门限电平是不相同的，由此电压传输特性呈现"滞回"曲线的形状，如图 3.39(b)所示。

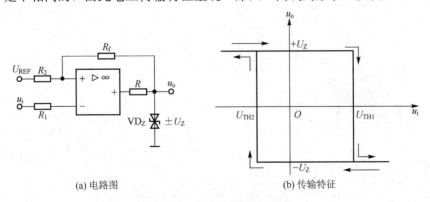

(a) 电路图　　　　　　　　(b) 传输特征

图 3.39　反相滞回电压比较器

可以求出该比较器的两个门限电压

$$U_{\text{TH1}} = \frac{R_{\text{f}}}{R_2 + R_{\text{f}}} U_{\text{REF}} + \frac{R_2}{R_2 + R_{\text{f}}} U_Z$$

$$U_{\text{TH2}} = \frac{R_{\text{f}}}{R_2 + R_{\text{f}}} U_{\text{REF}} - \frac{R_2}{R_2 + R_{\text{f}}} U_Z$$

从传输特性曲线可以看出：u_{i} 从小于 U_{TH2} 逐渐增大到超过 U_{TH1} 门限电平时，电路翻转；u_{i} 从大于 U_{TH1} 逐渐减小到小于 U_{TH2} 门限电平时，电路再翻转；而 u_{i} 在 U_{TH1} 与 U_{TH2} 之间时，电路输出保持原状，两个门限电平的差值称为门限宽度或回差，用符号 ΔU_{TH} 表示。

$$\Delta U_{\text{TH}} = U_{\text{TH1}} - U_{\text{TH2}} = \frac{2R_2}{R_2 + R_{\text{f}}} U_Z$$

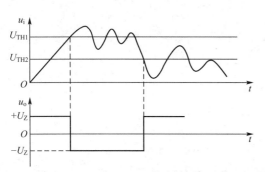

图 3.40　存在干扰时，反相滞回比较器的输入、输出波形

回差大小取决于稳压管的稳定电压 U_Z 以及电阻 R_2 和 R_{f} 的值。改变参考电压 U_{REF} 会同时改变两个门限电平的大小，而它们之间的差值，即门限宽度保持不变。

滞回比较器由于输出的高、低电平相互转换的门限不同，输入信号即使受干扰或噪声的影响而上下波动时，只要适当调整滞回电压比较器两个门限电平 U_{TH1} 和 U_{TH2} 的值，使干扰量不超过门限宽度范围，输出电压就可保持高电平或低电平稳定，如图 3.40 所示。

【练一练】

实训 3-4：滞回比较器电路的仿真测试

测试电路：如图 3.41 所示。

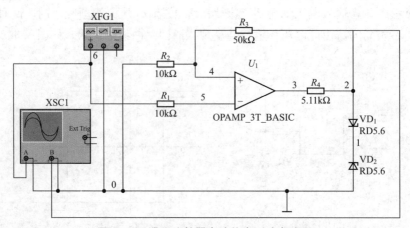

图 3.41　滞回比较器电路仿真测试电路图

实训流程：

(1) 按图画好仿真电路。其中 XFG1 为函数信号发生器，信号可以设置为频率 50Hz，振幅 2V 的正弦波。

(2) 通过虚拟示波器，观察输入输出波形，测出回差电压。

(3) 改变 R_2 数值，观察输出波形回差电压的变化。

3.3.2 非正弦波信号发生器

1. 方波发生器

图 3.42(a)所示为方波产生电路。它由滞回比较器与 RC 充放电回路组成，双向稳压管将输出电压幅值钳位在其稳压值 $\pm U_Z$ 之间，利用电容两端的电压作比较，来决定电容是充电还是放电。

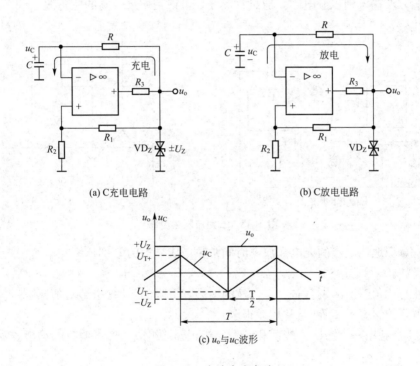

(a) C充电电路 (b) C放电电路

(c) u_o 与 u_C 波形

图 3.42 方波产生电路

根据电路可得上下限电压为

$$U_{T+} = \frac{R_2}{R_1 + R_2} U_Z$$

$$U_{T-} = -\frac{R_2}{R_1 + R_2} U_Z$$

当电容 C 充电时，同相输入端电压为上门限电压 U_{T+}，电容 C 上的电压 u_C 小于 U_{T+} 时，输出电压 u_o 等于 $+U_Z$；当 u_C 大于 U_{T+} 瞬间，输出电压 u_o 发生翻转，由 $+U_Z$ 跳变到 $-U_Z$，此时同相输入端电压变为下门限电压 U_{T-}，电容 C 开始放电，电压下降。当电容 C 上的电压下降到小于 U_{T-} 瞬间，输出电压 u_o 又发生翻转，由 $-U_Z$ 跳变到 $+U_Z$，电容 C 又开始新一轮的充放电,因此,在输出端产生了方波电压波形,而在电容 C 两端的电压则为三角波。u_o 与 u_C 的波形如图 3.42(c)所示。

RC 的乘积越大,充放电时间越长,方波的频率就越低。方波的周期为

$$T = 2RC\ln\left(1 + \frac{2R_2}{R_1}\right)$$

由于方波包含极丰富的谐波,因此方波产生电路又称为多谐振荡器。

2. 锯齿波发生器

图 3.43 所示为锯齿波发生器,它由滞回比较器和反向积分器组成。积分电路可将方波变换为线性度很高的三角波,但积分器产生的三角波幅值常随方波输入信号的频率而发生变化,为了克服这一缺点,可以将积分电路的输出信号输入到滞回比较器,再将滞回比较器输出的方波输入到积分电路,通过正反馈,可得到质量较高的三角波。

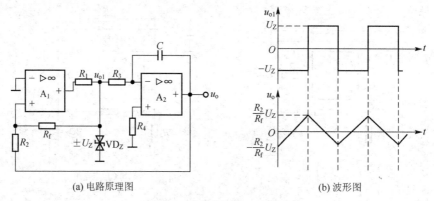

(a) 电路原理图　　　　　　　　　　(b) 波形图

图 3.43　三角波发生电路

如果有意识地使电容的充电和放电时间常数造成显著的差别,则在电容两端的电压波形就是锯齿波。

锯齿波与三角波的区别就是:三角波的上升和下降的斜率(指绝对值)相等,而锯齿波的上升和下降的斜率不相等(通常相差很多)。

图 3.44 是利用一个滞回比较器和一个反相积分器组成频率可调节的锯齿波发生电路。

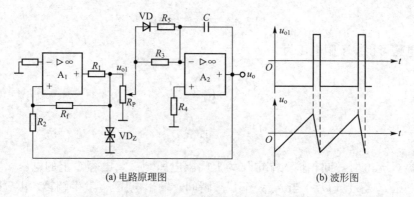

(a) 电路原理图　　　　　　　　　　(b) 波形图

图 3.44　频率和幅度均可调节的锯齿波发生电路

实训任务 3.4 函数信号发生器的设计与制作

【做一做】

实训 3-5：正弦波发生器电路

1) RC 正弦波振荡电路

按图 3.45 在实验板上接好线路。

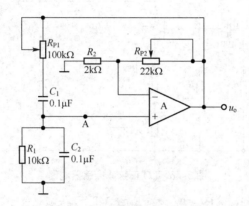

图 3.45 集成 RC 正弦波振荡电路

(1) 将 R_{P1} 调到 $10k\Omega$，调节 R_{P2} 用示波器观察输出波形。

将波形填入表 3-11 中。

表 3-11 负反馈电阻对输出信号的影响

R_{P2}	阻值很小	恰当的阻值	阻值太大
输出波形			

(2) 用频率器测上述电路的输出频率（测量前先调节 R_{P2} 使输出波形不失真）。

将数据填入表 3-12 中。

(3) 改变振荡频率：先将 R_{P1} 调到 $30k\Omega$，然后在 R_1 与地之间串一个 $20k\Omega$ 的电阻。

测量其输出频率 f：_____（Hz）

（测 f 之前，应适当调节 R_{P2} 使 u_o 无明显失真，再测频率。）

表 3-12　输出频率测量值与理论值的比较

f/Hz	理论值	
	测量值	

2) LC 正弦波振荡器

按图 3.46 在实验板上接好线路。

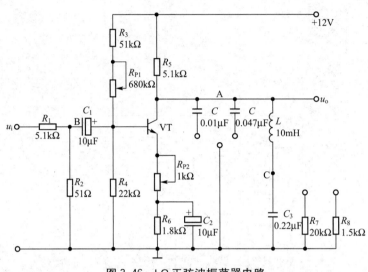

图 3.46　LC 正弦波振荡器电路

(1) 去掉信号源，断开 R_2，令 $R_{P2}=0$，调节 R_{P1} 使 VT 的集电极电位为 6V。

连接 B、C 两点，用示波器观察 A 点波形，调 R_{P2} 使不失真，测量振荡频率并填入表 3-13 中。

表 3-13　电容量对电路振荡频率的影响

C/μF	f/Hz	U_O/V
0.01		
0.047		

(2) 在上述基础上，测量 U_B、U_C、U_A 的电位并填表 3-14。

表 3-14　电容量对 B、C、A 点电位的影响

C/μF	U_B/V	U_C/V	U_A/V	$A_u×F$
0.01				
0.047				

(3) 在振荡的情况下，在 A 点接电阻，用示波器观察波形并填表 3-15。

表 3-15　负载对电路输出波形的影响

R/kΩ	波形	结论
20		
1.5		

3.4.1 正弦波振荡电路的条件

正弦波振荡电路是在没有外加输入信号的情况下，依靠电路自激振荡将直流电能转换成正弦波输出的电路。它作为信号源广泛应用于无线通信以及自动测量、自动系统等系统中。正弦波振荡电路也称为正弦波发生电路或正弦波振荡器。

1. 正弦波振荡电路的产生条件

正弦波振荡电路是一种不需要输入信号的带选频网络的正反馈放大电路。振荡电路与放大电路不同之处在于放大电路需要外加输入信号，才会有输出信号；而振荡电路不需外加输入就有输出，因此这种电路又称为自激振荡电路。

图 3.47(a)为反馈放大电路方框图，当电路不接反馈网络处于开环系统时，输入信号 $\dot{X}_i$ 就是净输入信号 $\dot{X}_i'$，经放大产生输出信号 $\dot{X}_o$。当电路接成正反馈时，输入信号 $\dot{X}_i$、净输入信号 $\dot{X}_i'$ 与反馈信号 $\dot{X}_f$ 的关系为：$\dot{X}_i' = \dot{X}_i + \dot{X}_f$。

图 3.47(b)中，输入端(1 端)外接一定频率、一定幅度的正弦波信号 $\dot{X}_i'$，经过基本放大电路和反馈网络所构成的环路传输后，在反馈网络的输出端(2 端)，就可得到反馈信号 $\dot{X}_f$。如果 $\dot{X}_f$ 与 $\dot{X}_i'$ 在幅频和相位上都一致，那么，除去原来的外接信号，而将 1、2 两端连接在一起(如图中的虚线所示)，形成闭环系统，在没有任何输入信号的情况下，其输出端的输出信号也能继续维持与开环时一样的状况，即自激产生输出信号。

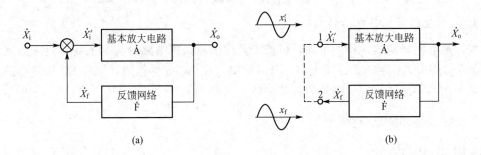

图 3.47 正弦波信号振荡电路方框图

1）正弦波振荡的平衡条件

由于振荡电路的输入信号 $\dot{X}_i = 0$，所以 $\dot{X}_i' = \dot{X}_f$。

由于 $\dfrac{\dot{X}_f}{\dot{X}_i'} = \dfrac{\dot{X}_o}{\dot{X}_i'} \cdot \dfrac{\dot{X}_f}{\dot{X}_o} = 1$，可得到：$\dot{A}\dot{F} = 1$

因此，振荡的平衡条件是

$$\dot{A}\dot{F} = 1$$

即振幅平衡条件 $|\dot{A}\dot{F}| = AF = 1$

相位平衡条件　$\varphi_{AF} = \varphi_A + \varphi_F = \pm 2n\pi$ （$n = 0, 1, 2, \cdots$）

2）正弦波振荡的起振条件

振荡器在刚刚起振时，为了克服电路中的损耗，需要正反馈强一些，即要求

$$|\dot{A}\dot{F}|>1$$

这称为振荡起振条件。既然 $|\dot{A}\dot{F}|>1$，起振后就要产生增幅振荡。当振荡幅度达到一定值时，晶体管的非线性特性就会限制幅度的增加，以使放大倍数 $\dot{A}$ 下降，直到 $|\dot{A}\dot{F}|=1$，振荡幅度不再增大，振荡进入稳定状态。

2. 正弦波振荡电路的组成

为了产生正弦波，必须在放大电路里加入正反馈，因此放大电路和正反馈网络是振荡电路的最主要部分。但是，这样两部分构成的振荡器一般得不到正弦波，这是由于很难控制正反馈的量。如果正反馈量大，则增幅，输出幅度越来越大，最后由晶体管的非线性限幅，这必然产生非线性失真。反之，如果正反馈量不足，则减幅，可能停振，为此振荡电路要有一个稳幅电路。为了获得单一频率的正弦波输出，应该有选频网络，选频网络往往和正反馈网络或放大电路合而为一。选频网络由 R、C 和 L、C 等电抗性元件组成，正弦波振荡器的名称一般由选频网络来命名，其基本的组成部分如下。

（1）放大电路：其作用是放大信号，满足启振条件，并把直流稳压电源的能量转为振荡信号的交流能量。

（2）正反馈网络：其作用为满足振荡电路的相位平衡条件。

（3）选频网络：用于选出振荡频率，从而使得振荡电路获得单一频率的正弦波信号输出。

（4）稳幅电路：用于稳定输出信号的幅度，改善波形，减少失真。

3. 正弦波信号振荡电路的类型

根据选频网络构成元件的不同，可把正弦波信号振荡电路分为如下几类：选频网络若由 RC 元件组成，则称 RC 振荡电路；选频网络若由 LC 元件组成，则称 LC 振荡电路；选频网络若由石英晶体构成，则称为石英晶体振荡器

3.4.2 RC 正弦波振荡电路

采用 RC 选频网络构成的 RC 振荡电路，一般用于产生 $1\mathrm{Hz}\sim1\mathrm{MHz}$ 的低频信号。RC 串并联网络如图 3.48 所示。

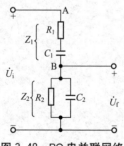

图 3.48　RC 串并联网络

1. RC 串并联选频网络

RC 串联电路和 RC 并联电路的阻抗分别用 Z_1、Z_2 表示，则

$$Z_1=R_1+(1/\mathrm{j}\omega C_1)$$

$$Z_2=R_2\mathbin{/\mkern-5mu/}(1/\mathrm{j}\omega C_2)=\frac{R_2}{1+\mathrm{j}\omega R_2 C_2}$$

RC 串并联选频网络的传输系数 $\dot{F}_\mathrm{u}$ 为

$$\dot{F}_\mathrm{u}=\frac{\dot{U}_\mathrm{f}}{\dot{U}_\mathrm{i}}=\frac{Z_2}{Z_1+Z_2}$$

$$=\frac{R_2/(1+\mathrm{j}\omega R_2 C_2)}{R_1+(1/\mathrm{j}\omega C_1)+[R_2/(1+\mathrm{j}\omega R_2 C_2)]}$$

$$= \frac{R_2}{\left[R_1 + (1/j\omega C_1)\right](1 + j\omega R_2 C_2) + R_2}$$

$$= \frac{1}{\left(1 + \dfrac{R_1}{R_2} + \dfrac{C_2}{C_1}\right) + j\left(\omega R_1 C_2 - \dfrac{1}{\omega R_2 C_1}\right)}$$

可得到 RC 串并联选频网络的幅频特性和相频特性，分别为

$$|\dot{F}_u| = \frac{1}{\sqrt{\left(1 + \dfrac{R_1}{R_2} + \dfrac{C_2}{C_1}\right)^2 + \left(\omega R_1 C_2 - \dfrac{1}{\omega R_2 C_1}\right)^2}}$$

$$\phi_F = -\arctan \frac{\omega R_1 C_2 - \dfrac{1}{\omega R_2 C_1}}{1 + \dfrac{R_1}{R_2} + \dfrac{C_2}{C_1}}$$

当 $R_1 = R_2 = R$，$C_1 = C_2 = C$，且令 $\omega_0 = \dfrac{1}{RC}$，则 $f_0 = \dfrac{1}{2\pi RC}$ 时

$$|\dot{F}_u| = \frac{1}{\sqrt{3^2 + \left(\dfrac{\omega}{\omega_0} - \dfrac{\omega_0}{\omega}\right)^2}} = \frac{1}{\sqrt{3^2 + \left(\dfrac{f}{f_0} - \dfrac{f_0}{f}\right)^2}}$$

$$\phi_F = -\arctan \frac{\dfrac{\omega}{\omega_0} - \dfrac{\omega_0}{\omega}}{3} = -\arctan \frac{\dfrac{f}{f_0} - \dfrac{f_0}{f}}{3}$$

由上式可以得到，当 $\omega = \omega_0$，即 $f = f_0$ 时，$|\dot{F}_u|$ 达到最大值，并等于 1/3，相位移 $\varphi_F = 0°$，输出电压与输入电压同相，RC 串并联网络具有选频作用。

2. RC 桥式振荡电路

RC 桥式振荡器的电路如图 3.49 所示，由 RC 串并联选频网络与放大器组成。放大器可采用晶体管等分离元件，也可采用运算放大器；串并联选频网络是正反馈网络。此外，该电路还增加了 R_T 和 R' 组成的负反馈网络。C_1、R_1 和 C_2、R_2 正反馈支路与 R_T、R' 负反馈支路正好构成一个桥路，称为文氏桥。此电路的谐振频率为

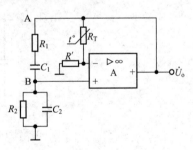

图 3.49　RC 文氏桥式振荡器

$$f_0 = \frac{1}{2\pi \sqrt{R_1 R_2 C_1 C_2}}$$

当 $R_1 = R_2 = R$，$C_1 = C_2 = C$ 时，谐振角频率和谐振频率分别为

$$\omega_0 = \frac{1}{RC}, \quad f_0 = \frac{1}{2\pi RC}$$

当 $f = f_0$ 时，反馈系数 $|\dot{F}| = \dfrac{1}{3}$，且与频率 f_0 的大小无关，此时的相位角 $\varphi_F = 0°$。即调节谐振频率不会影响反馈系数和相位角，在调节频率的过程中，不会停振，也不会使输出幅度改变。

为满足振荡的幅度条件 $|\dot{A}\dot{F}| = 1$，放大电路 A 的闭环放大倍数需满足自激振荡的振幅和相位起振和平衡条件。

在图 3.49 所示电路中，由于加入 R_T、R' 支路构成串联电压负反馈，振荡电路起振时

其闭环放大倍数需满足：$A_f = 1 + \dfrac{R_T}{R'} \geqslant 3$，也即 $R_T \geqslant 2R'$

谐振频率为：$\qquad f_0 = \dfrac{1}{2\pi RC}$ （$R_1 = R_2 = R$，$C_1 = C_2 = C$ 时）

RC 文氏桥振荡电路的稳幅作用是靠热敏电阻 R_T 实现的。R_T 是负温度系数热敏电阻，当输出电压升高，R_T 上所加的电压升高，即温度升高，R_T 的阻值下降，负反馈减弱，输出幅度下降。

3.4.3 LC 正弦波振荡电路

LC 正弦波振荡电路的构成与 RC 正弦波振荡电路相似，包括放大电路、正反馈网络、选频网络和稳幅电路。这里的选频网络是由 LC 并联谐振电路构成，正反馈网络因不同类型的 LC 正弦波振荡电路而有所不同。

LC 振荡电路产生频率高于 1MHz 的高频正弦信号。根据反馈形式的不同，LC 正弦波振荡电路可分为互感耦合式(变压器反馈式)、电感三点式、电容三点式等几种电路形式。

1. LC 并联谐振网络

在选频放大器中，经常采用图 3.50 所示的 LC 并联网络。其中图 3.50(a) 理想网络，无损耗，其谐振频率为

$$f_0 \approx \dfrac{1}{2\pi\sqrt{LC}}$$

实际的 LC 并联网络总是存在着损耗，如线圈的电阻等，可将各种损耗等效成电阻 r，如图 3.50(b) 所示。

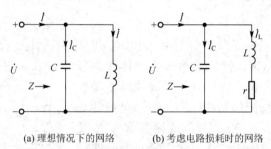

(a) 理想情况下的网络　　　(b) 考虑电路损耗时的网络

图 3.50　LC 并联网络

并联支路总导纳为

$$Y = \dfrac{1}{r + j\omega L} + j\omega C = \dfrac{r}{r^2 + \omega^2 L^2} + j\left(\omega C - \dfrac{\omega L}{r^2 + \omega^2 L^2}\right)$$

当并联谐振时,电路的表现为电阻性，即其电纳

$$B = \omega C - \dfrac{\omega L}{r^2 + \omega^2 L^2} = 0$$

可得到并联谐振角频率

$$\omega_0 = \dfrac{1}{\sqrt{LC}}\sqrt{1 - \dfrac{1}{Q^2}}$$

式中，$Q = \dfrac{1}{r}\sqrt{\dfrac{L}{C}}$ 为 LC 并联谐振回路的品质因素，一般有 $Q \gg 1$，则谐振角频率

$$\omega_0 \approx \frac{1}{\sqrt{LC}}$$

或谐振频率

$$f_0 \approx \frac{1}{2\pi\sqrt{LC}}$$

2. 变压器反馈式 LC 振荡电路

变压器反馈 LC 振荡电路如图 3.51 所示。分压式偏置的共射放大器起信号放大及稳幅作用，LC 并联谐振电路作为选频网络，反馈线圈 L_f 将反馈信号送入晶体管的输入回路。交换反馈线圈的两个线头，可改变反馈的极性，形成正反馈；调整反馈线圈的匝数可以改变反馈信号的强度，以使正反馈的幅度条件得以满足。

变压器反馈 LC 振荡电路的振荡频率与并联 LC 谐振电路相同，为

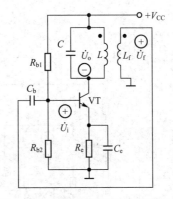

图 3.51　变压器反馈式 LC 振荡电路

$$f_0 = \frac{1}{2\pi\sqrt{LC}}$$

变压器反馈式振荡电路易于起振，输出电压的失真较小。但是由于输出电压与反馈电压靠磁路耦合，因而损耗较大，且振荡频率的稳定性不高。

3. 三点式 LC 振荡电路

三点式振荡电路的连接规律如下：对于振荡器的交流通路，与晶体管的发射极或者运算放大器的同相输入端相连接的为同性电抗(同是电感或同为电容)；不与发射极(晶体管的基极和集电极)或者运算放大器的反相输入端和输出端相连接的为异性电抗。这就是三点式振荡器的相位平衡条件判断法则。

1) 电感三点式 LC 振荡电路

电感三点式振荡电路原理电路如图 3.52 所示。该交流等效电路中，与发射极相连接两个电抗元件同为电感，另一个电抗元件为电容，满足三点式振荡器的相位平衡条件。选频网络由电感线圈 L_1、L_2 串联与电容 C 构成 LC 并联选频回路，反馈信号 U_f 取自电感 L_2 两端，其振荡频率近似等于 LC 并联谐振回路的固有频率，即

$$f_0 = \frac{1}{2\pi\sqrt{LC}}$$

式中：$L=L_1+L_2+2M$，M 为电感 L_1、L_2 间的互感系数。

改变电感抽头，即改变 L_2/L_1 的比值，可以改变反馈系数，使电路满足起振与相位平衡的条件。

电感三点式振荡电路因为选频网络中电感线圈 L_1 与 L_2 耦合紧密，正反馈较强，容易起振。此外，改变振荡回路中的电容 C，可较方便调节振荡信号频率。但反馈电压取自电感 L_2 两端，对高次谐波的电抗很大，不能将高次谐波滤除，输出波形中含有高次谐波，振荡器输出的电压波形较差，而且频率稳定度也不高，因此通常用于要求不高的设备中，如高频加热器、接收机的本机振荡等。

2) 电容三点式 LC 振荡电路

电容三点式振荡电路原理如图 3.53 所示，由图可见，其电路构成与电感三点式振荡电路基本相同，不过正反馈选频网络由电容 C_1、C_2 和电感 L 构成，反馈信号 U_f 取自电容 C_2 两端，其振荡频率也近似等于 LC 并联谐振回路的固有频率，即

$$f_0 = \frac{1}{2\pi\sqrt{LC}}$$

式中：$C = \dfrac{C_1 C_2}{C_1 + C_2}$

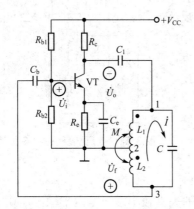

图 3.52　电感三点式电路图

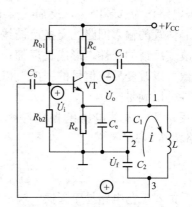

图 3.53　电容三点式电路图

调整电容 C_1、C_2 的电容量，可使电路满足起振的振幅平衡条件。

由于反馈电压取自 C_2 两端，因为电容是高通元件，对高次谐波的电抗很小，所以输出波形中的高次谐波分量小，振荡器输出的电压波形比电感三点式好；由于电容 C_1、C_2 的容量可以选得很小，并将放大管的极间电容也计算到 C_1、C_2 中去，因此振荡频率较高，一般可以达到 100MHz 以上。

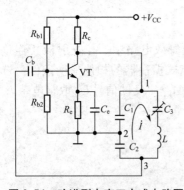

图 3.54　改进型电容三点式电路图

对于振荡频率的调节，若用改变 C_1 或 C_2 的方法，会影响反馈的强弱，这是不可取的。通常是固定 C_1、C_2，另用一个容量很小的微调电容串接在电感 L 支路上，以调节 f_0，此时，回路的总电容量为 C_1 与 C_2 串联再与串接在 L 支路上的可变电容 C_3 串联，如图 3.54 所示。由于 C_3 比 C_1、C_2 小得多，振荡频率近似由 C_3 和 L 决定。此时，C_1、C_2 仅构成正反馈，但增大 C_1、C_2 的容量，也就是相对减小与之并联的各种输入电容、输出电容的影响，是可以提高频率的稳定度。

[例 3-3]　判断图 3.55(a)、(b)、(c)、(d)所示各电路中能否产生自激振荡，并说明理由。

解题方法：判断电路能否可能产生正弦波振荡一般有下列几个部骤。

(1) 观察电路是否包含了放大电路、选频网络、正反馈网络和稳幅环节 4 个组成部分。

(2) 判断放大电路能否正常工作，即是否有合适的静态工作点且动态信号是否能够输

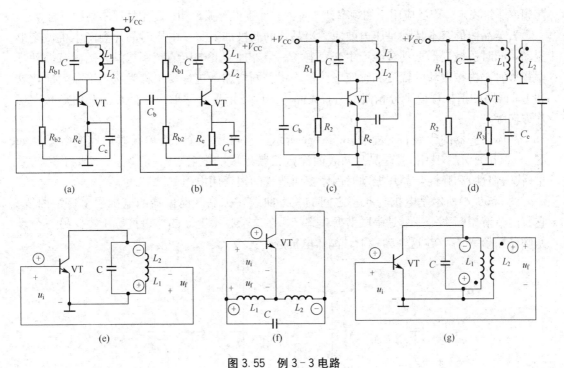

图 3.55　例 3-3 电路

入、输出和放大。

（3）振荡器能否满足振幅平衡条件和相位平衡条件。相位平衡条件一般用电压瞬时极性法判别，要满足正反馈条件；振幅平衡条件是通过改变电路元件的参数获得。一般认为振幅平衡条件是能够满足的，故只需判断是否满足相位平衡条件。具体做法是：断开反馈信号至放大器的连接点，假设从该点引入的输入信号 u_i，并给定其瞬时极性；根据信号的传递及反馈关系得到反馈信号 u_f 的瞬时极性。若 u_i 与 u_f 的极性相同，则说明满足相位平衡条件，电路有可能产生正弦波振荡，否则表明不满足相位平衡条件，电路不可能产生正弦波振荡。

解：图 3.55(a)：由于静态时线圈的直流电阻很小，L_1、L_2 可视为短路，三极管的集电极电位和基极电位均为 $+V_{CC}$，集电结无反偏电压，不满足放大条件，该电路不能产生振荡。

图 3.55(b)：该电路为共射电路，L_1 为反馈元件，交流等效电路如图 3.55(e)所示。根据电压瞬时极性法判定反馈信号 u_f 与原假设的输入信号 u_i 的极性相反，为负反馈，不满足相位平衡条件，电路不可能产生正弦波振荡。

图 3.55(c)：该电路的交流等效电路如图 3.55(f)所示，为电感三点式 LC 振荡电路，满足相位平衡条件，电路可能产生振荡。

图 3.55(d)：该电路的交流等效电路如图 3.55(g)所示，为变压器反馈式振荡电路，L_2 为反馈元件，满足相位平衡条件，电路可能产生振荡。

3.4.4　石英晶体振荡器

晶体谐振器是由石英晶体(其化学成分是二氧化硅 SiO_2)做成的谐振器，简称晶振。其振荡频率非常稳定,广泛应用于如频率计、时钟、计算机等振荡频率稳定性要求高的场合。

石英晶体的基本特性是压电效应。当晶片的两极加上交变电压时晶片会产生机械变形振动,同时机械变形振动又会产生交变电场。当外加交变电压的频率与晶片的固有振动频率相等时,机械振动的幅度和感应电荷量均将急剧增加,这种现象称为压电谐振效应,这和 LC 回路的谐振现象十分相似。而石英晶体的固有谐振频率取决于晶片的几何形状和切片方向等。

晶体谐振器的代表符号如图 3.56(a)所示,它可用一个 LC 串并联电路来等效,如图 3.56(b)所示。其中 C_0 是晶片两表面涂敷银膜形成的电容,L 和 C 分别模拟晶片的质量(代表惯性)和弹性,晶片振动时因摩擦而造成的损耗用电阻 R 来代表。

图 3.56(c)所示是电抗与频率之间的关系曲线,称晶体谐振器的电抗频率特性曲线。它有两个谐振频率,一个是串联谐振频率 f,在这个频率上,晶体电抗等于零。另一个是并联谐振频率 f_P,在这个频率上,晶体电抗趋于无穷大。

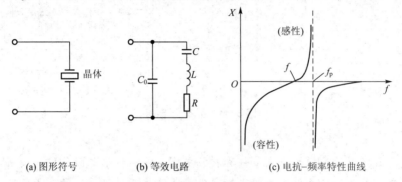

(a) 图形符号　　　　(b) 等效电路　　　　(c) 电抗–频率特性曲线

图 3.56　晶体谐振器的等效电路

用石英晶体构成的正弦波振荡电路的基本电路同样有两类。

(1) 并联型石英晶体振荡器,如图 3.57 所示。

这一类的石英晶体作为一个高 Q 值的电感元件,当信号频率接近或等于石英晶体并联谐振频率 f_P 时,石英晶体呈现极大的电抗,和回路中的其他元件形成并联谐振。

(2) 串联型石英晶体振荡电器,如图 3.58 所示。

这一类是石英晶体作为一个正反馈通路元件,当信号频率等于石英晶体串联谐振频率 f 时,晶体电抗等于零,振荡频率稳定在固有振动频率 f 上。

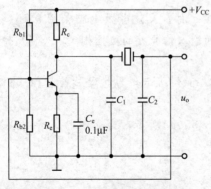

图 3.57　并联晶体振荡电路图

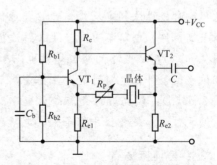

图 3.58　串联晶体振荡电路图

实训 3-6：正弦波发生器电路仿真测试

1) RC 正弦波振荡电路

测试电路：如图 3.59 所示。

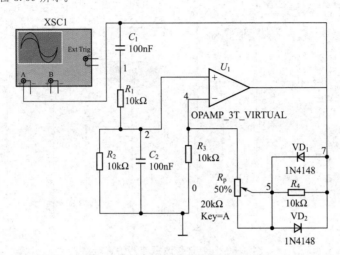

图 3.59　RC 正弦波振荡器仿真电路

实训流程：

(1) 按图画好仿真电路。

(2) 调整电位器 R_P，记录虚拟示波器 XSC1 的波形情况并填入表 3-16 中。

表 3-16　正弦波发生器路仿真测试

电位器百分比	45%	50%～55%	75%	95%～98%
波形图				

【想一想】

(1) 在逐渐增大电位器的百分比时，大约在 50% 以上时可以看到电路起振，且振荡波形幅度逐渐增大，为什么？

(2) 继续增大电位器的百分比时，振荡波形幅度稳定值会不断增大；而当电位器的百分比达到 95% 以上时，振荡波形出现失真，试分析原因。

(3) 根据读数指针测出该 RC 振荡电路输出正弦波的周期。

2) LC正弦波振荡电路

测试电路：如图3.60所示。

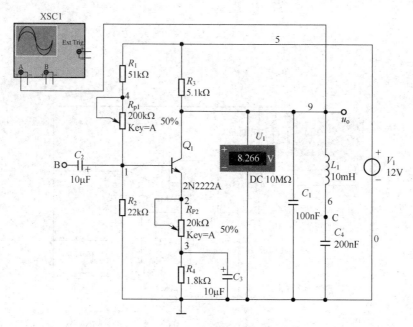

图3.60　LC正弦波振荡器仿真电路

实训流程：

(1) 按图画好仿真电路。

(2) 根据实训3-5 LC正弦波振荡器实验步骤，仿真验证所做的实验，并分析其结果。

令 $R_{P2}=0$，调节 R_{P1} 使 U_1 所指示的集电极电位为6V。

连接B、C两点，用示波器观察输出波形，调节 R_{P2} 使波形不失真，测量振荡频率并填入表3-17。

表3-17　电容量对电路振荡频率的影响

$C_1/\mu F$	f/Hz	U_O/V
0.01		
0.047		

3.4.5　集成函数发生器8038

集成函数发生器8038是一种多用途的波形发生器，可以用来产生正弦波、方波、三角波和锯齿波，其频率可通过外加的直流电压进行调节，使用方便，性能可靠。

8038为塑封双列直插式集成电路，其引脚功能如图3.61所示。

8038由两个恒流源、两个电压比较器和一个触发器等组成，其内部电路结构框图如图3.62所示。

在图中，电压比较器A、B的门限电压分别为两个电源电压之和 $U(U=V_{CC}+V_{EE})$ 的

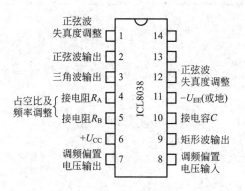

图 3.61　8038 引脚功能

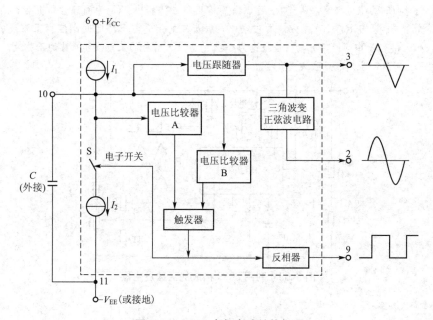

图 3.62　8038 内部电路结构框图

2/3 和 1/3，电流源 I_1 和 I_2 的大小可通过外接电阻调节，并且 I_2 必须大于 I_1。当触发器的输出端为低电平时，它控制开关 S 使电流源 I_2 断开。而电流源 I_1 则向外接电容 C 充电，使电容两端电压 u_C 随时间线性上升，当 u_C 上升到 U 的 2/3 时，比较器 A 输出电压发生跳变，使触发器输出端由低电平变为高电平，控制开关 S 使电流源 I_2 接通。由于 $I_2 > I_1$，因此外接电容 C 放电，u_C 随时间线性下降。当 u_C 下降到 $u_C \leqslant U/3$ 时，比较器 B 输出发生跳变，使触发器输出端又由高电平变为低电平，I_2 再次断开，I_1 再次向 C 充电，u_C 又随时间线性上升。如此周而复始，产生振荡。

若调整电路，使 $I_2 = 2I_1$，则触发器输出的为方波，经反相器缓冲由引脚 9 输出；而 u_C 上升时间与下降时间相等，产生三角波，经电压跟随器后，由引脚 3 输出；三角波经正弦波变换器变成正弦波后由引脚 2 输出。

当 $I_1 < I_2 < 2I_1$ 时，u_C 的上升时间与下降时间不相等，引脚 3 输出的是锯齿波。

因此，8038 能输出方波、三角波、正弦波和锯齿波等 4 种不同的波形。

【做一做】

实训 3-7：函数信号发生器的设计与制作

设计要求：

(1) 用 8038 集成函数发生器产生方波、三角波和正弦波。

(2) 输出信号的频率可调。

(3) 方波的占空比，锯齿波的上升与下降时间比值，正弦波的失真度可调。

实训流程：

1) 原理图的设计

图 3.63 为利用 8038 构成的函数发生器参考电路图。其振荡频率由电位器 R_{P1} 滑动触点的位置、电容 C 的容量、R_A 和 R_B 的阻值决定，调节 R_{P1} 可以改变输出信号的频率。C_1 为高频旁路电容，用以消除 8 脚的寄生交流电压；调节 R_{P2} 可改变方波的占空比，锯齿波的上升与下降时间比值和正弦波的失真度。当 $R_A = R_B$，且 R_{P2} 位于中间时，可输出占空比为 50% 的方波、对称的三角波和对称的正弦波。R_{P3} 与 R_{P4} 是双联电位器，可进一步调节正弦波失真度。

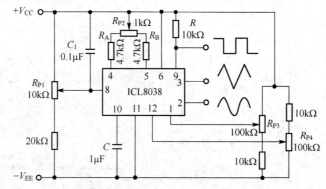

图 3.63 利用 8038 构成的函数发生器

2) 元器件的选型(略)

3) 电路的制作(略)

4) 电路的调试和检测

组装电路经检查无误后，加 +10V 的 V_{CC} 和 -10V 的 V_{EE}，用示波器进行调试，使 2、3、9 引脚分别有正弦波、三角波和方波输出。

调节 R_{P1}，观察输出信号频率的变化。

调节 R_{P2}，观察方波的占空比，锯齿波的上升与下降时间比值，正弦波的失真度变化情况。

5) 设计文档的编写(略)

习 题 3

1. 如图 3.64 所示的电路中，设 $R_1 = 10\text{k}\Omega$，$R_f = 100\text{k}\Omega$。求：

(1) 闭环放大倍数 A_{uf}。

(2) 如果 $u_i = 10\cos\omega t\text{mV}$ 时，求输出电压 u_o。

（3）电路平衡电阻 R' 应取何值？

（4）说明该电路实现了怎样的运算功能。

2．计算图 3.65 所示电路中，设 $R=5\mathrm{k}\Omega$，$u_{i1}=30\mathrm{mV}$，$u_{i2}=20\mathrm{mV}$。求：输出电压 u_o。

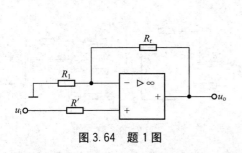

图 3.64　题 1 图

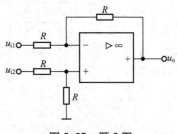

图 3.65　题 2 图

3．用集成运算放大器，可以做成测量电压、电流和电阻的三用表。测量电压时，可获得较高的输入电阻；测量电流时，可获得较低的输入电阻；并具有输入、输出关系稳定，测量误差小等优点。设集成运放为理想线性组件，输出端接 5V 量程电压表，吸取电流 $500\mu\mathrm{A}$。

（1）测量电压原理电路如题图 3.66(a) 所示。若想得到 50V、10V、5V、1V 和 0.5V 5 种不同的量程，求电阻 $R_1 \sim R_5$ 各为多少？

（2）测量小电流原理电路如题图 3.66(b) 所示。若想得到 5mA、0.5mA、0.1mA、$50\mu\mathrm{A}$ 和 $10\mu\mathrm{A}$ 的电流，使输出端电压表满量程，求 $R_{f1} \sim R_{f5}$ 各为多少？

（3）测量电阻原理电路如题图 3.66(c) 所示。若输出电压表指示为 5V，求被测电阻 R_x 为多少？

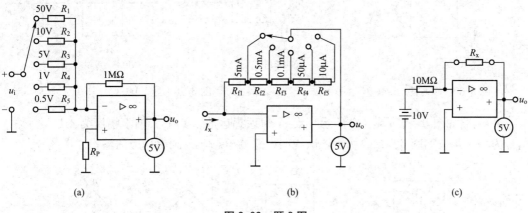

(a)　　　　　　　　　　(b)　　　　　　　　　　(c)

图 3.66　题 3 图

4．如图 3.67 所示的二级同相比例运放电路，$R_F=6\mathrm{k}\Omega$，$R_1=3\mathrm{k}\Omega$，集成运放最大输出幅度为 $\pm12\mathrm{V}$。

（1）第一级、第二级各属于什么运放电路？

（2）如果 $U_i=3\mathrm{V}$，求输出电压 U_{o1} 和 U_{o2}。

（3）如果 $U_i=5\mathrm{V}$，求输出电压 U_{o1} 和 U_{o2}。

（4）R_2 应为多大？

5. 已知集成运算电路如图 3.68 所示。

（1）试推导 u_{o1}、u_o 的表达式。

（2）当 $R_1=R_5$，$R_2=R_4$ 时，试求 u_o 与 u_i（设 $u_i=u_{i2}-u_{i1}$）的关系式。

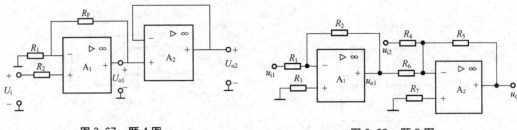

图 3.67 题 4 图   图 3.68 题 5 图

6. 电路如图 3.69 所示，设运放是理想的，$R=10k\Omega$，$C=100\mu F$。试回答下列问题。

（1）该电路完成了怎样的运算功能？

（2）若输入端加入 $u_i(t)=0.1t(V)$ 的电压时，求输出电压 u_o 值。

7. 电路如图 3.70 所示，设运放是理想的，$R=10k\Omega$，$R'=10k\Omega$，电容 C 的容量为 $0.2\mu F$。已知初始状态 $u_C(0)=0$。试回答下列问题。

（1）该电路完成了怎样的运算功能？

（2）若突然加入 $u_i(t)=1V$ 的阶跃电压，求 2ms 后输出电压 u_o 值。

（3）若输入信号 u_i 波形如图 3.70(b)所示，试画出相应的 u_o 波形图。

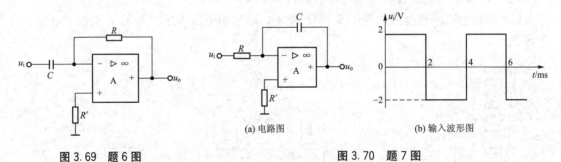

图 3.69 题 6 图   图 3.70 题 7 图

8. 电路如图 3.71(a)、(b)所示，设 A 为理想运放。其最大输出幅度为 $\pm 15V$，输入信号为一三角波如图 3.71(c)所示，试说明电路的组态，并画出相应的输出波形。

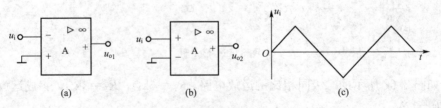

图 3.71 题 8 图

9. 电路如图 3.72 所示，设 A 为理想运放，稳压管 VD_Z 稳压值为 6V，正向压降为 0.7V，参考电压 U_R 为 3V。说明电路工作在什么组态，并画出该电路输入与输出关系的电压传输特性。若 u_i 与 U_R 的位置互换，试画出其电压传输特性。

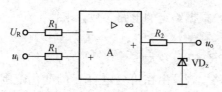

图 3.72　题 9 图

10. 假设在图 3.73(a)所示的反相输入滞回比较器中，比较器的最大输出电压为 $\pm U_Z =$ $\pm 6V$，参考电压 $U_R = 9V$，电路中各电阻的阻值为：$R_2 = 20k\Omega$，$R_F = 30k\Omega$，$R_1 = 12k\Omega$。

（1）试估计两个门限电压 U_{TH1} 和 U_{TH2} 以及门限宽度 ΔU_{TH}。

（2）画出滞回比较器的传输特性。

（3）当输入如图 3.73(b)所示的波形时，画出滞回比较器的输出波形。

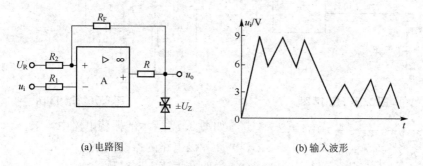

(a) 电路图　　　　　　　　(b) 输入波形

图 3.73　题 10 图

11. 试判断图 3.74 所示的电路能否产生自激振荡，说出判断的理由，并指出可能振荡的电路属于什么类型。

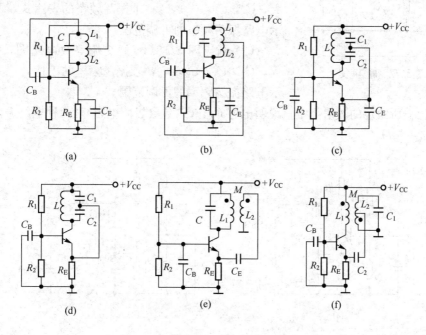

图 3.74　题 11 图

12. 在图 3.75 电路中，根据给定的电路参数，求：

(1) 计算振荡频率 f_0。

(2) 为保证电路起振，R_p 应为多大？

13. 如图 3.76 所示电路中，算出在可变电容 C 的变化范围内，振荡频率的可调范围是多少？

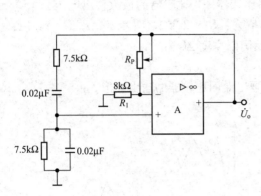

图 3.75　题 12 图

图 3.76　题 13 图

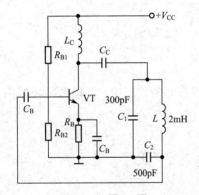

图 3.77　题 14 图

14. 如图 3.77 所示的振荡电路中，求：

(1) 计算该电路的振荡频率。

(2) 说明此振荡电路名称。

15. 图 3.78 是两种改进型电容三点式振荡电路，试回答下列问题。

(1) 画出图 3.78(a) 的交流等效电路图，若 C_B 很大，$C_1 \gg C_3$，$C_2 \gg C_3$，求振荡频率的表达式，并求出图示电路振荡频率的可调范围。

(2) 画出图 3.78(b) 的交流等效电路图，若 C_B 很大，$C_1 \gg C_3$，$C_2 \gg C_3$，求振荡频率的表达式，并求出图示电路振荡频率的可调范围。

(3) 根据所给定的数值，定量说明电容 C_1、C_2（包含极间电容）对两种电路振荡频率的影响。

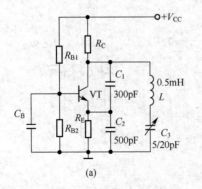

(a)

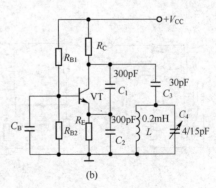

(b)

图 3.78　题 15 图

项目 4

加法器的测试与设计

知识目标

- ➤ 理解二进制、十进制、十六进制及其相互转换。
- ➤ 理解用编码表示二进制数的方法。
- ➤ 熟悉逻辑代数中的基本定律、基本公式，理解逻辑代数中的基本规则。
- ➤ 掌握逻辑函数的表示方法及其相互之间的转换。
- ➤ 掌握组合逻辑电路的分析方法。
- ➤ 熟悉逻辑函数公式法化简。
- ➤ 掌握组合逻辑电路的设计方法。
- ➤ 熟悉逻辑函数卡诺图法化简。

技能目标

- ➤ 会查阅数字集成电路资料，能根据逻辑功能选用或代换集成门电路。
- ➤ 掌握 TTL 和 CMOS 集成电路引脚识读方法，掌握其使用常识。
- ➤ 熟悉集成门电路的逻辑功能和主要参数的测试方法。
- ➤ 能用实验的方法分析组合逻辑电路。
- ➤ 能根据需要选用合适型号的集成电路设计出简单的组合逻辑电路。

工作任务

- ➤ 数字信号的认识，数字电路实验装置的使用。
- ➤ 常用集成门电路逻辑功能的测试。
- ➤ 常用集成逻辑门电路的参数测试。
- ➤ 组合逻辑电路的分析与测试。
- ➤ 设计裁判判定电路。
- ➤ 设计全加器、加法器电路。
- ➤ 分析测试简单智力竞赛抢答器。

实训任务4.1　数字信号的认识和逻辑函数

数字电路实验台种类很多，如果要完成数字电路的常规实验，基本部分应有如下几个。

(1) 电源：提供 TTL 和 MOS 芯片工作的合适电源。

(2) 脉冲信号源：一般有单次脉冲和连续脉冲两种。

(3) 逻辑电平指示：一组发光二极管，用其亮灭来表示输出电平"0"、"1"值。

(4) 逻辑电平开关：一组拨位开关，上推(输出高电平，如 5V)或下拨(输出低电平，如 0V)来输出电平"1"、"0"值。

(5) 集成电路插座：用来安放所要测试的芯片。

有的实验台还有数码显示器、逻辑笔、元件库(如电位器、二极管、晶体管)等。

 【做一做】

实训4-1：数字电路实验装置的使用和数字信号的认识

实训步骤：

(1) 逻辑电平开关输出口与逻辑电平指示输入口逐个连接，拨动逻辑开关，体会逻辑信号"0"、"1"的输出和显示；检测结果填入下面两表中(正常的在对应位置打"√")。

H1	H2	H3	H4	H5	H6	H7	H8

L1	L2	L3	L4	L5	L6	L7	L8

用万用表测量输出的低电平电压数值：＿＿＿＿＿＿＿；高电平电压数值：＿＿＿＿＿。

(2) 将单脉冲输出口与电平指示输入口相连，按下相应的按键，发光二极管亮然后熄灭，说明输出一个单脉冲，体会逻辑信号"0"、"1"的变换。

(3) 逻辑笔的使用：将逻辑开关的输出与逻辑笔的信号输入接口相连，拨动逻辑开关，低电平时绿灯亮，高电平时红灯亮。

(4) 将逻辑开关的 K1～K4 输出口分别与数码显示器的 A、B、C、D 输入口对应接通，根据逻辑开关的 K1～K4 输出情况，写出数码显示器所显示的数码，填入表4-1。

表4-1　逻辑开关与数码显示器的对应关系

逻辑开关				数码显示器显示的字形
K4	K3	K2	K1	
0	0	0	0	
0	0	0	1	

（续）

逻辑开关				数码显示器 显示的字形
K4	K3	K2	K1	
0	0	1	0	
0	0	1	1	
0	1	0	0	
0	1	0	1	
0	1	1	0	
0	1	1	1	
1	0	0	0	
1	0	0	1	
1	0	1	0	
1	0	1	1	
1	1	0	0	
1	1	0	1	
1	1	1	0	
1	1	1	1	

（5）将拨盘的 A、B、C、D 输出口分别与电平指示 L1、L2、L3、L4 输入口对应接通，根据拨盘数值写出 4 个指示灯显示的状况，填入表 4-2。

表 4-2　拨盘上数码与电平指示的对应关系

拨盘上的数码	电平指示			
	L4	L3	L2	L1
0				
1				
2				
3				
4				
5				
6				
7				
8				
9				

（6）用示波器观察信号源，简单画出观察到的数字信号。

【想一想】

(1) 数字信号一般用几种逻辑电平来描述?

(2) 0～9十个数码需要用几个逻辑开关来表示?

(3) 0～9十个数码分别对应逻辑开关的什么状态?

4.1.1　数字电子技术概述

电子线路中的信号可分为两类,一类是随时间连续变化的模拟信号,另一类是离散的不连续变化的数字信号。处理和传输模拟信号的电路称为模拟电路,处理和传输数字信号的电路称为数字电路。

所谓数字信号,是指可以用两种逻辑电平0和1来描述的信号。

逻辑电平0和1不表示具体的数量,是一种逻辑值,反映在电路上就是高电平和低电平。逻辑值0和1可用以表示元器件的两个稳定状态,比如二极管的导通和截止、晶体管的饱和与截止、开关的闭合与断开、灯泡的亮与灭等。

若数字逻辑电路中的高电平用逻辑1表示、低电平用逻辑0表示,则称为正逻辑;反之,高电平用逻辑0表示、低电平用逻辑1表示,则称为负逻辑。本书若无特殊说明,一律采用正逻辑。

在数字电路中,各种半导体器件均工作在开关状态。与模拟电路相比,数字电路具有以下特点。

(1) 电路结构简单,利于集成化。数字电路只需要正确区分两种截然不同的工作状态,电路对各元器件参数的精度要求不高,电路结构也比较简单,可以用一些基本门电路组成各种各样的数字电路,非常有利于实现数字电路的集成化。

(2) 抗干扰能力强、精度高。由于数字电路所传送和处理的是二值信息,只要外界干扰在电路的噪声容限范围内,电路就能区分0和1,因而抗干扰能力强。数字量的精度取决于量化单位的大小,增加二进制的位数可提高电路的运算精度。

(3) 使用灵活,易于器件标准化。可以通过组合标准的逻辑部件和器件,或者制造如中央处理器、单片机、数字信号处理器等功能很强的标准化通用器件,定制专用的芯片等来实现各种各样的数字电路和系统,使用十分方便灵活。

(4) 具有"逻辑思维"能力。数字电路不仅具有算术运算能力,而且还具备一定的"逻辑思维"能力,数字电路能够按照人们设计好的规则,进行逻辑推理和逻辑判断。

(5) 数字电路中的元件处于开关状态,功耗较小。

数字电路在通信、仪表、计算机、自动控制、广播电视、家用电器等几乎所有领域都得到了应用。目前,数字集成电路的集成度已经达到每个芯片含上亿个晶体管的水平,具有强大计算能力和控制能力的智能型数字器件,已经深入到各种以数字系统构成的电子设备。因此,在电子领域中,数字系统逐步替代模拟系统已经成为一种必然趋势;在通信领域也已基本实现数字化。

4.1.2　数制和码制

1. 数制

所谓数制就是记数方法。在生产实践中,人们常采用位置记数法,即将表示数字的数码从左到右排列起来。

1）各种记数体制及其表示方法

人们常用十进制进行数据计算。数字系统中，通常只有两种状态，可分别用 0、1 表示，用电路也很容易实现，因此数字电路中多使用二进制。二进制位数多，不易读写，数字系统还用到八进制、十六进制。

基、权和进制是数制的 3 个要素。基：数码的个数；权：数码所在位置表示数值的大小；进制：进位规则。

十进制、二进制、八进制和十六进制的比较见表 4-3。

表 4-3 十进制、二进制、八进制和十六进制的比较

记数体制	十进制(Decimal)	二进制(Binary)	八进制(Octal)	十六进制(Hexadcimal)
数码	0，1，2，3，4，5，6，7，8，9	0，1	0，1，2，3，4，5，6，7	0，1，2，3，4，5，6，7，8，9，A，B，C，D，E，F
进制	逢十进一	逢二进一	逢八进一	逢十六进一
基	10	2	8	16
i 位权	10^{i-1}	2^{i-1}	8^{i-1}	16^{i-1}
按权展开式	$(N)_{10}=\sum_{i=0}^{n-1}K_i \times 10^i$	$(N)_2=\sum_{i=0}^{n-1}K_i \times 2^i$	$(N)_8=\sum_{i=0}^{n-1}K_i \times 8^i$	$(N)_{16}=\sum_{i=0}^{n-1}K_i \times 16^i$

注：①n 为数的总位数；②K_{i-1} 为 i 位数上数码；③十六进制中的 A～F 分别代表 10～15。

[例 4-1] $(101101)_2=(1\times2^5+0\times2^4+1\times2^3+1\times2^2+0\times2^1+1\times2^0)_{10}=45$

[例 4-2] $(4E8)_{16}=(4\times16^2+E\times16^1+8\times16^0)_{10}=1256$

2）数制转换

（1）非十进制转换为十进制。

方法："按权相加"，见例 4-1，例 4-2。

（2）十进制转换为非十进制。

方法："除基取余，逆序排列"，即一个十进制整数用 N 进制的基数 N 连除，一直到商为 0，每除一次记下余数，把它们从后向前排列，即为所求的 N 进制数。

[例 4-3] 将十进制数 213 转换为二进制数

解：2|213 ……………………余 1
　　2|106 ……………………余 0
　　　2|53 …………………………余 1
　　　2|26 …………………………余 0
　　　2|13 …………………………余 1
　　　　2|6 …………………………余 0
　　　　2|3 …………………………余 1
　　　　2|1 …………………………余 1
　　　　　0

所以 $(213)_{10}=(11010101)_2$

（3）二进制与八进制、十六进制之间的转换。

每个十六进制数对应 4 位二进制数。十六进制数转换成二进制数，只需用 4 位二进制数去代替每个相应的十六进制数码即可；二进制数转换成十六进制数，则先将二进制数从低位到高位分成若干组 4 位二进制数，然后用对应的十六进制数码代替每组二进制数。

［例 4 - 4］ $(4A7E)_{16}=(100，1010，0111，1110)_2=(1001010001111110)_2$

［例 4 - 5］ $(11011010101)_2=(110，1101，0101)_2=(6D5)_{16}$

同样，每个八进制数对应 3 位二进制数。八进制数转换成二进制数，只需用 3 位二进制数去代替每个相应的八进制数码即可；二进制数转换成八进制数，则先将二进制数从低位到高位分成若干组 3 位二进制数，然后用对应的八进制数码代替每组二进制数。

［例 4 - 6］ $(617)_8=(110，001，111)_2=(110001111)_2$

［例 4 - 7］ $(1011010101)_2=(1，011，010，101)_2=(1325)_8$

2. 码制

码制是指用二进制代码表示数字和符号的编码方法。

用二进制码表示十进制码的编码方法称为二一十进制编码，即 BCD 码。常用 BCD 码的几种编码方法见表 4 - 4。

表 4 - 4　常用 BCD 码的几种编码方法

BCD 码 十进制数	8421 码	5421 码	余 3 码 （无权码）	格雷码 （无权码）
0	0000	0000	0011	0000
1	0001	0001	0100	0001
2	0010	0010	0101	0011
3	0011	0011	0110	0010
4	0100	0100	0111	0110
5	0101	1000	1000	0111
6	0110	1001	1001	0101
7	0111	1010	1010	0100
8	1000	1011	1011	1100
9	1001	1100	1100	1000

从表中可以看出，从 0000～1111 十六种状态中选取不同的十种状态就构成不同的 BCD 码。其他不用的六种状态，称为禁用码。

8421 码和 5421 码为有权码，从高位到低位的权值分别为 8(或 5)、4、2、1。

余 3 码是在 8421 码的基础上加二进制数 0011(十进制数 3)而得到的。

格雷码又称循环码，其显著特点是：任意两个相邻的数所对应的代码之间只有一位不同，其余位数都相同。

［例 4 - 8］ $(3975)_{10}=(0011\quad1001\quad0111\quad0101)_{8421BCD}$

4.1.3　逻辑代数

逻辑代数是研究逻辑电路的数学工具，它为分析和设计逻辑电路提供了理论基础。逻辑代数用二值函数进行逻辑运算。利用逻辑代数可以将客观事物的逻辑关系用简单的逻辑代数式进行描述，从而可方便地研究各种复杂的逻辑问题。

1. 基本的逻辑运算

逻辑代数中有与、或、非3种基本的逻辑关系，对应着3种基本的逻辑运算，即与运算、或运算和非运算。

逻辑与运算：$F=A \cdot B$（其中"$\cdot$"表示逻辑乘，一般省略不写）

逻辑或运算：$F=A+B$

逻辑非运算：$F=\overline{A}$

逻辑代数的基本逻辑运算法则见表4-5，运算定律见表4-6。

表4-5　基本逻辑运算法则

	逻辑与	逻辑或		逻辑非
01律	$A \cdot 1=A$	$A+0=A$	还原律	$\overline{\overline{A}}=A$
	$A \cdot 0=0$	$A+1=1$		
互补律	$A \cdot \overline{A}=0$	$A+\overline{A}=1$		
重叠律	$A \cdot A=A$	$A+A=A$		

表4-6　逻辑代数的运算定律

交换律	$A \cdot B=B \cdot A$	$A+B=B+A$
结合律	$A \cdot (B \cdot C)=(A \cdot B) \cdot C$	$A+(B+C)=(A+B)+C$
分配律	$A \cdot (B+C)=A \cdot B+A \cdot C$	$A+BC=(A+B)(A+C)$
反演律	$\overline{AB}=\overline{A}+\overline{B}$	$\overline{A+B}=\overline{A} \cdot \overline{B}$

将逻辑函数的输入变量的所有可能取值和对应的输出变量函数值排列在一起而组成的表格称为真值表。如果两个逻辑函数具有相同的真值表，则这两个逻辑函数相等。用真值表法可以证明逻辑代数的基本逻辑运算法则和运算定律。

[例4-9]　证明反演律：$\overline{AB}=\overline{A}+\overline{B}$

解：等式两边的真值表见表4-7。

从表4-7中可以看出，$\overline{AB}$与$\overline{A}+\overline{B}$在变量$A$、$B$的所有4种取值组合下结果完全相同，因此等式成立。

表4-7　证明$\overline{AB}=\overline{A}+\overline{B}$的真值表

A	B	$\overline{AB}$	$\overline{A}+\overline{B}$
0	0	1	1
0	1	1	1
1	0	1	1
1	1	0	0

2. 逻辑代数的基本规则

1) 代入规则

在任何一个逻辑等式中，如果将等式两边出现的某变量 A 都用一个函数代替，则等式依然成立，这个规则称为代入规则。如在 $\overline{AB}=\overline{A}+\overline{B}$ 中，将所有出现 B 的地方代以函数 BC，则等式仍成立。即：$\overline{ABC}=\overline{A}+\overline{BC}=\overline{A}+\overline{B}+\overline{C}$

同理，$\overline{A+B+C}=\overline{A}\cdot\overline{B}\cdot\overline{C}$

也就是说反演律可以推广到 3 个及以上的变量。

2) 反演规则

对于一个逻辑表达式 Y，若将 Y 中所有的"·"变成"＋"、"＋"变成"·"，所有的原变量变成反变量(如 A 换成 $\overline{A}$)、反变量变成原变量，所有的"1"变成"0"、"0"变成"1"，那么所得到表达式就是 Y 的反函数，记作 $\overline{Y}$。

 特别提示

①反演变换时应保持原来的运算优先顺序；②不是一个变量以上的"非"号应保持不变。

[例 4-10] 已知 $Y=\overline{A}\,\overline{B}+CD+0$

则反函数 $\overline{Y}=(A+B)\cdot(\overline{C}+\overline{D})\cdot 1$

已知 $Y=A+B(C+\overline{D})$

则反函数 $\overline{Y}=\overline{A}\cdot\overline{B(C+\overline{D})}$

或者 $\overline{Y}=\overline{A}\cdot\overline{\overline{B}+\overline{C}\cdot D}$

3) 对偶规则

对于一个逻辑表达式 Y，若把 Y 中所有的"·"变成"＋"，"＋"变成"·"，所有的"1"变成"0"、"0"变成"1"，那么所得到的表达式就是 Y 的对偶式，记作 Y'。

[例 4-11] 已知 $Y=A(B+C)$

则对偶式 $Y'=A+BC$

已知 $Y=A+\overline{B(C+\overline{D})}$

则对偶式 $Y'=A\cdot\overline{B+C\overline{D}}$

对偶定理：如果两个表达式相等，则它们的对偶式也一定相等。

[例 4-12] $F=A(B+C)$，则对偶式 $F'=A+BC$

$G=AB+AC$，则对偶式 $G'=(A+B)(A+C)$

如果 $F=G$，则它们的对偶式也一定相等，即 $F'=G'$

4.1.4 逻辑函数

1. 逻辑函数的概念

下面用逻辑函数来研究开关控制灯亮的实际问题，如图 4.1 所示。

首先要将实际问题变成逻辑问题，即确定各变量的逻辑含义。开关 A、B 为输入变量，开关闭合为 1，断开为 0；灯 Y 为输出变量，灯亮为 1，灯灭为 0。

对于图 4.1(a)所示电路，只有 A、B 两个开关都闭合时，灯 Y 才能亮。即 A、B 均为

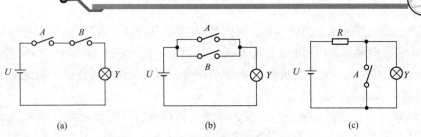

图 4.1　指示灯控制电路

1 时，Y 为 1。这种"只有决定某件事情的所有条件都具备时，结果才会发生"的关系称为"与"逻辑关系，表示为 $Y=AB$。

对于图 4.1(b)所示电路，只要有一个开关闭合，灯 Y 就亮。即 A 或 B 有一个为 1 时，Y 为 1。这种"在决定某件事情的多个条件中，只要有一个(或一个以上的)条件具备，结果就会发生"的关系称为"或"逻辑关系，表示为 $Y=A+B$。

对于图 4.1(c)所示电路，当开关 A 断开时灯 Y 亮；开关 A 闭合时灯 Y 灭。即 A 为 1 时，Y 为 0；A 为 0 时，Y 为 1。这种"条件具备时结果不发生，条件不具备时结果才发生"的关系称为"非"逻辑关系，表示为 $Y=\bar{A}$。

因此，当输入变量的取值确定之后，输出变量的值便被唯一地确定下来，这种输出与输入之间的关系就称为逻辑函数关系，简称为逻辑函数。用公式表示为：$Y=F(A、B、C、D、\cdots)$。这里的 A、B、C、D、$\cdots$ 为输入变量，Y 为输出变量或者称作逻辑函数，F 为某种对应的逻辑关系。

任何一件具有因果关系的事件都可以用一个逻辑函数来表示。例如：在举重比赛中有 3 个裁判员，规定只要两个或两个以上的裁判员认为成功，试举成功；否则试举失败。我们可以将 3 个裁判员作为 3 个输入变量，分别用 A、B、C 来表示，并且用"1"表示该裁判员认为成功，用"0"表示该裁判员认为不成功。用 Y 作为输出的逻辑函数，$Y=1$ 表示试举成功，$Y=0$ 表示试举失败。则 Y 与 A、B、C 之间的逻辑关系式就可以表示为 $Y=F(A、B、C)$。

2. 逻辑函数的表示方法

表示逻辑函数的方法有：逻辑表达式、逻辑图、真值表、波形图和卡诺图。表 4-9 为基本逻辑函数的表达式、逻辑图和真值表 3 种形式的对应关系，表 4-10 为常用复合逻辑函数的表示方法。卡诺图在以后介绍。

1) 真值表表示法

真值表是将输入逻辑变量的所有可能取值和对应的输出变量函数值排列在一起而组成的表格。每个输入变量有 0 和 1 两种取值，n 个变量就有 2^n 个不同的取值组合。对于一个确定的逻辑函数，它的真值表是唯一的。部分常用逻辑运算的真值表见表 4-9 和表 4-10。对于"举重裁判"的逻辑关系我们能列出真值表，见表 4-8。

表 4-8　"举重裁判"逻辑关系真值表

A	B	C	Y	A	B	C	Y
0	0	0	0	1	0	0	0
0	0	1	0	1	0	1	1
0	1	0	0	1	1	0	1
0	1	1	1	1	1	1	1

用真值表表示逻辑函数的优点是：可以直观、明了地反映出函数值与变量取值之间的对应关系；由实际问题抽象出真值表比较容易。缺点是：由于一个变量有 2 种取值，2 个变量有 $2 \times 2 = 4$ 种取值组合，n 个变量有 2^n 种取值组合。因此变量多时真值表太庞大，麻烦。

2）逻辑函数式表示法

逻辑函数式是将逻辑变量用与、或、非等运算符号按一定规则组合起来表示逻辑函数的一种方法，它是逻辑变量与逻辑函数之间逻辑关系的表达式。例如表 4-9 和表 4-10 中的常用的逻辑关系表达式。

表 4-9　基本逻辑函数的几种表示方法

逻辑函数	逻辑与			逻辑或			逻辑非	
逻辑表达式	$Y = AB$			$Y = A + B$			$Y = \overline{A}$	
逻辑图	A &—Y（A、B 输入，与门）			A ≥1—Y（A、B 输入，或门）			A 1—Y（非门）	
真值表	A	B	Y	A	B	Y	A	Y
	0	0	0	0	0	0	0	1
	0	1	0	0	1	1		
	1	0	0	1	0	1	1	0
	1	1	1	1	1	1		
特点	全1出1 有0出0			全0出0 有1出1			0出1 1出0	

表 4-10　常用复合逻辑函数的几种表示方法

逻辑函数	逻辑与非			逻辑或非			逻辑异或			逻辑同或		
逻辑表达式	$Y = \overline{AB}$			$Y = \overline{A+B}$			$Y = A \oplus B$ $(Y = A\overline{B} + \overline{A}B)$			$Y = A \odot B$ $(Y = AB + \overline{A}\,\overline{B})$		
逻辑图	A & —○Y			A ≥1 —○Y			A =1 —Y			A =1 —Y		
真值表	A	B	Y	A	B	Y	A	B	Y	A	B	Y
	0	0	1	0	0	1	0	0	0	0	0	1
	0	1	1	0	1	0	0	1	1	0	1	0
	1	0	1	1	0	0	1	0	1	1	0	0
	1	1	0	1	1	0	1	1	0	1	1	1
特点	全1出0 有0出1			全0出1 有1出0			异出1 同出0			同出1 异出0		

再例如"举重裁判"函数关系可以表示为

$$Y = AB + BC + AC$$

逻辑函数式表示法的优点是：简单、容易记忆、不受变量个数的限制、可以直接用公式法化简逻辑函数。缺点是：不能直观地反映出输出函数与输入变量之间的一一对应关系。

3）逻辑图表示法

逻辑图是用逻辑符号表示逻辑函数的一种方法。每一个逻辑符号就是一个最简单的逻辑图。为了画出表示"举重裁判"的逻辑图，只要用逻辑符号来代替逻辑函数式中的运算符号即可以得到图 4.2 所示的逻辑图。

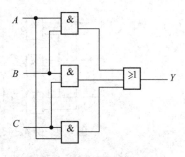

用逻辑图表示逻辑函数的优点是：最接近工程实际，图中每一个逻辑符号通常都有相应的门电路与之对应。它的缺点是：不能用于化简；不能直观地反映出输出函数与输入变量之间的对应关系。

图 4.2　"举重裁判"逻辑图

4）波形图表示法

如果将逻辑函数输入变量每一种可能出现的取值与对应的输出值按时间顺序依次排列起来，就得到了表示该逻辑函数的波形图。波形图也称作时序图，多用于信号随时间变化情况的时序分析，以检验实际逻辑电路的功能正确性。图 4.3 所示为图 4.2 电路逻辑功能仿真的波形图，在不同的输入信号(信号"4"、"5"、"6")下可得到相应的输出信号(信号"7")。

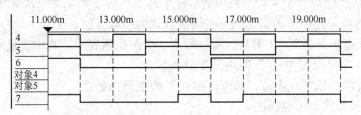

图 4.3　"举重裁判"逻辑图的逻辑功能波形图

3. 各种表示方法之间的转换

每一种表示方法都有其优点和缺点。表示逻辑函数时应该视具体情况而定，要扬长避短，而且几种表示方法之间能相互转换。

1）由逻辑图写出逻辑函数式

由逻辑图写逻辑函数式是从输入端到输出端逐级写出每一个逻辑符号所对应的逻辑函数式。

［例 4－13］ 写出图 4.4 的逻辑函数式。

解：从输入端 A、B、C 开始，逐个写出每个逻辑符号输出端与输入端的关系式，有

$$Y_1 = \overline{AB}, \; Y_2 = \overline{BC}, \; Y_3 = \overline{AC}$$

则 $Y = \overline{Y_1 \cdot Y_2 \cdot Y_3} = \overline{\overline{AB} \cdot \overline{BC} \cdot \overline{AC}}$

2）由逻辑函数式列出真值表

只要将输入变量的各种取值组合代入逻辑函数式中，求出函数值，填在对应的位置

上，即可得到该函数的真值表。

[例4-14] 求逻辑函数 $Y=AB+\overline{A}\,\overline{B}$ 的真值表。

该逻辑函数由两个变量组成，所以用两个变量的真值表。两变量有 $2^2=4$ 种变量取值组合，分别代入逻辑函数式中求出函数值，填在对应的位置上，可以得到表4-11所示的真值表。

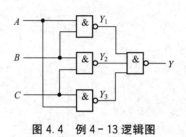

图4.4 例4-13逻辑图

表4-11 例4-14真值表

A	B	Y
0	0	1
0	1	0
1	0	0
1	1	1

3) 由真值表写出逻辑函数式

由表4-8"举重裁判"逻辑关系真值表可以看出，只有 A、B、C 3个变量中两个或两个以上的变量为"1"时 Y 才为"1"，即表中在输入变量为以下4种情况时 Y 为"1"：$A=0$、$B=1$、$C=1$；$A=1$、$B=0$、$C=1$；$A=1$、$B=1$、$C=0$；$A=1$、$B=1$、$C=1$。而 $A=0$、$B=1$、$C=1$ 会使乘积项 $\overline{A}BC=1$；$A=1$、$B=0$、$C=1$ 会使乘积项 $A\overline{B}C=1$；$A=1$、$B=1$、$C=0$ 会使乘积项 $AB\overline{C}=1$；$A=1$、$B=1$、$C=1$ 会使乘积项 $ABC=1$。因此 Y 的逻辑函数式应当等于4个乘积项的"或"运算，即 $Y=\overline{A}BC+A\overline{B}C+AB\overline{C}+ABC$。通过以上例子可以得出以下由真值表写逻辑函数式的一般方法。

(1) 找出使逻辑函数 $Y=1$ 的行，每一行用一个乘积项表示。其中变量取值为"1"时用原变量表示；变量取值为"0"时用反变量表示。

(2) 将所有的乘积项或运算，即可以得到 Y 的逻辑函数式。

4) 由逻辑函数式画出逻辑图

把逻辑函数式中的每一种逻辑关系用相对应的逻辑符号表示出来即可以得到该逻辑函数的逻辑图。

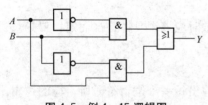

图4.5 例4-15逻辑图

[例4-15] 已知逻辑函数式 $Y=A\overline{B}+\overline{A}B$，画出逻辑图。

解：由表达式可以知道，把 $\overline{A}$、$\overline{B}$ 分别用"非"的逻辑符号表示，然后把 $\overline{A}$ 和 B、A 和 $\overline{B}$ 用"与"的逻辑符号表示，最后用"或"的逻辑符号表示 $A\overline{B}$ 和 $\overline{A}B$ 的或运算，得到图4.5所示的逻辑图。

5) 由波形图列出真值表

首先从波形图中找出每个时间段里输入变量与输出函数的取值，然后将这些输入、输出取值对应列表，就可得到对应的真值表。

注意：所有变量取值组合在波形图中必须都出现，否则不能写出完整的真值表。若在周期性重复的波形图中有些输入变量状态组合始终没有出现，则这些输入变量组合下等于1的最小项为函数的约束项，在真值表中用"×"表示。

[例4-16] 已知逻辑函数 Y 的波形如图4.6(a)所示，试求该逻辑函数的真值表。

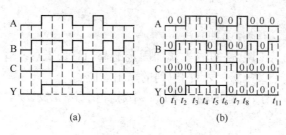

图 4.6　例 4 – 16 的波形图

解： 从 Y 的波形图上可以看出，在 $0\sim t_8$ 时间区间里输入变量 A、B、C 所有可能的取值组合均已经出现。t_8 后的波形只不过是重复出现。因此，只要将 $0\sim t_8$ 区间每个时间段 A、B、C 与 Y 的取值对应列表即得该函数的真值表，如表 4 – 12 所示。

表 4 – 12　例 4 – 16 的真值表

A	B	C	Y
0	0	0	0
0	0	1	0
0	1	0	
0	1	1	1
1	0	0	0
1	0	1	1
1	1	0	
1	1	1	

6）根据真值表完成波形图

根据已知的真值表各种取值在输入波形中对应的时间区间依次画出输出波形即可。

实训任务 4.2　常用集成门电路功能和逻辑参数测试

能实现基本逻辑运算的电路称为门电路。与运算功能相对应的基本逻辑门电路有与门、或门和非门。将与、或和非门按一定关系结合在一起，可构成与非门、或非门、异或门、同或门等。如果将这些逻辑电路的元件和连线制作在一块半导体基片上，然后封装起来，就构成集成门电路。

目前使用较多的集成门电路主要有双极型的 TTL 门电路和单极型的 CMOS 门电路。

74 系列门电路为 TTL 电路，其中 74LS08 是四 2 输入与门电路、74LS32 是四 2 输入或门电路、74LS04 是六反相器（非门电路也称反相器）、74LS00 为四 2 输入与非门电路等。

74 系列门电路芯片外形如图 4.7 所示。引脚编号方法：引脚半月形缺口向上，从左上角开始，按照逆时针方向进行编号直到右上角，如图 4.7 所示。一般一个芯片内有若干个

图 4.7　74 系列门电路芯片外形及引脚编号

门电路。

测试门电路的逻辑功能有两种方法。

(1) 静态测试法：给门电路的输入端加固定的高(H)、低(L)电平，用示波器、万用表或逻辑电平指示(发光二极管)显示门电路的输出响应。

(2) 动态测试法：给门电路的输入端加一串脉冲信号，用示波器观测输入波形与输出波形的同步关系。

【做一做】

实训 4-2：TTL 门电路逻辑功能测试

(1) 与门电路：74LS08 是四 2 输入与门电路。

与门引脚排列图如图 4.8(a)所示。

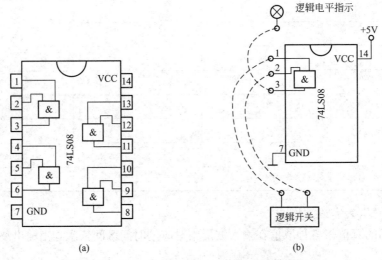

图 4.8　与门引脚排列图及与门逻辑功能测试接线图

输入端接逻辑电平开关，输出端接逻辑电平指示，14 脚接+5V 电源，7 脚接地，第一个门电路的逻辑关系测试接线方法如图 4.8(b)所示，结果记录在表 4-13。

表 4-13　门电路的逻辑功能测试

输 入		输 出				
A	B	与门	或门	非门($\bar{A}$)	与非门	异或门
0	0					
0	1					
1	0					
1	1					

(2) 或门电路：74LS32 是四 2 输入或门电路。

或门引脚排列图如图 4.9 所示。

测试逻辑关系，结果记录在表4-13。

（3）非门电路：74LS04是六反相器。

非门引脚排列图如图4.10所示。

测试逻辑关系，结果记录在表4-13。

（4）与非门电路：74LS00为四2输入与非门电路。

与非门引脚排列图如图4.11所示。

测试逻辑关系，结果记录在表4-13。

（5）异或门电路：74LS86为四2输入异或门电路。

异或门引脚排列图如图4.12所示。

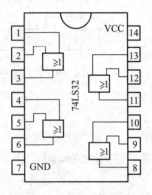

图4.9 或门引脚排列图

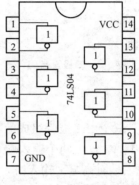

图4.10 非门引脚排列图

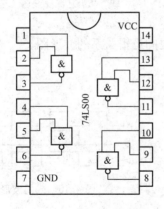

图4.11 与非门引脚排列图

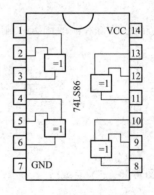

图4.12 异或门引脚排列图

测试其逻辑功能，结果记录在表4-13。

【想一想】

上述5种常用的门电路各有什么特点？归纳其逻辑功能。

4.2.1 基本逻辑门电路

1. 二极管与门

图4.13(a)是一个由二极管组成的与门电路图，图4.13(b)为其逻辑符号。

图4.13(a)中 A、B 为两个输入端，Y 为输出端，R 为限流电阻。设 VD_1、VD_2 为理

电子技术项目教程(第2版)

想二极管，当输入端有低电平输入时，VD_1、VD_2 至少有一个是导通的，所以 Y 输出低电平；当输入端都为高电平时，VD_1、VD_2 均截止，Y 输出高电平。输出与输入之间的关系为："有 0 出 0，全 1 出 1"，所以图 4.13(a)完成的是"与"的逻辑关系，逻辑函数表达式为 $Y = A \cdot B$。

图 4.14 为描述双输入端与门输入输出信号之间逻辑关系的波形图。

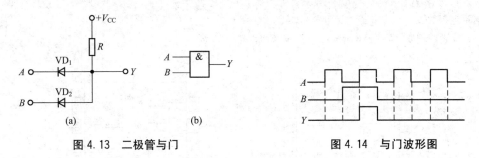

图 4.13　二极管与门　　　　　　　　图 4.14　与门波形图

2. 二极管或门

图 4.15(a)是一个由二极管组成的或门电路，图 4.15(b)为其逻辑符号。

图 4.15(a)中 A、B 为两个输入端，Y 为输出端，R 为限流电阻。设 VD_1、VD_2 为理想二极管，当输入端有高电平输入时，VD_1、VD_2 至少由一个是导通的，所以 Y 输出高电平；当输入端都为低电平时，VD_1、VD_2 均截止，Y 输出低电平。输出与输入之间的关系为："有 1 出 1，全 0 出 0"，所以图 4.15(a)完成的是"或"的逻辑关系，逻辑函数表达式为 $Y = A + B$。

图 4.16 为描述双输入端或门输入输出信号之间逻辑关系的波形图。

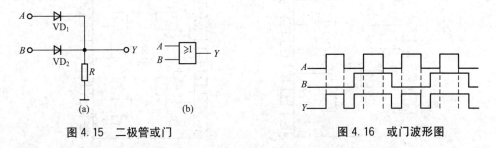

图 4.15　二极管或门　　　　　　　　图 4.16　或门波形图

3. 晶体管非门

晶体管非门电路如图 4.17(a)所示，图 4.17(b)为其逻辑符号。

图 4.17(a)只有一个输入端 A，一个输出端 Y。当输入高电平时，晶体管导通，输出低电平；当输入低电平时，晶体管截止，输出高电平。输出与输入之间的关系为："是 1 出 0，是 0 出 1"，所以图 4.17(a)完成的是"非"的逻辑关系，逻辑函数表达式为：$Y = \overline{A}$。

图 4.18 为描述非门输入输出信号之间逻辑关系的波形图。

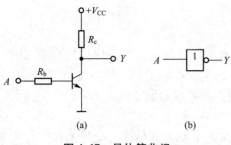

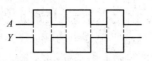

图 4.17 晶体管非门

图 4.18 非门波形图

4.2.2 集成 TTL 与非门

1. 电路组成和工作原理

图 4.19 为标准的 TTL 与非门电路，该电路由 VT_1 和 VD_1、VD_2 组成输入级，VT_2 组成中间级，VT_3、VT_4 和 VD_3 组成输出级。

若任意一个发射极接低电平(如接地)，多发射极晶体管 VT_1 一定工作在饱和导通状态，其集电极电位约为 0.2V，晶体管 VT_2 必定截止，使 VT_4 截止，而 VT_3 饱和导通，输出 Y 为高电平。若 VT_1 的所有发射极都接高电平(如接 5V)，VT_1 处于倒置工作状态，电源 V_{CC} 通过 R_1 和 VT_1 集电极向 VT_2 和 VT_4 提供基极电流，使 VT_2 和 VT_4 饱和，输出为低电平。倒置工作状态是指晶体管的发射极和集电极的作用倒置使用的状态，即晶体管的发射极反偏，集电极正偏。

可见，电路实现了与非门的逻辑功能：有 0 出 1，全 1 出 0。

实训采用的是 TTL 四-2 输入与非门 74LS00，引脚排列图如图 4.20 所示。

每片集成电路中有 4 个独立的与非门，其结构和逻辑功能相同，它们对称性好，可以单独使用，也可以一起使用。每个与非门有两个输入端，一个输出端。

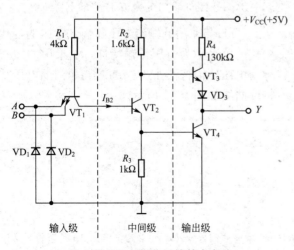

图 4.19 TTL 与非门的基本电路

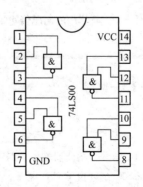

图 4.20 74LS00 引脚排列图

2. TTL与非门的直流参数

1)输入短路电流 I_{IS}

输入短路电流 I_{IS} 是指当一个输入端接地，而其他输入端开路或接高电平时，流过该接地输入端的电流。I_{IS} 是流入前级与非门的灌电流，它的大小将直接影响前级与非门的工作情况。因此，对输入短路电流要加以限制，产品规范值 $I_{IS}\leqslant 1.6\text{mA}$。

2)高电平输入电流 I_{IH}

高电平输入电流 I_{IH} 是指某一输入端接高电平，而其他输入端接地时，流入高电平输入端的电流，又称为输入漏电流。当与非门串联运用时，若前级门输出高电平，则后级门的 I_{IH} 就是前级门的拉电流负载，I_{IH} 过大将使前级门输出的高电平下降。一般 $I_{IH}\leqslant 40\mu\text{A}$。

3)输出高电平 U_{OH}

输出高电平 U_{OH} 是指至少有一个输入端接低电平时的输出电平。U_{OH} 的典型值是 3.6V，产品规范值为 $U_{OH}\geqslant 2.4\text{V}$，74LS00 的指标：$U_{OH}>2.7\text{V}$。

4)输出低电平 U_{OL}

输出低电平 U_{OL} 是指输入全为高电平时的输出电平。U_{OL} 的典型值是 0.3V，产品规范值为 $U_{OL}\leqslant 0.4\text{V}$，74LS00 的指标：$U_{OL}<0.5\text{V}$。

5)扇出系数 N_O

扇出系数 N_O 是指与非门输出端连接同类门负载的个数。反映了与非门的带负载能力。一般 $N_O\geqslant 8$。

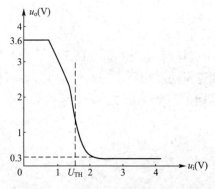

6)阈值电压 U_{TH}

TTL与非门一个输入端接高电平，另一个输入端接输入电压 u_i，当输入电压 u_i 由小变大时，输出电压由高电平变成低电平时所对应的输入电压值。它是与非门截止与导通的分界点。理论值为 1.4V。

图4.21 TTL与非门的电压传输特性曲线

3. TTL与非门的电压传输特性

TTL与非门的输出电压随输入电压的变化而变化的关系称为电压传输特性，如果用曲线表示称为电压传输特性曲线。TTL与非门的电压传输特性曲线如图4.21所示。

【做一做】

实训 4-3：TTL门电路逻辑参数测试

1）TTL与非门的逻辑功能的测试

将74LS00的14引脚（V_{CC}）接+5V，7引脚接地。将与非门的输入端1、2端接实验箱上的逻辑电平开关，3端接发光二极管。输入不同的逻辑电平值（逻辑0或逻辑1），分别测出输出的逻辑电平值，填在表4-14内。

2）TTL与非门的直流参数的测试

（1）输入短路电流 I_{IS}。按照图4.22连接电路，电流表的读数即为被测 I_{IS} 的值。$I_{IS}=$_____。

（2）高电平输入电流 I_{IH}。按照图4.23连接电路，电流表的读数即为被测 I_{IH} 的值。$I_{IH}=$ _____ 。

表4-14 与非门逻辑功能表

A	B	Y
0	0	
0	1	
1	0	
1	1	

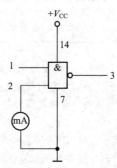

图4.22 输入短路电流 I_{IS} 测试图

（3）输出高电平 U_{OH}。按照图4.24连接电路，电压表的读数即为被测 U_{OH} 的值。$U_{OH}=$ _____ 。

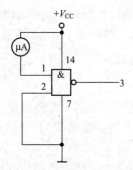

图4.23 高电平输入电流 I_{IH} 测试图

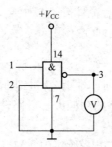

图4.24 输出高电平 U_{OH} 测试图

（4）输出低电平 U_{OL}。按照图4.25连接电路，测试输出低电平 U_{OL} 时，输出端要带模拟负载 R_L（$R_L=$ 1.5kΩ），输入端接高电平的下限值1.8V，电压表的读数即为被测 U_{OL} 值。$U_{OL}=$ _____ 。

（5）扇出系数 N_O。按照图4.26连接电路，输入端开路。改变可变电阻 R_W 的值，由300Ω开始逐渐减小，直到输出端的电压表的读数为额定的低电平0.35V为止，读出电流表的读数 $I_L=$ _____ ，根据公式可以求出 N_O 的值。

$$N_O=\frac{I_L}{I_{IS}}=\underline{\qquad}$$

3）TTL与非门的电压传输特性的测试

按照图4.27连接电路，输入端用直流稳压电源作为输入电压（注意：直流稳压电源的输出端不可短路），输入电压由小到大（$u_i=0$ 不加信号得到）逐点测出输出电压值，并将测试结果填入表4-15中。

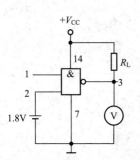

图4.25 输出低电平 U_{OL} 测试图

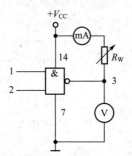

图4.26 扇出系数 N_O 测试图

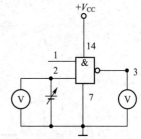

图4.27 TTL与非门电压传输特性曲线测试图

表 4-15 74LS00 电压传输特性曲线测试表

u_i/V	0	0.3			1.4		1.8	3.6	4
u_o/V									

4)画出 74LS00 电压传输特性曲线。

5)确定所测试的门电路的阈值电压 U_{TH}。

6)判定所测试的门电路是否合格?

【想一想】

(1)如果测出输出高电平 $U_{OH} > 3.4$V 说明什么问题?

(2)如果测出输出高电平 $U_{OH} < 2.7$V 说明什么问题?

4.2.3 其他集成逻辑门电路

目前使用较多的集成门电路主要有两大类:一类是门电路的输入、输出级都采用晶体管,称为晶体管-晶体管逻辑电路,简称 TTL 门电路;另一类以 CMOS 管作为开关元件的门电路称为 CMOS 门电路。

1. TTL 门电路

TTL 门电路产生于 20 世纪 60 年代,它具有开关速度较高,带负载能力较强的优点,但由于这种电路的功耗大、线路较复杂,使其集成度受到一定的限制,故广泛应用于中小规模逻辑电路中。

集成 TTL 门电路除了与非门以外还有与门、或门、非门、或非门、与或非门、异或门等不同功能的集成产品。此外,还有两种特殊门电路——集电极开路门(OC 门)和三态门(TS 门)。

1)集电极开路门

普通与非门电路不允许输出端直接并联使用,因为每个与非门输出级的晶体管都带有负载电阻 R_L,输出电阻较小,若多个与非门的输出端并联,将产生较大的电流,流入输出低电平的与非门,造成功耗较大,甚至损坏门电路。OC 门是把一般 TTL 与非门电路的推拉式输出级改为晶体管集电极开路输出,并取消集电极负载电阻 R_L,集电极开路后,输出端可以直接并联使用,这样构成的特殊逻辑门,称为集电极开路与非门。OC 门的逻辑符号如图 4.28 所示。OC 门线与如图 4.29 所示连接,其逻辑表达式为

$$Y = \overline{AB} \cdot \overline{CD} \cdot \overline{EF} = \overline{AB + CD + EF}$$

由表达式可以看出,实现的是"与或非"的逻辑功能。

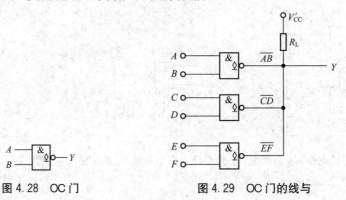

图 4.28 OC 门　　　　　　　　图 4.29 OC 门的线与

2) 三态门

三态门是在普通门的基础上附加控制电路而构成。所谓三态门，是指其输出有 3 种状态，即高电平、低电平和高阻态。在高阻态时，其输出与外接电路呈断开状态。图 4.30 所示为三态与非门的逻辑符号。

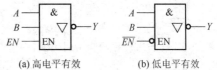

图 4.30(a)所示的三态门是控制端为高电平时有效。当 $EN=1$ 时，三态门处于正常工作状态，实现 A、B 与非门逻辑功能；当 $EN=0$ 时，三态门处于高阻状态，不论 A、B 状态如何，输出均为高阻态。

图 4.30 三态与非门的逻辑符号

图 4.30(b)所示的三态门是控制端为低电平时有效。当 $EN=0$ 时，三态门处于正常工作状态，实现 A、B 与非门逻辑功能；当 $EN=1$ 时，三态门处于高阻状态，不论 A、B 状态如何，输出均为高阻态。

图 4.31(a)所示是利用三态门实现总线传输。只要保证各门的控制端 EN 轮流为高电平，且在任何时刻只有一个门的控制端为高电平，就可以将各门的输出信号互不干扰地轮流送到公共的数据总线上，实现一条总线分时传输多路信号。

图 4.31(b)所示是利用三态门实现数据的双向传输。当 $EN=1$ 时，G_1 工作，G_2 处于高组态，D_0 数据经反相后送到总线。当 $EN=0$ 时，G_1 处于高组态，G_2 工作，总线上数据 D_1 经反相后在 G_2 输出端送出。

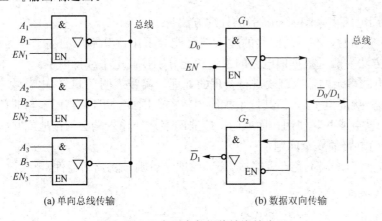

(a) 单向总线传输   (b) 数据双向传输

图 4.31 三态门在数据传输中的应用

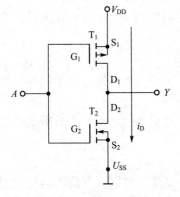

图 4.32 CMOS 反相器

2. CMOS 集成门电路

CMOS 电路由 N 沟道 MOS 管和 P 沟道 MOS 管组合成互补型 MOS 电路。CMOS 电路比 TTL 电路制造工艺简单、工序少、成本低、集成度高、功耗低、抗干扰能力强，但速度较慢。

CMOS 反相器是数字电路的基本单元，电路如图 4.32 所示。

CMOS 门电路除了非门以外，还有与非门、或非门、与或非门、异或门、三态门及 OD 门(漏极开路门电路)等，图 4.33 是 CMOS 传输门的电路图以及逻辑符号，图 4.34

是 CMOS 模拟开关的电路图以及逻辑符号。

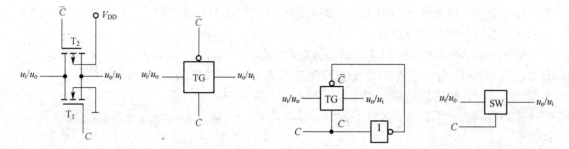

图 4.33　CMOS 传输门电路图和逻辑符号　　　图 4.34　CMOS 模拟开关电路图和逻辑符号

4.2.4　集成门电路的使用常识

1. TTL 集成门电路

1）电源电压

TTL 门电路，电源电压正端常用"VCC"表示，负端常用"GND"表示。TTL 门电路对电源电压要求较高，要保持＋5V(±10％)，过低不能正常工作，过高易损坏器件。

2）TTL 门电路多余端(不用端)的处理方法

对于实际应用时，有时门电路的输入端可能会不用，其不用的端子称为多余端(不用端)，其处理方法一般可根据门电路的逻辑功能分别接高电平或低电平。

TTL 门电路多余的输入端要进行合理的处理，实践表明 TTL 门电路输入端悬空，相当于"1"状态(接高电平)，但其抗干扰能力较差。因此，TTL 与门、与非门多余的输入端接高电平、悬空或并联使用；而或门、或非门多余的输入端必须接地或并联使用。

3）TTL 门电路的安全问题

TTL 门电路输出端不允许直接接＋5V 或地。否则，将损坏器件。

2. CMOS 集成门电路

1）电源电压

CMOS 门电路的电源电压范围比 TTL 的范围宽。如 CC4000 系列的集成电路可在 3～18V 电压下正常工作；CMOS 电路使用的标准电压一般为＋5V、＋10V、＋15V 3 种。在使用中注意电源极性不能接反。

2）CMOS 门电路的多余端(不用端)的处理方法

CMOS 门电路的多余端不得悬空，应根据实际情况接上适当的电平值；一般仍可以根据门电路的逻辑功能将多余端接高电平"1"或接低电平"0"。

对于与门、与非门的多余端可以接到高电平或电源上；对于或门、或非门的多余端则应接地或接低电平。

3）CMOS 门电路的安全问题

多余的输入端决不能悬空，必须进行合理的处理，并且要接触良好；存放和运送过程中，应用铝锡纸包好并放入屏蔽盒中，不允许与容易产生静电的材料相接触；在焊接时应使用小功率(小于20W)的烙铁，并使烙铁有良好的接地保护；测试过程中应使仪表良好接地；所有低阻抗设备(如脉冲信号发生器等)在接到 CMOS 集成电路输入端以前必须让器件先接通电源，同样设备与器件断开后器件才能断开电源；在通电状态时不准插入或拔出集成电路。

【练一练】

实训 4-4：门电路逻辑功能仿真测试

1) 与门逻辑功能仿真测试

测试电路：如图4.35所示。

实训流程：

(1) 按图画好仿真电路。

(2) 双击逻辑转换仪图标，如图4.36所示。

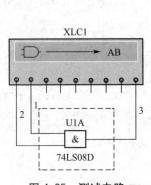

图 4.35　测试电路

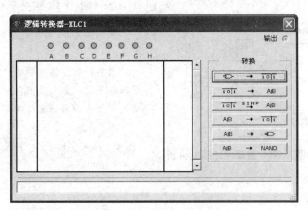

图 4.36　逻辑转换仪

(3) 单击逻辑转换仪中按钮 [⊃→ 1 0 1]，得到74LS08与门逻辑真值表。

(4) 单击逻辑转换仪中按钮 [1 0 1 → AIB]，得到相应的逻辑函数表达式。

结论：

(1) 74LS08与门逻辑功能：_____。

(2) 74LS08与门逻辑函数表达式：_____。

2) 与或非门逻辑功能仿真测试

测试电路：如图4.37所示。

实训流程：

(1) 按图画好仿真电路。

(2) 双击逻辑转换仪图标，如图4.36所示。

(3) 单击逻辑转换仪中按钮 [⊃→ 1 0 1]，得到与或非门逻辑真值表。

(4) 单击逻辑转换仪中按钮 [1 0 1 → AIB]，得到相应的逻辑函数表达式。

(5) 单击逻辑转换仪中按钮 [1 0 1 SIMP AIB]，得到最简逻辑函数表达式。

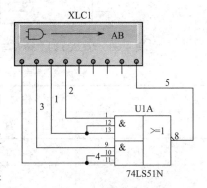

图 4.37　与或非门逻辑功能测试电路

结论：

（1）与或非门真值表为：

（2）与或非门最简逻辑函数表达式：_____。

实训任务 4.3　组合逻辑电路的测试和分析

【做一做】

实训 4-5：组合逻辑电路的测试

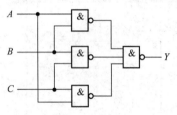

图 4.38　逻辑电路图的分析

测试图 4.38 所示逻辑电路图的功能，学会组合逻辑电路的分析方法。

用实验的方法分析组合逻辑电路时，可以在输入端输入规定的逻辑电平值，分别测出对应的输出的逻辑电平，将这些测量的结果填入真值表，根据真值表即可以确定逻辑功能。

用 74LS00 四 2 输入与非门电路和 74LS20 二 4 输入与非门电路（图 4.39）来实现上述逻辑电路图，并将 Y 输出信号的状态填入表 4-16 中。

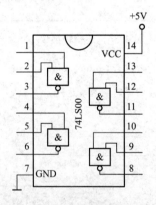
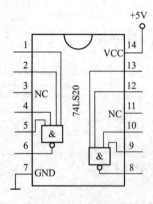

图 4.39　74LS00 四 2 输入与非门电路和 74LS20 二 4 输入与非门电路引脚排列图

表 4-16　组合逻辑电路分析真值表

输　　入			输　　出
A	B	C	Y
0	0	0	
0	0	1	

（续）

输　入			输　出
A	B	C	Y
0	1	0	
0	1	1	
1	0	0	
1	0	1	
1	1	0	
1	1	1	

图 4.38 实现的逻辑功能为：_____。

【想一想】

(1) 74LS20 是二 4 输入与非门电路，每个与非门有 4 个输入端，现只要使用 3 个，如何处理不用的输入端？

(2) 理论上组合逻辑电路的分析方法应该如何？

4.3.1　组合逻辑电路的分析方式

在数字电路中一般有两类电路：一类是组合逻辑电路，另一类是时序逻辑电路。若电路的输出仅取决于该时刻的输入状态，而与输入信号作用之前电路的状态无关，即无记忆功能，则为组合逻辑电路；若电路的输出不仅与该时刻的输入有关，而且与电路原来的状态有关，则为时序逻辑电路。

常见的组合逻辑电路有编码器、译码器、数据选择器、数值比较器、加法器等。

组合逻辑电路的分析：就是根据给定的逻辑图，找出（或验证）电路的逻辑功能。

理论上组合逻辑电路分析的一般步骤如下。

(1) 根据给定的组合逻辑电路图，写出逻辑表达式。

(2) 化简（或变换）逻辑表达式。

(3) 列出最简单的真值表。

(4) 根据真值表描述（或验证）所给电路的逻辑功能。

4.3.2　逻辑函数的公式法化简

1. 化简的意义和最简单的概念

对于同一个逻辑函数，可以有多个不同的逻辑表达式，即逻辑函数的表达式不是唯一的。例如逻辑式 $Y_1=A+AB+A\overline{BC}+BC+\overline{B}C$，$Y_2=A+C$ 这两个表达式就是同一个逻辑函数。可以看出第一个表达式比较复杂，第二个表达式比较简单。如果用具体的门电路实现，第一个表达式需要用 4 个与门、一个非门、一个与非门和一个或门实现；第二个表达式只需要用一个或门实现。由此可见表达式越简单，实现起来所用的元器件越少，连线越少，工作越可靠，电路的成本越低。第二个表达式就是第一个表达式通过化简得到的。

电子技术项目教程(第2版)

因此为了得到最简单的逻辑电路，就需要对逻辑函数式进行化简。这是使用小规模集成电路(如门电路)设计组合逻辑电路所必需的步骤之一。

最常用的逻辑表达式是与或表达式。最简的与或表达式应当使乘积项的个数最少，每个乘积项的变量最少。

2. 逻辑代数的常用公式

利用基本公式，可以得到以下的常用公式，这些公式对于逻辑函数的化简有着重要的作用。

公式 1 　　　　$A+AB=A$

证明：$A+AB=A(1+B)$ 　　　　（分配律）

　　　　　　　$=A \cdot 1$ 　　　　　　（01律）

　　　　　　　$=A$ 　　　　　　　　（01律）等式成立

公式 2 　　　　$A+\overline{A}B=A+B$

证明：$A+\overline{A}B=(A+\overline{A})(A+B)$ 　　　　（分配律）

　　　　　　　　$=1 \cdot (A+B)$ 　　　　　（互补律）

　　　　　　　　$=A+B$ 　　　　　　　（01律）等式成立

公式 3 　　　　$AB+A\overline{B}=A$

证明：$AB+A\overline{B}=A(B+\overline{B})$ 　　　　（分配律）

　　　　　　　　$=A \cdot 1$ 　　　　　　（互补律）

　　　　　　　　$=A$ 　　　　　　　　（01律）等式成立

公式 4 　　　　$AB+\overline{A}C+BC=AB+\overline{A}C$

证明：$AB+\overline{A}C+BC=AB+\overline{A}C+(A+\overline{A})BC=AB+\overline{A}C+ABC+\overline{A}BC$

　　　　　　　　　　$=AB(1+C)+\overline{A}C(1+B)=AB+\overline{A}C$ 　　等式成立

推论： 　　　　$AB+\overline{A}C+BCDE=AB+\overline{A}C$

公式 5 　　　　$\overline{\overline{AB}+\overline{A}\overline{B}}=AB+\overline{A}\,\overline{B}$

证明：$\overline{\overline{AB}+\overline{A}\,\overline{B}}=\overline{\overline{AB}} \cdot \overline{\overline{A}\,\overline{B}}=(A+\overline{B}) \cdot (\overline{A}+B)$ 　　　（反演律）

　　　　　　　$=A\overline{A}+AB+\overline{A}\,\overline{B}+\overline{B}B$ 　　　　（分配律）

　　　　　　　$=AB+\overline{A}\,\overline{B}$ 　　　　　　　（互补律）　　等式成立

3. 公式法化简

利用基本公式和常用公式，消去逻辑函数表达式中多余的乘积项和多余的变量，就可以得到最简单的"与一或"表达式。公式化简法没有固定的步骤。不仅要能够对公式熟练、灵活地运用，而且还要有一定的运算技巧。常用的化简方法有下列几种。

1) 并项法

利用公式 $AB+A\overline{B}=A$ 把两项合并成一项，合并的过程中消去一个取值互补的变量。

[例4-17] 化简逻辑函数 $Y=AB\overline{C}+A\overline{B}\,\overline{C}$

解：$Y=AB\overline{C}+A\overline{B}\,\overline{C}=A\overline{B} \cdot (C+\overline{C})$

　　　$=A\overline{B}$

2) 吸收法

利用公式 $A+AB=A$ 和 $AB+\overline{A}C+BC=AB+\overline{A}C$ 消去多余的乘积项。

[例 4 - 18]　化简逻辑函数 $Y = A\bar{B} + A\bar{B}CD(E + F)$

解: $Y = A\bar{B} + A\bar{B}CD(E + F) = A\bar{B}$

[例 4 - 19]　化简逻辑函数 $Y = \bar{A}BC + AD + BCDE$

解: $Y = \bar{A}BC + AD + BCDE = \bar{A}BC + AD$

3）消去法

利用公式 $A + \bar{A}B = A + B$ 消去乘积项中多余的变量。

[例 4 - 20]　化简逻辑函数 $Y = \bar{A}B + A\bar{C} + \bar{B}\bar{C}$

解: $Y = \bar{A}B + A\bar{C} + \bar{B}\bar{C} = \bar{A}B + (A + \bar{B})\bar{C} = \bar{A}B + \overline{\bar{A}B}\,\bar{C} = \bar{A}B + \bar{C}$

4）配项法

在适当的项中乘 $1(1 = A + \bar{A})$，拆成两项后分别与其他项合并，进行化简；利用 $A + A = A$ 在表达式中重复写入某一项，然后同其他项合并进行化简。

[例 4 - 21]　化简逻辑函数 $Y = A\bar{B} + \bar{A}B + B\bar{C} + \bar{B}C$

解: $Y = A\bar{B} + \bar{A}B + B\bar{C} + \bar{B}C = A\bar{B} + \bar{A}B(C + \bar{C}) + B\bar{C} + (A + \bar{A})\bar{B}C$

$\qquad = A\bar{B} + \bar{A}BC + \bar{A}B\bar{C} + B\bar{C} + A\bar{B}C + \bar{A}\bar{B}C$

$\qquad = (A\bar{B} + A\bar{B}C) + (B\bar{C} + \bar{A}B\bar{C}) + (\bar{A}BC + \bar{A}\bar{B}C) = A\bar{B} + B\bar{C} + \bar{A}C$

化简逻辑函数时往往需要综合应用以上各种方法，才能得到最简单的"与-或"表达式。

如上述函数也可用下列方法求解。

$Y = A\bar{B} + \bar{A}B + B\bar{C} + \bar{B}C$

$\quad = A\bar{B} + B\bar{C} + A\bar{C} + \bar{A}B + \bar{B}C$

$\quad = (A\bar{C} + \bar{B}C + A\bar{B}) + (A\bar{C} + \bar{A}B + B\bar{C})$

$\quad = (A\bar{C} + \bar{B}C) + (A\bar{C} + \bar{A}B) = \bar{A}B + A\bar{C} + \bar{B}C$

[例 4 - 22]　化简逻辑函数 $Y = ABC\bar{D} + ABD + BC\bar{D} + ABC + BD + B\bar{C}$

解: $Y = (ABC\bar{D} + ABC) + (ABD + BD) + BC\bar{D} + B\bar{C}$

$\qquad = ABC + BD + BC\bar{D} + B\bar{C}$

$\qquad = B(AC + D + C\bar{D} + \bar{C})$

$\qquad = B(D + C + \bar{C} + AC)$

$\qquad = B$

[例 4 - 23]　化简逻辑函数 $Y = \overline{AC + \bar{A}BC + \bar{B}C + AB\bar{C}}$

解: $Y = \overline{AC + \bar{A}BC + \bar{B}C + AB\bar{C}}$

$\qquad = \overline{AC} \cdot \overline{\bar{A}BC} \cdot \overline{\bar{B}C} + AB\bar{C}$

$\qquad = (\bar{A} + \bar{C})(A + \bar{B} + \bar{C})(B + \bar{C}) + AB\bar{C}$

$\qquad = (A\bar{C} + \bar{A}\bar{B} + \bar{A}\bar{C} + \bar{B}\bar{C} + \bar{C})(B + \bar{C}) + AB\bar{C}$

$\qquad = \bar{C} + AB\bar{C} = \bar{C}$

例 4 - 23 还可以如下这样解答。

解: $Y = \overline{AC + \bar{A}BC + \bar{B}C + AB\bar{C}}$

$\qquad = \overline{AC + (\bar{A}B + \bar{B})C + AB\bar{C}}$

$\qquad = \overline{AC + (\bar{A} + \bar{B})C + AB\bar{C}}$

$\qquad = \overline{C + \bar{B}C + AB\bar{C}} = \overline{C + AB\bar{C}} = \bar{C}$

4.3.3 分析组合逻辑电路

[**例 4-24**] 分析图 4.40 所示电路的逻辑功能。

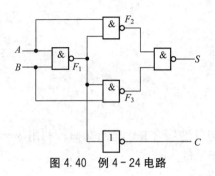

图 4.40 例 4-24 电路

解:(1)写逻辑表达式,并化简。

$$S = \overline{F_2 F_3}$$
$$= \overline{\overline{AF_1} \cdot \overline{BF_1}}$$
$$= \overline{\overline{A\overline{AB}} \cdot \overline{B\overline{AB}}}$$
$$= A\overline{AB} + B\overline{AB}$$
$$= (\overline{A} + \overline{B})(A + B)$$
$$= \overline{A}B + A\overline{B}$$
$$= A \oplus B$$

$$C = \overline{F_1}$$
$$= \overline{\overline{AB}}$$
$$= AB$$

(2)列电路真值表并填入表 4-17 中。

表 4-17 例 4-24 电路的真值表

A	B	S	C
0	0	0	0
0	1	1	0
1	0	1	0
1	1	0	1

(3)描述逻辑功能。

该电路实现两个一位二进制数相加的功能。S 是它们的和,C 是向高位的进位。由于这一加法器电路没有考虑低位的进位,所以称该电路为半加器。

根据 S 和 C 的表达式,原电路图可改画成图 4.41 所示的逻辑图。

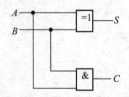

图 4.41 改画后的逻辑图

【练一练】

(1)用两片 74LS00 四 2 输入与非门电路,实现图 4.40 所示电路,验证其逻辑功能。

(2)用 74LS08 四 2 输入与门电路和 74LS86 四 2 输入异或门电路各一片,实现图 4.41 所示电路,验证其逻辑功能。

【做一做】

实训 4-6：组合逻辑电路的仿真测试

测试电路：如图 4.42 所示。

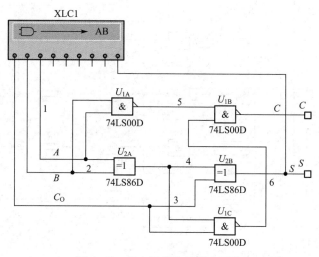

图 4.42　组合逻辑电路仿真测试

注意：图中测出的是 S 的结果，若要测试 C 的结果，则将测试线改接到 C 端。

实训流程：

(1) 写出此逻辑电路图的真值表。

(2) 写出此逻辑电路图的逻辑表达式。

(3) 通过真值表，分析此逻辑电路图的逻辑功能。

(4) 根据组合逻辑电路的分析方式，理论分析此逻辑电路图的逻辑功能。

【做一做】

实训 4-7：简单抢答器的分析和测试

设计要求：

用基本门电路构成简易型 4 人抢答器。J1、J2、J3、J4 为抢答操作开关。任何一个人先将某一开关按下且保持闭合状态，则与其对应的发光二极管（指示灯）被点亮，表示此人抢答成功；而紧随其后的其他开关再被按下，与其对应的发光二极管则不亮。

实训流程：

(1) 简易抢答器实训电路如图 4.43 所示，电路中标出的 74LS20 为双 4 输入端与非门，74LS04 为六非门。试分析其工作原理。

(2) 绘制简易抢答器仿真电路图，对电路进行仿真调试。

(3) 按正确方法插好 IC 芯片，参照图 4.43 连接线路。

(4) 通电后，分别按下 J1、J2、J3、J4 各键，观察对应指示灯是否点亮。

(5) 当其中某一指示灯点亮时，再按其他键，观察其他指示灯的变化。

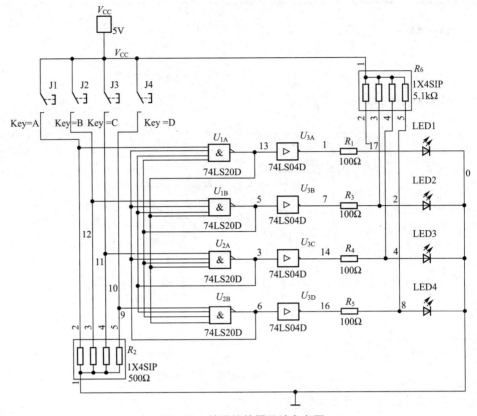

图 4.43　简易抢答器设计参考图

(6) 在进行(4)、(5)操作步骤时，分别测试 IC 芯片输入、输出引脚的电平变化，并完成表 4 - 18。表中，J1、J2、J3、J4 表示按键开关，"×"表示开关动作无效；L1、L2、L3、L4 表示 4 个指示灯。按键闭合或指示灯亮用"1"表示，开关断开或指示灯灭用"0"表示。

表 4 - 18　抢答器逻辑状态表

J4	J3	J2	J1	L4	L3	L2	L1

实训任务 4.4　裁判判定电路的设计

4.4.1　组合逻辑电路的设计方式

组合逻辑电路的设计是根据实际的逻辑问题设计出能实现该逻辑要求的电路。

组合逻辑电路设计的步骤一般有如下几个。

（1）分析设计要求，设置输入和输出变量

根据逻辑功能要求，建立逻辑关系。一般把引起事件的原因、条件等作为输入变量，而把事件的结果作为输出变量，并且要给这些逻辑变量的两种状态分别赋0或1值。

（2）列真值表

根据分析得到的输入、输出之间的关系，列出真值表。

（3）写出逻辑表达式，化简或变换

根据真值表写出逻辑表达式，或者画出相应的卡诺图，并进行化简，以得到最简单的逻辑表达式。根据所采用的逻辑门电路，可将化简结果变换成所需的形式。

（4）根据逻辑表达式画出逻辑图

根据化简变换得到的逻辑表达式画出逻辑图。

（5）根据逻辑图连线，可实现设计电路的逻辑功能

使用小规模集成电路(SSI)设计组合逻辑电路关键的步骤之一是第一步，即从实际问题中抽象出真值表。

逻辑函数的化简也是关键的步骤之一，为了使设计的电路最合理，就要使得到的逻辑函数表达式最简单。逻辑函数化简除公式法外，还经常使用卡诺图化简法。

但是实际使用时，还有许多实际问题，例如：工作速度问题、稳定度问题、工作的可靠性问题、竞争一冒险问题等，所以有时最简单的设计不一定是最佳的。

4.4.2　逻辑函数的卡诺图化简法

1. 逻辑函数的最小项及最小项表达式

在 n 个变量的逻辑函数中，如果其与或表达式的每个乘积项都包含 n 个因子，而这 n 个因子分别为 n 个变量的原变量或反变量，且每个变量在乘积项中仅出现一次，这样的乘积项称为函数的最小项，这样的与或表达式称为最小项表达式。任何一个逻辑函数都可以表示成最小项之和的标准形式。

两个变量的最小项分别是：$\overline{A}\,\overline{B}$、$\overline{A}B$、$A\overline{B}$、$AB$。

n 个变量共有 2^n 个最小项。表 4 - 19 是三变量最小项及其编号表示。

表 4 - 19　三变量最小项及其编号表示

变量取值组合			最小项	对应的十进制数	最小项编号
A	B	C			
0	0	0	$\overline{A}\,\overline{B}\,\overline{C}$	0	m_0
0	0	1	$\overline{A}\,\overline{B}C$	1	m_1
0	1	0	$\overline{A}B\overline{C}$	2	m_2
0	1	1	$\overline{A}BC$	3	m_3
1	0	0	$A\overline{B}\,\overline{C}$	4	m_4
1	0	1	$A\overline{B}C$	5	m_5
1	1	0	$AB\overline{C}$	6	m_6
1	1	1	ABC	7	m_7

最小项有如下性质。

（1）在输入变量的任何取值组合下，必有一个且仅有一个最小项的值为 1。

（2）全体最小项之和为 1。

（3）任意两个不同最小项的乘积为 0。

（4）具有逻辑相邻性（只有一个因子不同）的两个最小项之和，可以合并成一个乘积项，合并后可以消去一个取值互补的变量，留下取值不变的变量。

为了使用方便，需要将最小项进行编号，记作 m_i。方法是：将变量取值组合对应的十进制数作为最小项的编号。

［例 4-25］ 把逻辑函数 $Y=A\bar{C}+BC+ABC$ 展开成最小项表达式。

解： $Y=A(B+\bar{B})\bar{C}+(A+\bar{A})BC+ABC$

$\qquad =AB\bar{C}+A\bar{B}\bar{C}+ABC+\bar{A}BC+ABC$

$\qquad =ABC+AB\bar{C}+A\bar{B}\bar{C}+\bar{A}BC$

$\qquad =m_7+m_6+m_4+m_3=\sum_m(7、6、4、3)$

2. 用卡诺图表示逻辑函数

1）空白卡诺图

没有填逻辑函数值的卡诺图称为空白卡诺图。n 变量具有 2^n 个最小项，我们把每一个最小项用一个小方格表示，把这些小方格按照一定的规则排列起来，组成的图形称为 n 变量的卡诺图。二变量、三变量、四变量的卡诺图如图 4.44 所示。其中图 4.44(a) 为二变量卡诺图；图 4.44(b) 为三变量卡诺图；图 4.44(c) 为四变量卡诺图。图中左侧和上边标注的是变量的取值，或变量取值组合，它们的排列规律是固定的，不允许任意改变。每一个小方格都与真值表的某一行一一对应，所以卡诺图与真值表一一对应。卡诺图也要编号，而且就是最小项的编号。图中的最小项的编号按一定规则排列，是为了用卡诺图化简逻辑函数而设计的。

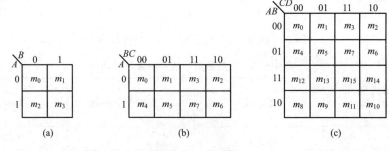

图 4.44　卡诺图

如果两个最小项只有一个变量取值不同，则这两个最小项称为逻辑相邻。图中逻辑相邻的最小项在几何位置上也相邻。而且任何一行或一列的两端的最小项，也仅有一个变量取值不同，也满足逻辑相邻的要求，这种相邻称为滚卷相邻。所以卡诺图的排列具有相邻性。

2）逻辑函数的卡诺图

任何逻辑函数都可以填到与之相对应的卡诺图中，称为逻辑函数的卡诺图。对于确定的逻辑函数的卡诺图和真值表一样都是唯一的。

由于卡诺图与真值表一一对应，即真值表的某一行对应着卡诺图的某一个小方格。因此，如果真值表中的某一行函数值为“1”，卡诺图中对应的小方格就填“1”；如果真值表的某一行函数值为“0”，卡诺图中对应的小方格填“0”，即可以得到逻辑函数的卡诺图。

3）用卡诺图表示逻辑函数

首先把逻辑函数表达式展开成最小项表达式，然后在每一个最小项对应的小方格内填“1”，其余的小方格内填“0”就可以得到该逻辑函数的卡诺图。

[例 4－26]　用卡诺图表示逻辑函数。

$$Y=\overline{A}\,\overline{B}\,\overline{C}+AB+\overline{A}BC$$

解：$Y=\overline{A}\,\overline{B}\,\overline{C}+AB(C+\overline{C})+\overline{A}BC$

$=\overline{A}\,\overline{B}\,\overline{C}+ABC+AB\overline{C}+\overline{A}BC=m_7+m_6+m_3+m_0$

在小方格 m_7、m_6、m_3、m_0 中填“1”，其余小方格中填“0”，可以得到图 4.45 所示的卡诺图。

A \ BC	00	01	11	10
0	1	0	1	0
1	0	0	1	1

图 4.45　例 4－26 卡诺图

如果已知逻辑函数的卡诺图，也可以写出该函数的逻辑表达式。其方法与由真值表写表达式的方法相同，即把逻辑函数值为“1”的那些小方格代表的最小项写出，然后“或”运算，就可以得到与之对应的逻辑表达式。

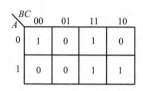

由于卡诺图与真值表一一对应，所以用卡诺图表示逻辑函数不仅具有用真值表表示逻辑函数的优点，而且还可以直接用来化简逻辑函数。但是也有缺点：变量多时使用起来麻烦，所以多于 4 变量时一般不用卡诺图表示。

由于卡诺图中所填写的是一个个最小项，所以从卡诺图中也可得到函数的最小项表示式。

A \ BC	00	01	11	10
0	0	1	1	0
1	0	1	1	1

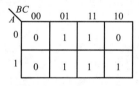

图 4.46　例 4－27 卡诺图

[例 4－27]　已知图 4.46 所示的卡诺图，写出逻辑函数最小项表示式。

解：逻辑函数最小项表示式为

$$Y=\overline{A}\,\overline{B}C+\overline{A}BC+A\overline{B}C+ABC+AB\overline{C}$$

3. 用卡诺图化简逻辑函数

用卡诺图化简逻辑函数称为卡诺图化简法。

(1) 化简的依据：基本公式 $A+\overline{A}=1$；常用公式 $AB+A\overline{B}=A$。

因为卡诺图中最小项的排列符合相邻性规则，因此可以直接在卡诺图上合并最小项，从而达到化简逻辑函数的目的。

(2) 合并最小项的规则。

① 如果相邻的两个小方格同时为“1”，可以合并一个两格组（用圈圈起来），合并后可以消去一个取值互补的变量，留下的是取值不变的变量。两小方格合并情况举例如图 4.47 所示。

② 如果相邻的 4 个小方格同时为“1”，可以合并一个四格组，合并后可以消去两个取值互补的变量，留下的是取值不变的变量。四小方格合并情况举例如图 4.48 所示。

③ 如果相邻的 8 个小方格同时为“1”，可以合并一个八格组，合并后可以消去 3 个取值互补的变量，留下的是取值不变的变量。八小方格合并情况举例如图 4.49 所示。

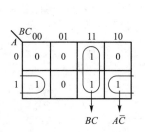

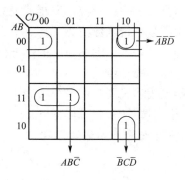

图 4.47 合并两小方格

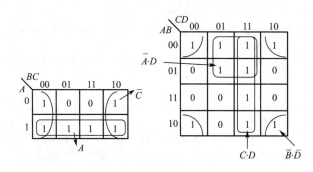

图 4.48 合并四小方格　　　　　图 4.49 合并八小方格

（3）用卡诺图化简逻辑函数的步骤。

① 用卡诺图表示逻辑函数。

② 找出可以合并的最小项（画卡诺圈，一个圈代表一个乘积项）。

③ 所有乘积项相加，得最简与或表达式。

（4）画圈的原则如下。

① 所有的"1"都要被圈到。

② 圈要尽可能的大。

③ 圈的个数要尽可能的少。

（5）画圈的步骤如下。

① 先圈孤立的"1"方格。

② 再圈仅与另一个"1"方格唯一相邻的"1"方格。也就是说，只有一种圈法的"1"方格要先圈。

③ 然后先圈大圈，后小圈。

（6）化简逻辑函数时应该注意的问题。

① 合并最小项的个数只能为 2^n（$n=0$、1、2、3）。

② 如果卡诺图中填满了"1"，则 $Y=1$。

③ 函数值为"1"的格可以重复使用，但是每一个圈中至少有一个"1"未被其他的圈使用过，否则得出的不是最简单的表达式。

[例 4-28]　用卡诺图化简逻辑函数 $Y=A\bar{B}+AC+BC+AB$

解：首先用卡诺图表示逻辑函数，如图 4.50 所示。由图 4.50 可以看出，可以合并一个四格组和一个两格组，合并后为 $Y=A+BC$。

[**例 4-29**] 化简逻辑函数 $Y(A、B、C、D)=\sum_m(0、2、4、7、8、9、10、11)$

解：此题是逻辑函数的最小项表示法，表达式中出现的最小项对应的小方格填"1"，其余的小方格填"0"。得到逻辑函数的卡诺图如图 4.51 所示。

由图 4.51 可以看出，合并两个四格组、一个二格组和一个孤立的"1"。合并后为

$$Y=\overline{B}\,\overline{D}+A\overline{B}+\overline{A}\,C\,\overline{D}+\overline{A}BCD$$

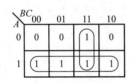

图 4.50 例 4-28 卡诺图

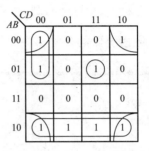

图 4.51 例 4-29 卡诺图

在实际逻辑函数化简的过程中，如果卡诺图中"1"的个数较多，也可以圈"0"。圈"0"的方法与圈"1"的方法相同，但是得到的逻辑函数式是 $\overline{Y}$，需要对 $\overline{Y}$ 求"非"才能得到 Y。

4. 具有任意项的逻辑函数的化简

我们知道 n 变量有 2^n 种取值组合。但是在实际应用中常常会遇到这样的情况，有一些变量组合实际上不可能出现。例如用二进制代码表示十进制数的时候，需要用四位二进制代码表示一位十进制数，而四位二进制代码有 $2^4=16$ 种状态，只用其中十种组合表示 10 个数字，其余 6 种组合根本不使用。这些根本不可能出现的变量组合称为约束项，或称为任意项。任意项的取值是任意的，对函数的值没有影响，因此，在化简时它既可以看作"0"，也可以看作"1"，利用任意项可以得到更简单的逻辑函数表达式。

在真值表和卡诺图中，任意项所对应的函数值一般用"×"表示。在逻辑表达式中，通常用字母 d 表示任意项，或者用等于 0 的条件等式来表示任意项。该条件等式就是任意项之和等于 0 的逻辑表达式，也叫做约束条件。例如 8421 码中用 4 个变量 ABCD 的取值组合表示十进制数时，仅使用 0000～1001 这 10 种变量取值组合，而 1010～1111 不可能出现。这 6 种变量取值组合就是任意项。可以表示为：

$$A\overline{B}C\overline{D}+A\overline{B}CD+AB\overline{C}\,\overline{D}+AB\overline{C}D+ABC\overline{D}+ABCD=0。$$

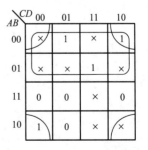

[**例 4-30**] 化简逻辑函数 $Y=\sum_m(1、2、7、8)+\sum_d$ $(0、3、4、5、6、10、11、15)$

解：画出逻辑函数 Y 的卡诺图如图 4.52 所示。由

图 4.52 例 4-30 卡诺图

图 4.52 可以看出，如果不利用任意项该逻辑函数不能化简；如果利用任意项则可以得到最简单的表达式 $Y=\overline{A}+\overline{B}\overline{D}$。

特别提示

需要注意的是，利用的任意项如 m_0、m_3、m_4、m_5、m_6、m_{10} 要看成"1"，未利用的任意项如 m_{11}、m_{15} 要看成"0"。

利用卡诺图化简逻辑函数的优点是：只要按照规则去做，一定能够得到最简单的表达式。缺点是：受变量个数的限制。

4.4.3　设计组合逻辑电路

【做一做】

实训 4-8：裁判判定电路的设计

设计要求：

某比赛裁判判定电路的具体要求：设有 1 名主裁判和 3 名副裁判，当 3 名及以上裁判判定合格时，运动员的动作为成功；当主裁判和一名副裁判判定合格，运动员的动作也为成功。

设计过程：

(1) 分析：设 A 为主裁判，B、C、D 分别为 3 名副裁判，判定合格为 1，不合格为 0；运动员的动作成功与否用变量 Y 表示，成功为 1，不成功为 0。即当 A、B、C、D 至少有 3 个为 1 时，$Y=1$；当 $A=1$，A、B、C、D 有一个为 1 时，$Y=1$。其他情况下 $Y=0$。

(2) 根据分析列真值表，见表 4-20。

表 4-20　裁判判定电路真值表

A	B	C	D	Y
0	0	0	0	0
0	0	0	1	0
0	0	1	0	0
0	0	1	1	0
0	1	0	0	0
0	1	0	1	0
0	1	1	0	0
0	1	1	1	1
1	0	0	0	0
1	0	0	1	1

（续）

A	B	C	D	Y
1	0	1	0	1
1	0	1	1	1
1	1	0	0	1
1	1	0	1	1
1	1	1	0	1
1	1	1	1	1

（3）由真值表写出逻辑表达式并化简。

$$Y = \overline{A}BCD + A\overline{B}\,\overline{C}D + A\overline{B}CD + AB\overline{C}D + ABC\overline{D} + AB\overline{C}D + ABC\overline{D} + ABCD$$

用卡诺图化简，如图 4.53 所示。

$$Y = AB + AC + AD + BCD$$

将其化为与非门形式

$$Y = \overline{\overline{AB + AC + AD + BCD}}$$
$$= \overline{\overline{AB} \cdot \overline{AC} \cdot \overline{AD} \cdot \overline{BCD}}$$

（4）采用与非门画出逻辑电路图，如图 4.54 所示。

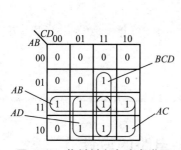

图 4.53　裁判判定电路卡诺图

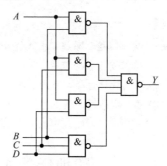

图 4.54　裁判判定电路逻辑图

（5）按逻辑图在实验箱上连线（采用 74LS00 四 2 输入与非门电路和 74LS20 二 4 输入与非门电路各一片），验证设计电路的逻辑功能，填入表 4-21 中。

表 4-21　裁判判定电路测试表

输　　入				输　　出
A	B	C	D	Y
0	0	0	0	
0	0	0	1	
0	0	1	0	
0	0	1	1	
0	1	0	0	

(续)

输 入				输 出
A	B	C	D	Y
0	1	0	1	
0	1	1	0	
0	1	1	1	
1	0	0	0	
1	0	0	1	
1	0	1	0	
1	0	1	1	
1	1	0	0	
1	1	0	1	
1	1	1	0	
1	1	1	1	

【练一练】

设计一个火灾报警控制系统。该系统设有烟感、光感和热感3个感应器，当其中有两个或以上的感应器被启动时，系统发出报警信号。

要求：(1) 写出设计过程，用最少的与非门器件实现此电路。

(2) 画出电路图，测试并记录实验结果。

实训任务 4.5   加法器电路的设计

4.5.1   全加器

【做一做】

实训 4-9：全加器电路的设计

设计要求：

两个多位二进制数进行加法运算时，除了最低一位(可以使用半加器)以外，每一位相加时，不仅需要考虑两个加数(一个加数为 A_n，另一个加数为 B_n)的相加，还要考虑低一位向本位的进位(低位向本位的进位用 C_{n-1} 表示)。即两个加数和低一位的进位，3个数相加。这样的加法叫全加。完成全加逻辑功能的单元电路称为全加器。

设计过程：

（1）分析。假设 n 位（本位）的两个加数分别为 A_n 和 B_n，$n-1$ 位向 n 位进位数为 C_{n-1}。本位和为 S_n，本位进位为 C_n。

（2）列真值表，见表 4-22。

表 4-22 全加器真值表

A_n	B_n	C_{n-1}	S_n	C_n
0	0	0	0	0
0	0	1	1	0
0	1	0	1	0
0	1	1	0	1
1	0	0	1	0
1	0	1	0	1
1	1	0	0	1
1	1	1	1	1

（3）由真值表写出逻辑表达式并化简。

$$S_n=\overline{A}_n\overline{B}_nC_{n-1}+\overline{A}_nB_n\overline{C}_{n-1}+A_n\overline{B}_n\overline{C}_{n-1}+A_nB_nC_{n-1}$$

$$C_n=\overline{A}_nB_nC_{n-1}+A_n\overline{B}_nC_{n-1}+A_nB_n\overline{C}_{n-1}+A_nB_nC_{n-1}$$

经化简为

$$S_n=(A_n\oplus B_n)\oplus C_{n-1}$$

$$C_n=A_nB_n+(A_n\oplus B_n)C_{n-1}$$

（4）画出逻辑电路图，如图 4.55(a)所示。全加器也可用一个逻辑符号表示，如图 4.55(b)所示。

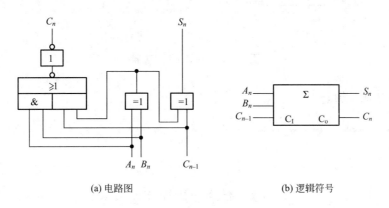

(a) 电路图　　　　(b) 逻辑符号

图 4.55 全加器

（5）根据逻辑图在实验箱上连线（采用异或门 74LS86、与非门 74LS00 和 74LS51 与或非门各一片），用 3 个逻辑开关代替 A_n、B_n、C_{n-1}，用两个电平指示代表 S_n、C_n。验证设计电路的逻辑功能，填入表 4-23 中。

表 4-23　全加器验证表

A_n	B_n	C_{n-1}	S_n	C_n
0	0	0		
0	0	1		
0	1	0		
0	1	1		
1	0	0		
1	0	1		
1	1	0		
1	1	1		

　　全加器可以实现两个 1 位二进制数的相加，要实现多位二进制数的相加，需选用多位加法器电路。74LS283 电路是一个 4 位加法器电路，可实现两个 4 位二进制数的相加，其逻辑符号如图 4.56(b)所示。图中 C_I 是低位的进位，C_O 是向高位的进位。它可以实现 $A_3 A_2 A_1 A_0$ 和 $B_3 B_2 B_1 B_0$ 两个二进制数的相加，$S_3 S_2 S_1 S_0$ 是对应各位的和。因为它具有低位的进位以及向高位的进位，所以可以进行功能扩展，即用两片 74LS283 加法器可构成 8 位的二进制加法器。图 4.56(a)为 74LS283 的引脚图。

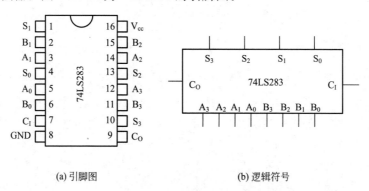

(a) 引脚图　　　　　　　(b) 逻辑符号

图 4.56　74LS283 加法器

4.5.2　简单加法计算器

【做一做】

实训 4-10：简单加法计算电路的设计

设计要求：
两个二进制数相加，其中一个加数为 2 位二进制数，另一个加数为 1 位二进制数。
设计过程：
(1) 分析。假设两个加数分别为 $A_1 A_0$ 和 B_0，输出和为 $F_2 F_1 F_0$。

182

（2）列真值表，见表 4-24。

表 4-24　2位加 1 位逻辑电路真值表

二进制数 A		二进制数 B	二进制相加结果		
A_1	A_0	B_0	F_2	F_1	F_0
0	0	0	0	0	0
0	0	1	0	0	1
0	1	0	0	0	1
0	1	1	0	1	0
1	0	0	0	1	0
1	0	1	0	1	1
1	1	0	0	1	1
1	1	1	1	0	0

（3）由真值表写出逻辑表达式并化简。

$$F_2 = A_1 A_0 B_0, \quad F_2 = \overline{A}_1 A_0 B_0 + A_1 \overline{A}_0 \overline{B}_0 + A_1 \overline{A}_0 B_0 + A_1 A_0 \overline{B}_0$$

$$F_0 = \overline{A}_1 \overline{A}_0 B_0 + \overline{A}_1 A_0 \overline{B}_0 + A_1 \overline{A}_0 B_0 + A_1 A_0 \overline{B}_0$$

用卡诺图化简后可得

$$F_2 = A_1 A_0 B_0, \quad F_1 = \overline{A}_1 A_0 B_0 + A_1 \overline{B}_0 + A_1 \overline{A}_0, \quad F_0 = \overline{A}_0 B_0 + A_0 \overline{B}_0$$

（4）如果使用集成电路与非门 74LS00 和异或门 74LS86 器件，则将函数表达式变换为

$$F_2 = A_1 A_0 B_0 = \overline{\overline{\overline{A_1 A_0 B_0}}}$$

$$F_1 = \overline{A}_1 A_0 B_0 + A_1 \overline{B}_0 + A_1 \overline{A}_0 = \overline{A}_1 A_0 B_0 + A_1 (\overline{B}_0 + \overline{A}_0) = \overline{A}_1 A_0 B_0 + A_1 \overline{A_0 B_0}$$

$$= A_1 \oplus (A_0 B_0) = A_1 \oplus \overline{\overline{A_0 B_0}}$$

$$F_0 = \overline{A}_0 B_0 + A_0 \overline{B}_0 = A_0 \oplus B_0$$

（5）画出逻辑电路图。

（6）根据逻辑图在实验箱上连线或者在 Multisim 仿真软件上画图，进行电路逻辑功能检测。图 4.57 为 2 位加 1 位的仿真电路图。改变 A_1、A_0、B_0 的开关位置，可改变输入信号的状态，观察指示灯的情况，将结果填入表 4-25 中。

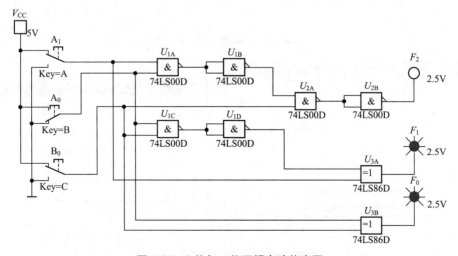

图 4.57　2位加 1 位逻辑电路仿真图

电子技术项目教程(第2版)

表 4 - 25　2 位加 1 位逻辑电路测试表

二进制数 A		二进制数 B	二进制相加结果		
A_1	A_0	B_0	F_2	F_1	F_0
0	0	0			
0	0	1			
0	1	0			
0	1	1			
1	0	0			
1	0	1			
1	1	0			
1	1	1			

(7) 仿真中，用虚拟逻辑分析仪也可观察此加法器的波形。波形观察仿真电路图如图 4.58 所示。其中 XWG1 为字信号发生器，它能产生 32 位(路)同步逻辑信号，其放大面板的设置如图 4.59 所示，因为该仿真只需 000～111 信号。XLA1 为逻辑分析仪，仿真开启后，可得图 4.60 所示的面板波形。从波形中，也可分析出逻辑电路的真值表和逻辑功能。字信号发生器和逻辑分析仪的具体设置方法详见有关书籍介绍。

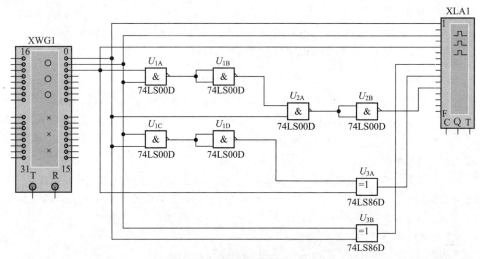

图 4.58　观察波形仿真电路图

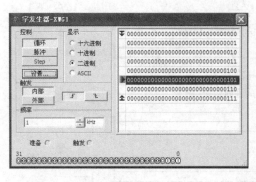

(a) 面板的设置

(b) 设置对话框的设置

图 4.59　字信号发生器的设置

184

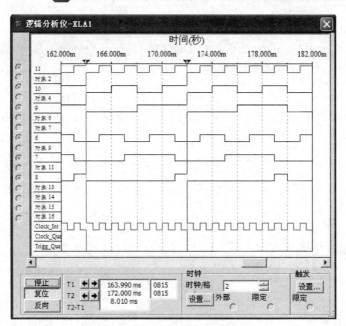

图4.60 逻辑分析仪放大面板

习 题 4

1. 将下列十进制数转换为二进制数。

$(29)_{10}=($ 　　$)_2$；　　　　$(100)_{10}=($ 　　$)_2$

2. 将下列二进制数转换成十进制数。

$(1101)_2=($ 　　$)_{10}$；　　　　$(11001)_2=($ 　　$)_{10}$

3. 完成下列数的转换。

$(329)_{10}=($ 　　$)_2=($ 　　$)_{16}$；$(10011101)_2=($ 　　$)_{16}=($ 　　$)_8$；

$(FFFF)_{16}=($ 　　$)_2=($ 　　$)_{10}$

4. 将下列 BCD 码转换成十进制数。

$(0101\ 0011\ 1000)_{8421BCD}=($ 　　$)_{10}$；$(1000\ 0010\ 1001)_{8421BCD}=($ 　　$)_{10}$

5. 将下列十进制数转换成 BCD 码。

$(734)_{10}=($ 　　$)_{8421BCD}$；　　$(367)_{10}=($ 　　$)_{8421BCD}$

6. 完成下列常用数制对应表。

二进制	十进制	八进制	十六进制
	24		
			4AE
11011			
		67	

7. 用真值表法证明下列等式成立。

　　(1) $A+BC=(A+B)(A+C)$ 　　(2) $\overline{AB}+A\overline{B}=AB+\overline{A}\cdot\overline{B}$

8. 求下列函数的对偶函数和反函数。

　　(1) $F=A(B+C)+\overline{A}C$ 　　(2) $F=\overline{\overline{A\overline{B}+BD}\cdot(C+\overline{D})+A\overline{C}D}$

9. 写出图 4.61 所示组合电路的逻辑关系式（不需化简），列出它的真值表。

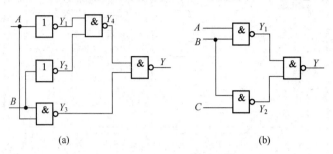

(a)　　　　　　　　　　　　　　　　(b)

图 4.61　题 9 图

10. 已知逻辑函数 $Y=ABC+AB\overline{C}+\overline{A}BC+\overline{A}\,\overline{B}C$，试画出该逻辑函数未化简前和化简后两种不同的逻辑电路图。

11. 已知函数真值表，如图 4.62 所示。请写出表达式，并根据已知输入波形画出输出波形。

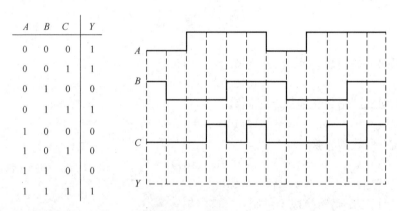

A	B	C	Y
0	0	0	1
0	0	1	1
0	1	0	0
0	1	1	1
1	0	0	0
1	0	1	0
1	1	0	0
1	1	1	1

图 4.62　题 11 图

12. TTL 与非门多余的输入端应该如何处理？

13. TTL 电路有什么特点？在使用时应注意些什么问题？

14. CMOS 电路有什么特点？在使用时应注意些什么问题？

15. 利用公式和运算法则定律证明下列各逻辑等式。

　　(1) $\overline{\overline{A}+B}+\overline{\overline{A}+\overline{B}}=A$ 　　(2) $A\overline{B}+C=\overline{A\overline{B}\,\overline{C}\,\overline{C}}$

　　(3) $\overline{\overline{ABCD}+(\overline{A}+\overline{D})E}=\overline{AD}+\overline{BC}$ 　　(4) $(A+B+C)(A+B+\overline{C})=A+B$

16. 用公式法化简下列各逻辑等式。

　　(1) $Y=\overline{\overline{AB}(B+C)A}$ 　　(2) $Y=\overline{A}B\overline{C}+A\overline{B}\,\overline{C}+A\overline{B}C+AB\overline{C}$

　　(3) $Y=AB+ABD+\overline{A}C+BCD$ 　　(4) $Y=AB+C+\overline{(\overline{AB}+C)}(CD+A)+BD$

(5) $Y=\overline{\overline{\overline{A\overline{B}}+ABC}+A(B+A\overline{B})}$ (6) $Y=ABC\overline{D}+ABD+BC\overline{D}+ABC+BD+B\overline{C}$

17. 分析如图 4.63 所示电路的逻辑功能。

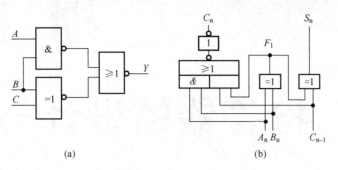

$$图 4.63 \quad 题 17 图$$

18. 写出如图 4.64 所示电路的逻辑表达式，并画出用最简与非门组成的电路图。

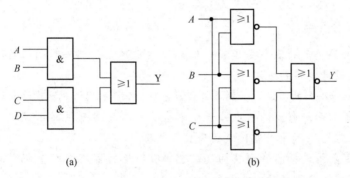

$$图 4.64 \quad 题 18 图$$

19. 用卡诺图法化简下列函数，写出最简与或表达式。

(1) $Y_1=\overline{A}\,\overline{B}\,\overline{C}+\overline{A}B C+\overline{A}C$ (2) $Y_2=A\overline{B}CD+A\overline{B}+\overline{A}+A\overline{D}$

(3) $Y_3=\overline{A}BC+A\overline{B}C+AB\overline{C}+ABC$ (4) $Y_4=AC D+\overline{A}\,\overline{B}+A\overline{D}+A\overline{B}C$

20. 用卡诺图法化简下列四变量逻辑函数，写出最简与或表达式。

(1) $F_1(A,B,C,D)=\sum_m(0,1,2,3,4,6,8,10,12,13,14,15)$

(2) $F_2(A,B,C,D)=\sum_m(2,3,6,7,9,10,11,13,14,15)$

(3) $F_3(A,B,C,D)=\sum_m(0,1,8,10)+\sum_d(2,3,4,5,11)$

(4) $F_4(A,B,C,D)=\sum_m(0,4,6,8,13)+\sum_d(1,2,3,9,10,11)$

21. 试设计一个用最简与非门组成的 3 人多数表决逻辑电路图。

22. 有 3 台电动机 A，B，C。电动机开机时必须满足下列要求：A 开机则 B 必须开机；B 开机则 C 必须开机。不满足要求时发出报警信号。若设开机为 1，不开机为 0；发报警信号为 1，不发报警信号为 0。试写出报警的逻辑表达式，画出用最简与非门组成的逻辑电路图。

23. 用器件 74LS00 和 74LS86，实现两个 2 位二进制数相加，并通过仿真进行验证。

项 目 5

抢答器的设计与制作

知识目标

> 熟知编码器的基本功能和常见类型，理解优先编码器的工作特点，掌握利用编码器设计电路的方法。

> 理解译码器的功能，了解译码器的类型，掌握利用译码器设计电路的方法。

> 了解显示译码器的基本知识；掌握共阳、共阴七段显示数码管的相关内容；会利用常见显示译码器构成数码显示电路。

> 理解数据选择器的逻辑功能，理解数据选择器在多路数据传输、数据通道扩展及实现逻辑函数功能方面的应用。

> 能分析和设计用中规模集成芯片组成的逻辑电路。

技能目标

> 能检测常见编码器的逻辑功能；会利用优先编码器设计典型的逻辑控制电路。

> 能检测常见译码器的逻辑功能；会利用译码器设计典型的逻辑控制电路。

> 能检测判断出七段显示数码管的引脚排列顺序；会利用显示译码器构成一位数码显示电路。

> 能利用常用的中规模集成芯片，设计简单、常用的功能电路。

工作任务

> 验证编码器和译码器的逻辑功能。

> 用优先编码器 74LS148 设计医院病房呼叫控制电路。

> 用 3 线—8 线译码器 74LS138 设计交通灯故障报警电路。

> 用 3 线—8 线译码器 74LS138 设计全加器。

> 七段显示译码电路的设计和调试。

> 用 8 选 1 数据选择器 74LS151 设计 4 人多数表决器电路。

> 抢答器的设计与制作。

实训任务 5.1 医院病房呼叫控制电路设计

5.1.1 中规模组合逻辑电路的设计方法

组合逻辑电路的设计除了采用小规模集成电路设计以外，还可以采用中规模集成器件进行设计。用中规模集成器件设计组合逻辑电路时"最合理"指的是：使用的中规模集成器件的片数最少，种类最少，而且连线最少。其设计步骤与采用小规模集成器件设计相比，既有相同之处，又有不同之处。其中不同之处是：采用小规模集成器件设计中的第三步需化简或变换逻辑函数，而采用中规模集成器件设计时不需要化简，只需要变换。因为每一种中规模集成器件，都有它自己特定的逻辑函数表达式，所以采用这些器件设计电路时，必须将待实现的逻辑函数式变换成与所使用的集成器件的逻辑函数式相同的形式，具体步骤如下。

（1）根据给定事件的因果关系列出真值表。

（2）由真值表写函数式。

（3）对函数式进行变换。

（4）画出逻辑图，并测试逻辑功能。

常用的中规模集成器件主要有：全加器、编码器、译码器、数据选择器等。

5.1.2 编码器

用二进制代码表示文字、符号或者数码等某种信息的过程称为编码，完成编码功能的逻辑电路称为编码器。编码器有许多种，按照输出代码不同分类，分为二进制编码器、二—十进制编码器；按照工作方式不同分类，分为普通编码器和优先编码器。

1. 普通编码器

对于普通编码器，某一时刻只允许一个输入端为有效的输入信号，否则输出的编码有可能出错。

二进制普通编码器的逻辑功能是：根据产生了有效电平（可能是高电平，也可能是低电平，视具体情况而定）的输入端的序号，在输出端产生一组对应的二进制编码。

图 5.1(a)是一个 3 位二进制普通编码器的方框图，它的输入是 $\overline{I}_0 \sim \overline{I}_7$ 等 8 个信号（"非号"表示低电平为有效的输入电平），输出是 3 位二进制代码 $Y_2 \sim Y_0$，因此又称为 8 线—3 线编码器。图 5.1(b)是 3 位二进制普通编码器的一种逻辑图。

由图 5.1(b)可以写出下述逻辑函数表达式

$$Y_2 = \overline{\overline{I}_7 \cdot \overline{I}_6 \cdot \overline{I}_5 \cdot \overline{I}_4}$$

$$Y_1 = \overline{\overline{I}_7 \cdot \overline{I}_6 \cdot \overline{I}_3 \cdot \overline{I}_2}$$

$$Y_0 = \overline{\overline{I}_7 \cdot \overline{I}_5 \cdot \overline{I}_3 \cdot \overline{I}_1}$$

式中，输入变量上的"非号"代表低电平是有效的输入电平，与图中输入变量上的（非号相对应）。根据上述表达式可以得到表 5-1 的真值表。

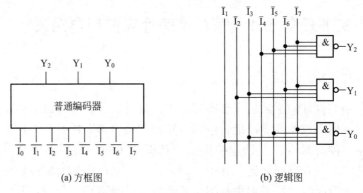

(a) 方框图   (b) 逻辑图

图 5.1   3 位二进制普通编码器

表 5-1   3 位二进制编码器真值表

输 入								输 出		
$\bar{I}_7$	$\bar{I}_6$	$\bar{I}_5$	$\bar{I}_4$	$\bar{I}_3$	$\bar{I}_2$	$\bar{I}_1$	$\bar{I}_0$	Y_2	Y_1	Y_0
0	1	1	1	1	1	1	1	1	1	1
1	0	1	1	1	1	1	1	1	1	0
1	1	0	1	1	1	1	1	1	0	1
1	1	1	0	1	1	1	1	1	0	0
1	1	1	1	0	1	1	1	0	1	1
1	1	1	1	1	0	1	1	0	1	0
1	1	1	1	1	1	0	1	0	0	1
1	1	1	1	1	1	1	0	0	0	0

由表 5-1 可以看出，当任何一个输入端为有效电平(本例为低电平有效)时，3 个输出端的取值组成对应的 3 位二进制代码，例如当 $\bar{I}_5=0$ 时，输出的代码为"101"。所以电路能对任何一个输入信号进行编码。

2. 优先编码器

在实际产品中，均采用优先编码器。图 5.2(a)是 8 线—3 线优先编码器 74LS148 的逻辑符号，图 5.2(b)是 74LS148 的引脚图，表 5-2 是 74LS148 的功能表。

在优先编码器中，允许同时输入几个输入信号，电路只对其中优先级别最高的一个输入信号进行编码。

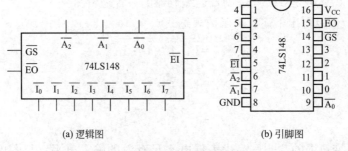

(a) 逻辑图   (b) 引脚图

图 5.2   3 位二进制普通编码器

表 5-2　74LS148 功能表

输　入									输　出				
$\overline{EI}$	$\overline{I}_0$	$\overline{I}_1$	$\overline{I}_2$	$\overline{I}_3$	$\overline{I}_4$	$\overline{I}_5$	$\overline{I}_6$	$\overline{I}_7$	$\overline{A}_2$	$\overline{A}_1$	$\overline{A}_0$	$\overline{GS}$	$\overline{EO}$
1	×	×	×	×	×	×	×	×	1	1	1	1	1
0	1	1	1	1	1	1	1	1	1	1	1	1	0
0	×	×	×	×	×	×	×	0	0	0	0	0	1
0	×	×	×	×	×	×	0	1	0	0	1	0	1
0	×	×	×	×	×	0	1	1	0	1	0	0	1
0	×	×	×	×	0	1	1	1	0	1	1	0	1
0	×	×	×	0	1	1	1	1	1	0	0	0	1
0	×	×	0	1	1	1	1	1	1	0	1	0	1
0	×	0	1	1	1	1	1	1	1	1	0	0	1
0	0	1	1	1	1	1	1	1	1	1	1	0	1

74LS148 的逻辑功能如下。

1) 选通输入端 $\overline{EI}$

$\overline{EI}$ 为低电平有效。只有在 $\overline{EI}=0$ 时，编码器才能正常编码；当 $\overline{EI}=1$ 时，无论输入端如何，所有输出端均被封锁在高电平。

2) 编码输入端 $\overline{I}_0 \sim \overline{I}_7$

$\overline{I}_0 \sim \overline{I}_7$ 低电平有效。$\overline{I}_7$ 端的优先权最高，$\overline{I}_0$ 端的优先权最低，只要 $\overline{I}_7=0$，就对 $\overline{I}_7$ 进行编码，而不管其他输入端信号为何种状态。

3) 编码输出端 $\overline{A}_2$、$\overline{A}_1$、$\overline{A}_0$

$\overline{A}_2$、$\overline{A}_1$、$\overline{A}_0$ 上面"－"号，表示输出为反码。

4) 选通输出端 $\overline{EO}$ 和扩展端 $\overline{GS}$

两个扩展输出端 $\overline{GS}$ 和 $\overline{EO}$ 用于片与片之间的连接，扩展编码器的功能。

$\overline{EI}=1$ 表示"此片未工作"，输出 $\overline{GS}=1$，$\overline{EO}=1$；$\overline{EI}=0$ 表示"此片工作"，此时有两种情况：一是"此片工作，但无有效编码信号输入"，则输出 $\overline{GS}=1$，$\overline{EO}=0$；二是"此片工作，且有有效编码信号输入"，则输出 $\overline{GS}=0$，$\overline{EO}=1$。因此，表 5-2 中出现的 3 种 $\overline{A}_2 \overline{A}_1 \overline{A}_0 =111$ 的情况可以用 $\overline{GS}$、$\overline{EO}$ 的不同状态加以区分。

图 5.3 所示的电路是一个用两片 74LS148 接成的 16 线—4 线优先编码器。

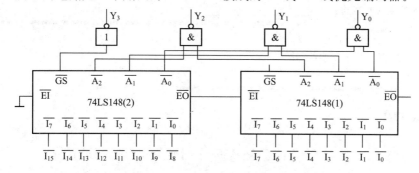

图 5.3　用 74LS148 接成的 16 线—4 线优先编码器

【做一做】

实训 5－1：优先编码器 74LS148 逻辑功能测试

将 16 脚接＋5V；8 脚接地；选通输入端$\overline{\text{EI}}$接地；7～0 接"逻辑电平信号源"；输出端 $\overline{A_2}$、$\overline{A_1}$、$\overline{A_0}$ 接发光二极管。在 7～0 端输入低电平(低电平为有效输入电平)，观察各输出端的状态，并把输出端的状态填入表 5－3 中。

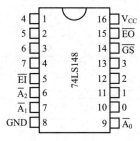

74LS148 引脚图

表 5－3　74LS148 功能表

输　　入									输　　出									
									理论值					实验值				
$\overline{\text{EI}}$	0	1	2	3	4	5	6	7	$\overline{A_2}$	$\overline{A_1}$	$\overline{A_0}$	$\overline{\text{GS}}$	$\overline{\text{EO}}$	$\overline{A_2}$	$\overline{A_1}$	$\overline{A_0}$	$\overline{\text{GS}}$	$\overline{\text{EO}}$
1	×	×	×	×	×	×	×	×										
0	1	1	1	1	1	1	1	1										
0	×	×	×	×	×	×	×	0										
0	×	×	×	×	×	×	0	1										
0	×	×	×	×	×	0	1	1										
0	×	×	×	×	0	1	1	1										
0	×	×	×	0	1	1	1	1										
0	×	×	0	1	1	1	1	1										
0	×	0	1	1	1	1	1	1										
0	0	1	1	1	1	1	1	1										

74LS148 的逻辑功能为：_____。

5.1.3　医院病房呼叫控制电路的设计

【做一做】

实训 5－2：医院病房呼叫控制电路的设计

设计要求：

某医院有一、二、三、四号病室 4 间，每室设有呼叫按钮，同时在护士值班室内对应的装有一号、二号、三号、四号 4 个指示灯。

现要求当一号病室的按钮按下时，无论其他病室的按钮是否按下，只有一号灯亮。当一号病室的按钮没有按下而二号病室的按钮按下时，无论三、四号病室的按钮是否按下，只有二号灯亮。当一、二号病室的按钮都没有按下而三号病室的按钮按下时，无论四号病室的按钮是否按下，只有三号灯亮。只有在一、二、三号病室的按钮均未按下而四号病室的按钮按下时，四号灯才亮，用优先编码器 74LS148 和门电路设计满足上述控制要求的逻辑电路。

要求写出设计过程，画出电路图并测试。

设计过程：

(1) 分析。

一、二、三、四号病室的按钮作为输入变量分别用 X_1、X_2、X_3、X_4 来表示，并且用"1"表示按钮按下，"0"表示按钮未按下；一号、二号、三号、四号 4 个指示灯作为输出变量分别用 L_1、L_2、L_3、L_4 来表示，"1"表示灯亮，"0"表示灯未亮。

(2) 完成真值表 5-4。

表 5-4　病房呼叫控制电路真值表

输	入			输	出		
X_1	X_2	X_3	X_4	L_1	L_2	L_3	L_4
1	X	X	X	1	0	0	0
0	1	X	X	0	1	0	0
0	0	1	X	0	0	1	0
0	0	0	1	0	0	0	1

(3) 查阅资料，明确 74LS148 集成电路的引脚及其功能，如图 5.2(b)所示。

编码输入端有_____（优先权从高到低），_____电平有效，对应_____脚；编码输出端有_____，__反__码有效，对应_____；其他输入控制脚有_____，正常工作时接_____电平；电源为_____脚；接地为_____脚。

(4) 比较病房呼叫控制电路真值表与 74LS148 功能表确定输入端、输出端和控制端。并画出病房呼叫控制电路的逻辑图。

输入端 X_1、X_2、X_3、X_4 分别经非门后输入至 $\bar{I}_3$、$\bar{I}_2$、$\bar{I}_1$、$\bar{I}_0$；输出端 $\bar{A}_2$、$\bar{A}_1$、$\bar{A}_0$ 经一定的门电路接至电平指示 L_1、L_2、L_3、L_4；控制端 $\overline{EI}$ 接低电平。

由输入输出关系表(表 5-5)可以得到电平指示输出与 74LS148 输出之间的关系式。

表 5-5　电平指示输出与 74LS148 输出的关系表

输	入			74LS148 输出			输	出		
X_1	X_2	X_3	X_4	$\bar{A}_2$	$\bar{A}_1$	$\bar{A}_0$	L_1	L_2	L_3	L_4
1	X	X	X	1	0	0	1	0	0	0
0	1	X	X	1	0	1	0	1	0	0
0	0	1	X	1	1	0	0	0	1	0
0	0	0	1	1	1	1	0	0	0	1

由于这里只用了 4 个输入端，$\bar{A}_1$、$\bar{A}_0$ 两个输出端可以区分输入的 4 种状态，故 L_1、L_2、L_3、L_4 的输出表达式可以表示为

$$L_1 = \overline{\overline{A}_1} \cdot \overline{\overline{A}_0}$$

$$L_2 = \overline{\overline{A}_1} \cdot \overline{A}_0$$

$$L_3 = \overline{A}_1 \cdot \overline{\overline{A}_0}$$

$$L_4 = \overline{A}_1 \cdot \overline{A}_0$$

画出病房呼叫控制电路的逻辑图,如图5.4所示。

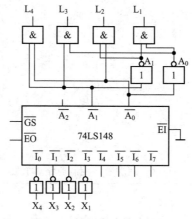

图5.4 控制电路的逻辑图

(5) 根据逻辑图作出电路的安装图。

(6) 根据安装图完成电路安装。

(7) 验证病房呼叫控制电路的逻辑功能(与真值表比较)且填入表5-6中。

表5-6 病房呼叫控制电路逻辑功能验证表

输　　入				输　　出			
X_1	X_2	X_3	X_4	L_1	L_2	L_3	L_4

【想一想】

为什么没有信号输入时此电路的 L_4 灯仍亮? 如果没有信号输入时要使 L_4 灯不亮,应如何修改电路? (提示:利用选通输出端或者扩展端)

【练一练】

电信局要对4种电话进行编码,其紧急的次序为火警电话、急救电话、工作电话和生活电话。写出设计过程,并画出用优先编码器74LS148和必要的门电路实现的电路,并进行测试。

实训任务 5.2　交通信号灯监控电路设计

5.2.1　译码器

译码是编码的逆过程。将二进制代码原来的含意翻译出来的过程称为译码。完成译码功能的电路称为译码器。

常用的译码器有：二进制译码器、二—十进制译码器和显示译码器等。

1. 二进制译码器

二进制译码器输入的是一组代码，输出的是与代码相对应的高、低电平。

图 5.5 是 3 位二进制译码器的框图。输入信号是二进制代码，输出的是高、低电平信号。每输入一组代码，只有一个对应的输出端为有效状态，其余输出端均保持无效状态。或者说二进制译码器有多个输出端，每输入一组代码必有一个而且只有一个输出端有信号输出，其余的输出端均无信号输出。

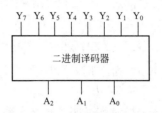

图 5.5　3 位二进制译码器的框图

如果输入的是 n 位二进制代码，译码器有 2^n 个输出端。2 位二进制译码器有 4 个输出端，又可以称为 2 线—4 线译码器；同理 3 位二进制译码器称为 3 线—8 线译码器；4 位二进制译码器称为 4 线—16 线译码器；等等。

图 5.6(a) 是集成 3 线—8 线译码器 74LS138 的逻辑图，图 5.6(b) 是 74LS138 的引脚图，表 5-7 是 74LS138 的功能表。

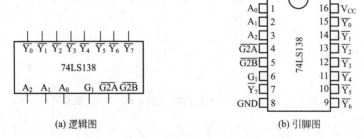

(a) 逻辑图　　　　　　　　(b) 引脚图

图 5.6　74LS138 集成 3 线—8 线译码器

表 5-7　74LS138 功能表

输　入					输　出							
G_1	$\overline{G2A}+\overline{G2B}$	A_2	A_1	A_0	$\overline{Y}_0$	$\overline{Y}_1$	$\overline{Y}_2$	$\overline{Y}_3$	$\overline{Y}_4$	$\overline{Y}_5$	$\overline{Y}_6$	$\overline{Y}_7$
×	1	×	×	×	1	1	1	1	1	1	1	1
0	×	×	×	×	1	1	1	1	1	1	1	1
1	0	0	0	0	0	1	1	1	1	1	1	1
1	0	0	0	1	1	0	1	1	1	1	1	1
1	0	0	1	0	1	1	0	1	1	1	1	1
1	0	0	1	1	1	1	1	0	1	1	1	1
1	0	1	0	0	1	1	1	1	0	1	1	1
1	0	1	0	1	1	1	1	1	1	0	1	1
1	0	1	1	0	1	1	1	1	1	1	0	1
1	0	1	1	1	1	1	1	1	1	1	1	0

74LS138 的逻辑功能如下。

74LS138 有 3 个译码输入端(又称地址输入端)A_2、A_1、A_0，8 个译码输出端 $\overline{Y}_0 \sim \overline{Y}_7$，以及 3 个控制端(又称使能端)$G_1$、$\overline{G2A}$、$\overline{G2B}$。

译码输入端 A_2、A_1、A_0 有 8 种用二进制代码表示的输入组合状态。每输入一组二进制代码将使对应的一个输出端为有效电平($\overline{Y}_0 \sim \overline{Y}_7$ 上的"—"表示有效电平为低电平)，其他输出端均为无效电平。如 A_2、A_1、A_0 输入为 010 时，$\overline{Y}_2$ 被"译中"，$\overline{Y}_2$ 输出为 0。

G_1、$\overline{G2A}$、$\overline{G2B}$ 是译码器的控制输入端，当 $G_1 = 1$、$\overline{G2A} + \overline{G2B} = 0$(即 G_1 为 1、$\overline{G2A}$、$\overline{G2B}$ 均为 0)时，译码器可正常译码；否则译码器被禁止，所有输出端均为无效电平(高电平)。

这 3 个控制端又叫"片选"输入端，利用"片选"的作用可以将多片电路连接起来，以扩展译码器的功能。

图 5.7 所示的电路是一个用两片 74LS138 译码器构成的 4 线—16 线译码器。

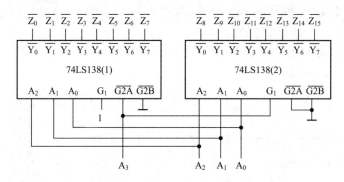

图 5.7　用 74LS138 译码器构成的 4 线—16 线译码器

[例 5-1]　试用 74LS138 译码器实现逻辑函数 $F = A\overline{C} + \overline{A}C + B\overline{C} + \overline{B}C$。

解：
$$F = A\overline{C} + \overline{A}C + B\overline{C} + \overline{B}C$$
$$= AB\overline{C} + A\overline{B}\,\overline{C} + \overline{A}\,\overline{B}\,C + \overline{A}BC$$
$$\quad + \overline{A}BC + AB\overline{C} + \overline{A}\,BC + ABC$$
$$= m_1 + m_2 + m_3 + m_4 + m_5 + m_6$$
$$= \overline{\overline{m_1} \cdot \overline{m_2} \cdot \overline{m_3} \cdot \overline{m_4} \cdot \overline{m_5} \cdot \overline{m_6}}$$
$$= \overline{\overline{Y}_1 \cdot \overline{Y}_2 \cdot \overline{Y}_3 \cdot \overline{Y}_4 \cdot \overline{Y}_5 \cdot \overline{Y}_6}$$

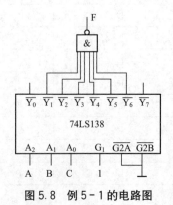

图 5.8　例 5-1 的电路图

将 ABC 分别从 A_2、A_1、A_0 输入作为输入变量，把 $\overline{Y}_1$、$\overline{Y}_2$、$\overline{Y}_3$、$\overline{Y}_4$、$\overline{Y}_5$、$\overline{Y}_6$ 经一个与非门输出作为 F，并正确连接控制端使译码器处于工作状态，即可实现题目要求的逻辑函数，电路如图 5.8 所示。

2. 二—十进制译码器

将 8421BCD 代码翻译成 10 个对应的输出信号，用来表示 0~9 共 10 个数字的逻辑电路称为二—十进制译码器。图 5.9 为二—十进制译码器 74LS42 的逻辑符号，表 5-8 是 74LS42 的功能表。

图5.9 74LS42译码器的逻辑符号

表5-8 74LS42功能表

数字	输入				十进制输出									
	D	C	B	A	$\overline{Y_0}$	$\overline{Y_1}$	$\overline{Y_2}$	$\overline{Y_3}$	$\overline{Y_4}$	$\overline{Y_5}$	$\overline{Y_6}$	$\overline{Y_7}$	$\overline{Y_8}$	$\overline{Y_9}$
0	0	0	0	0	0	1	1	1	1	1	1	1	1	1
1	0	0	0	1	1	0	1	1	1	1	1	1	1	1
2	0	0	1	0	1	1	0	1	1	1	1	1	1	1
3	0	0	1	1	1	1	1	0	1	1	1	1	1	1
4	0	1	0	0	1	1	1	1	0	1	1	1	1	1
5	0	1	0	1	1	1	1	1	1	0	1	1	1	1
6	0	1	1	0	1	1	1	1	1	1	0	1	1	1
7	0	1	1	1	1	1	1	1	1	1	1	0	1	1
8	1	0	0	0	1	1	1	1	1	1	1	1	0	1
9	1	0	0	1	1	1	1	1	1	1	1	1	1	0
6个无效状态	1	0	1	0	1	1	1	1	1	1	1	1	1	1
	1	0	1	1	1	1	1	1	1	1	1	1	1	1
	1	1	0	0	1	1	1	1	1	1	1	1	1	1
	1	1	0	1	1	1	1	1	1	1	1	1	1	1
	1	1	1	0	1	1	1	1	1	1	1	1	1	1
	1	1	1	1	1	1	1	1	1	1	1	1	1	1

由表5-8可以看出，该电路输入的是8421BCD码，$\overline{Y_0}\sim\overline{Y_9}$是译码器的10个输出端，"低电平"为有效输出信号，即有输出时输出端为"0"，没有译码输出时输出端为"1"。当输入为0000~1001中的任意一组代码时，$\overline{Y_0}\sim\overline{Y_9}$总有一个输出端为有效的低电平；当输入为1010~1111这6个无效信号时，译码器输出全"1"，无有效输出。因此该电路为二—十进制译码器。

【做一做】

实训5-3：集成3线—8线译码器74LS138逻辑功能测试

74LS138引脚图如图5.10所示。

将 16 脚接＋5V；8 脚接地；控制输入端 G_1 接＋5V；$\overline{G2A}$、$\overline{G2B}$接地；A_2、A_1、A_0 接"逻辑电平信号源"；$\overline{Y}_7 \sim \overline{Y}_0$ 接发光二极管。改变输入端的状态，观察各输出端的状态，并把输出端的状态填入表 5-9 中。

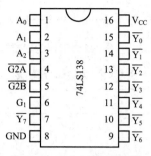

图 5.10　74LS138 引脚图

表 5-9　74LS138 功能表

输　　入			输　　出																
			理论值								实验值								
A_2	A_1	A_0	$\overline{Y}_0$	$\overline{Y}_1$	$\overline{Y}_2$	$\overline{Y}_3$	$\overline{Y}_4$	$\overline{Y}_5$	$\overline{Y}_6$	$\overline{Y}_7$	$\overline{Y}_0$	$\overline{Y}_1$	$\overline{Y}_2$	$\overline{Y}_3$	$\overline{Y}_4$	$\overline{Y}_5$	$\overline{Y}_6$	$\overline{Y}_7$
0	0	0																
0	0	1																
0	1	0																
0	1	1																
1	0	0																
1	0	1																
1	1	0																
1	1	1																

74LS138 的逻辑函数式为：

$\overline{Y}_0 = $ _____；　$\overline{Y}_1 = $ _____；　$\overline{Y}_2 = $ _____；　$\overline{Y}_3 = $ _____；

$\overline{Y}_4 = $ _____；　$\overline{Y}_5 = $ _____；　$\overline{Y}_6 = $ _____；　$\overline{Y}_7 = $ _____。

74LS138 的逻辑功能为：_____。

5.2.2　设计交通信号灯监控电路

【做一做】

实训 5-4：交通信号灯监控电路设计

设计要求：

每一组信号灯由红(R)、黄(A)、绿(G)3 盏灯组成。正常工作情况下，任何时刻必有一盏灯亮，而且只允许有一盏灯亮。而当出现其他5种点亮状态时，电路发生故障，这时要求发出故障报警信号，以提醒维护人员前去修理。

要求写出设计过程；画出电路图（用74LS138和必要的门电路实现）并测试。

设计过程：

(1) 分析。取红、黄、绿3盏灯的状态为输入变量，分别用R、A、G表示，并规定灯亮时为1，不亮时为0；取故障信号为输出变量，以Z表示，并规定正常工作状态下Z为0，发生故障时Z为1。

(2) 完成真值表5-10。

表5-10　监视交通信号灯工作状态的真值表

输　　入			输　　出
R	A	G	Z
0	0	0	1
0	0	1	0
0	1	0	0
0	1	1	1
1	0	0	0
1	0	1	1
1	1	0	1
1	1	1	1

(3) 由真值表写出表达式，并将其变换成74LS138芯片所需的表达式。

$$Z = \overline{R}\,\overline{A}\,\overline{G} + \overline{R}AG + R\overline{A}G + RA\overline{G} + RAG$$
$$= m_0 + m_3 + m_5 + m_6 + m_7$$
$$= \overline{\overline{m_0} \cdot \overline{m_3} \cdot \overline{m_5} \cdot \overline{m_6} \cdot \overline{m_7}}$$
$$= \overline{\overline{Y_0} \cdot \overline{Y_3} \cdot \overline{Y_5} \cdot \overline{Y_6} \cdot \overline{Y_7}}$$

(4) 由表达式作出逻辑电路图。

将R、A、G分别从A_2、A_1、A_0输入作为输入变量，$\overline{Y_0}$、$\overline{Y_3}$、$\overline{Y_5}$、$\overline{Y_6}$、$\overline{Y_7}$经一个与非门输出作为Z，并正确连接控制端使译码器处于工作状态。电路图如图5.11所示。

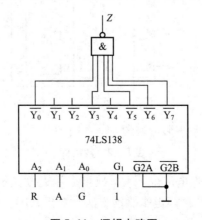

图5.11　逻辑电路图

(5) 根据逻辑图作出使用 74LS138 译码器的电路安装图。

(6) 完成电路安装。

(7) 验证电路的逻辑功能。

【练一练】

用 3 线—8 线译码器 74LS138 设计全加器。

要求：写出设计过程，包括真值表、逻辑表达式、电路图，并用 3 线—8 线译码器 74LS138 在实验箱上验证。

5.2.3 显示译码器

在数字系统中，为便于人们阅读或监视数字系统的工作情况，常常需要将数字量用十进制数码显示出来。数码显示电路一般由译码器、驱动器和显示器组成。那些能够直接驱动显示器件的译码器称为显示译码器。

由于目前大多数的显示器件为七段数码显示器，本书只介绍能驱动七段数码显示器的译码器。由于它的输出端要直接驱动数码显示器，因此它与二进制译码器、二—十进制译码器都不相同，它的输出端必须能够同时产生多个有效电平，而且要求输出功率较大，所以一般的集成显示译码器又称为七段显示器/驱动器。

1. 七段数码显示器

七段数码显示器又称为七段数码管(有的加小数点为八段)。根据发光材料的不同有荧光数码管、液晶(LCD)数码管和发光二极管(LED)等。这里主要介绍最常用的发光二极管七段显示器。

七段数码管分共阴和共阳两类，其外形图和内部接线如图 5.12 所示。a～g 7 个字段通过引脚与外部电路连接。共阴数码管将各发光二极管的阴极连接在一起成为公共电极接低电平，阳极分别由译码器输出端来驱动。当译码输出某段码为高电平时，相应的发光二极管就导通发光；共阳数码管将各发光二极管的阳极连接在一起成为公共电极接高电平，阴极分别由译码器输出端来驱动。当译码输出某段码为低电平时，相应的发光二极管就导通发光。

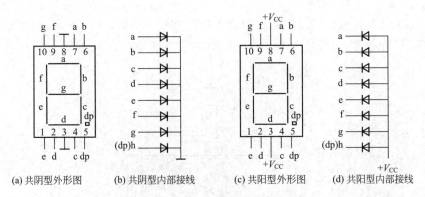

(a) 共阴型外形图　　(b) 共阴型内部接线　　(c) 共阳型外形图　　(d) 共阳型内部接线

图 5.12　数码管

LED 工作电压较低，工作电流也不大，故可以用七段显示译码器直接驱动 LED 数码管。对于共阴型数码管，应采用高电平驱动方法；对于共阳型数码管，则采用低电平驱动方法。

2. 七段显示译码器

LED 数码管通常采用图 5.13(b) 所示的七段字形显示方式来表示 0~9 十个数字。七段显示译码器就是把输入的 8421BCD 码，翻译成能够驱动七段 LED 数码管各对应段所需的电平。

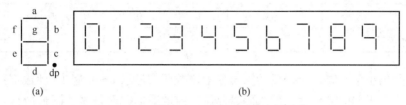

(a)　　　　　　　　　　　　(b)

图 5.13　七段数码管字形显示方式

74LS48 是一种七段显示译码器，图 5.14 所示为它的逻辑符号，表 5-11 是它的功能表。

图 5.14　74LS48 的逻辑符号

表 5-11　74LS48 功能表

十进制或功能	输 入				$\overline{BI}/\overline{RBO}$	输 出							显示数字
	$\overline{LT}$	$\overline{RBI}$	D C B A			a	b	c	d	e	f	g	
0	1	1	0 0 0 0	1	1	1	1	1	1	1	0	0
1	1	×	0 0 0 1	1	0	1	1	0	0	0	0	1
2	1	×	0 0 1 0	1	1	1	0	1	1	0	1	2
3	1	×	0 0 1 1	1	1	1	1	1	0	0	1	3
4	1	×	0 1 0 0	1	0	1	1	0	0	1	1	4
5	1	×	0 1 0 1	1	1	0	1	1	0	1	1	5
6	1	×	0 1 1 0	1	0	0	1	1	1	1	1	6
7	1	×	0 1 1 1	1	1	1	1	0	0	0	0	7
8	1	×	1 0 0 0	1	1	1	1	1	1	1	1	8
9	1	×	1 0 0 1	1	1	1	1	0	0	1	1	9
10	1	×	1 0 1 0	1	0	0	0	1	1	0	1	
11	1	×	1 0 1 1	1	0	1	1	1	0	0	1	
12	1	×	1 1 0 0	1	0	1	0	0	0	1	1	
13	1	×	1 1 0 1	1	1	0	0	1	0	1	1	
14	1	×	1 1 1 0	1	0	0	0	1	1	1	1	
15	1	×	1 1 1 1	1	0	0	0	0	0	0	0	灭零

（续）

十进制	输		入				$\overline{BI}/$	输			出				显示
或功能	$\overline{LT}$	$\overline{RBI}$	D	C	B	A	$\overline{RBO}$	a	b	c	d	e	f	g	数字
灭灯	×	×	×	×	×	×	0	0	0	0	0	0	0	0	灭零
动态灭零	1	0	0	0	0	0	0	0	0	0	0	0	0	0	灭零
试灯	0	×	×	×	×	×	1	1	1	1	1	1	1	1	8

当输入代码小于9时，译码器的输出使七段数码管显示0～9这10种数字；当输入代码大于9时，译码器的输出使七段数码管显示一定的图形，而且这些图形应该与有效的数字有较大的区别，不至于引起混淆；当输入的代码为1111(十进制数15)时，译码器的输出使七段数码管的所有字段都不发光，这种状态称为"灭零"状态。

$\overline{BI}/\overline{RBO}$既可以作为输入端使用，又可以作为输出端使用。$\overline{BI}/\overline{RBO}$作为输入端使用时为灭灯输入端，低电平有效，即$\overline{BI}=0$时，不管其他输入端为何种电平，各输出端均输出"0"，即处于"灭零"状态，该端优先权最高。

$\overline{LT}$为灯测试输入端。当$\overline{BI}=1$，$\overline{LT}=0$时，各字段 a～g 均输出高电平，显示数字"8"，可以对数码管进行测试，用来检查数码管各个字段是否正常。正常译码时$\overline{LT}=1$。

$\overline{RBI}$为灭零输入端。当不希望0(例如小数点前后多余的0)显示出来时，可以用该信号灭掉。在$\overline{LT}=1$条件下，当输入端DCBA=0000时，若$\overline{RBI}=1$，显示器显示0，同时动态灭零输出端$\overline{RBO}=1$；若$\overline{RBI}=0$，译码器各字段输出均为0，显示器熄灭，同时$\overline{RBO}=0$。

$\overline{BI}/\overline{RBO}$作为输出端使用时称为灭零输出端。当$\overline{LT}=1$，$\overline{RBI}=0$时，若输入 DCBA=0000，不但使该译码器驱动的数码管灭零，而且输出$\overline{RBO}=0$。若将这个0送到另一译码器的$\overline{RBI}$端，可以使这个译码器驱动的数码管的0都熄灭。

因此，将$\overline{BI}/\overline{RBO}$与相邻的译码器的$\overline{RBI}$配合使用，可以消去整数有效数字之前，和小数点之后，不必要显示的"0"。例如：要显示数字008.600，人们习惯显示成8.6，这样8前面的"0"和6后面的"0"都不需要显示，应该消隐，接成图5.15所示的电路即可实现。

74LS48译码器内部输出端有 2kΩ 电阻上拉，故可以直接使用，显示电路见图5.16。但有些译码器内部没有上拉电阻，则需要在外部接上拉电阻或限流电阻，如图5.17所示。

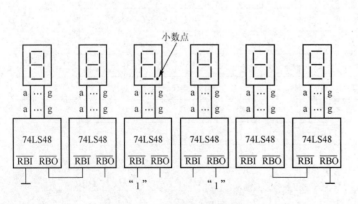

图 5.15 多位数字显示连接

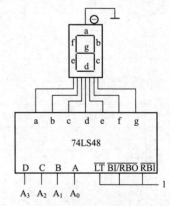

图 5.16 74LS48 驱动数码管电路

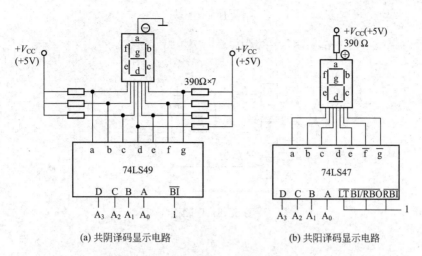

(a) 共阴译码显示电路　　　　　(b) 共阳译码显示电路

图 5.17　外接电阻的译码显示电路

【做一做】

实训 5-5：七段显示译码器的设计和调试

设计要求：

要求设计一个译码器：使用两片 74LS00 能显示 0、5、6、9 四个字形的译码逻辑电路，输入两变量 A、B。

设计提示：

(1) 要先选定 LED 数码管是共阳极还是共阴极形式。

(2) 要注意译码器的输出电流能否直接驱动 LED 发光，否则要加驱动器。

(3) 驱动电路或译码电路输出与笔段之间要加限流电阻器。

设计过程：

(1) 选定 LED 数码管是共阳极还是共阴极形式(本实验 LED 数码管为共阴极，型号 SM420501，共阴极 LED 的 COM 脚应接地)。

(2) 列出显示状态表 5-12。

表 5-12　数码管显示状态表

A B	字形	a	b	c	d	e	f	g
0 0	0	1	1	1	1	1	1	0
0 1	5	1	0	1	1	0	1	1
1 0	6	1	0	1	1	1	1	1
1 1	9	1	1	1	1	0	1	1

(3) 写出各段译码逻辑表达式

$$a=c=d=f=\overline{A}\,\overline{B}+\overline{A}B+A\overline{B}+AB=1$$

$$b=\overline{A}\,\overline{B}+AB=\overline{\overline{A}\cdot\overline{B}\cdot\overline{AB}}$$

$$e=\overline{A}\,\overline{B}+A\overline{B}=\overline{B}$$

$$g=\overline{A}B+A\overline{B}+AB=A+B=\overline{\overline{A}\cdot\overline{B}}$$

(4) 作逻辑图 5.18。

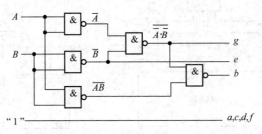

图 5.18　逻辑图

(5) 根据逻辑图作出电路安装图。

(6) 验证逻辑功能。

【做一做】

实训 5−6：采用集成显示译码器 CC4511 的显示电路

七段显示译码器 CC4511 与显示译码器 74LS48 的主要区别是：CC4511 具有消隐功能，即不需要接成图 5.15 所示的电路。CC4511 的引脚图如图 5.19 所示。利用显示译码器 CC4511 构成一位数码显示电路，并测试其功能表。

实验步骤：

(1) 译码器用输出高电平驱动显示器时，应该选用共阴极的数码管；译码器用输出低电平驱动显示器时，应该选用共阳极的数码管。

① CC4511 译码器输出高电平为有效电平，而且驱动电流大，可以直接驱动共阴极 LED 显示器件，连接如图 5.20 所示。

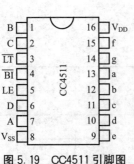

图 5.19　CC4511 引脚图

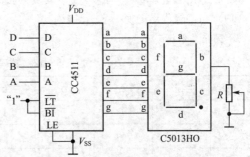

图 5.20　七段显示译码器连接示意图

② 将 A、B、C、D 分别接到 K1、K2、K3、K4 电平开关上，以便送入数码。

③ 将 a、b、c、d、e、f、g 接共阴型 LED(SM420501)(注：共阴极 LED 的 COM 脚应接地)。

④ $\overline{LT}$ 接电平开关 K8 上。

⑤ $\overline{BI}$ 接电平开关 K7 上。

⑥ LE 接电平开关 K6 上。

（2）试灯输入：当$\overline{LT}$=0时，不论D（K4）、C（K3）、B（K2）、A（K1）输入状态如何，显示器应显示8。（用于测试各发光二极管的好坏。）

（3）消隐试验：当$\overline{LT}$=1、$\overline{BI}$=0时，不论A、B、C、D输入状态如何，显示器应全灭。（$\overline{BI}$为消隐输入端，低电平有效。）

（4）锁存试验：当$\overline{LT}$=1，$\overline{BI}$=1时，在LE上升沿时锁存刚刚建立的状态（LE锁存控制端，高电平有效，正常译码时LE=0）。

（5）由K1、K2、K3、K4这4个置数开关送入二进制码，记下显示器的对应字形并填入表5－13中。

表5－13　CC4511功能测试表

| 输入 | | | | 输出 | 显示 |
LE	$\overline{LT}$	$\overline{BI}$	D C B A	a b c d e f g	数字
×	0	×	× × × ×	1 1 1 1 1 1 1	
×	1	0	× × × ×	0 0 0 0 0 0 0	
0	1	1	0 0 0 0	1 1 1 1 1 1 0	
0	1	1	0 0 0 1	0 1 1 0 0 0 0	
0	1	1	0 0 1 0	1 1 0 1 1 0 1	
0	1	1	0 0 1 1	1 1 1 1 0 0 1	
0	1	1	0 1 0 0	0 1 1 0 0 1 1	
0	1	1	0 1 0 1	1 0 1 1 0 1 1	
0	1	1	0 1 1 0	0 0 1 1 1 1 1	
0	1	1	0 1 1 1	1 1 1 0 0 0 0	
0	1	1	1 0 0 0	1 1 1 1 1 1 1	
0	1	1	1 0 0 1	1 1 1 0 0 1 1	
0	1	1	1 0 1 0	0 0 0 0 0 0 0	
0	1	1	1 0 1 1	0 0 0 0 0 0 0	
0	1	1	1 1 0 0	0 0 0 0 0 0 0	
0	1	1	1 1 0 1	0 0 0 0 0 0 0	
0	1	1	1 1 1 0	0 0 0 0 0 0 0	
0	1	1	1 1 1 1	0 0 0 0 0 0 0	
1	1	1	× × × ×	在LE由0变1时由输入决定	

无论共阴还是共阳七段显示电路，都需要加限流电阻，否则通电后就把七段译码管烧坏了。限流电阻的选取是：5V电源电压减去发光二极管的工作电压除上10～15mA得数即为限流电阻的值。发光二极管的工作电压一般在4.8～2.2V，为计算方便，通常选2V即可。发光二极管的工作电流选取在10～20mA，电流选小了，七段数码管不太亮，选大了工作时间长了发光管易烧坏。

实训任务 5.3 数据选择器应用电路的设计

数据选择器又称多路开关，它的功能是在选择输入(又称地址输入)信号的作用下，在多个数据输入通道中选择某一通道的数据传输至输出端。常用的数据选择器芯片有 4 选 1 如 74LS153、8 选 1 如 74LS151、16 选 1 如 74LS150 等产品。

5.3.1 双 4 选 1 数据选择器 74LS153

图 5.21(a)是集成双 4 选 1 数据选择器 74LS153 中的一个 4 选 1 数据选择器电路，其逻辑符号如图 5.21(b)所示，引脚图如图 5.21(c)所示。

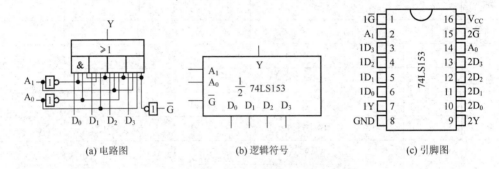

(a) 电路图   (b) 逻辑符号   (c) 引脚图

图 5.21 集成双 4 选 1 数据选择器 74LS153

74LS153 包含两个完全相同的 4 选 1 数据选择器，其中 A_1、A_0 是公共的控制信号(也称地址信号)，$D_3 \sim D_0$ 是数据输入端，Y 是数据输出端，$1\overline{G}$ 和 $2\overline{G}$ 是附加控制端。当 $1\overline{G}=0$ 或者 $2\overline{G}=0$ 时，由逻辑图写出一个数据选择器的输出表达式

$$Y=D_0\overline{A_1}\overline{A_0}+D_1\overline{A_1}A_0+D_2A_1\overline{A_0}+D_3A_1A_0$$

在 A_1A_0 控制下，输出 Y 从 4 个数据输入中选出需要的一个作为输出，所以称为数据选择器，其功能表见表 5 - 14。

表 5 - 14 74LS153 功能表

使能端	地址输入控制端		输出
$\overline{G}(1\overline{G}、2\overline{G})$	A_1	A_0	1Y(2Y)
1	×	×	0
0	0	0	D_0
0	0	1	D_1
0	1	0	D_2
0	1	1	D_3

【做一做】

实训5-7：测试74LS153中一个4选1数据选择器的逻辑功能

实训流程：

(1) 如图5.22所示，4个数据输入引脚I0A、I1A、I2A、I3A分别接电平开关K5、K6、K7、K8，输出端ZA接电平指示，变化地址输入控制引脚S0、S1和使能引脚EA的电平，观察电平指示灯情况，将结果填入表5-15中。

(2) 4个数据输入引脚I0A、I1A、I2A、I3A分别接实验台上的5MHz、1MHz、500kHz、100kHz脉冲源。变化地址输入控制引脚S0、S1和使能引脚EA的电平，产生8种不同的组合。观察每种组合下数据选择器的输出波形。

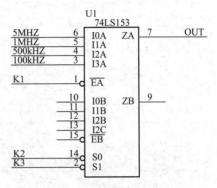

图5.22　74LS153实验接线图

表5-15　74LS153实验表

选通	输入选择		数据输入				输出
EA	S1	S0	I0A	I1A	I2A	I3A	ZA
1	X	X	X	X	X	X	0
0	0	0	0	X	X	X	
0	0	0	1	X	X	X	
0	0	1	X	0	X	X	
0	0	1	X	1	X	X	
0	1	0	X	X	0	X	
0	1	0	X	X	1	X	
0	1	1	X	X	X	0	
0	1	1	X	X	X	1	

5.3.2　8选1数据选择器74LS151

74LS151有3个地址输入端A_2、A_1、A_0，8个数据输入端$D_7 \sim D_0$，两个互补输出的数据输出端Y和$\overline{Y}$，还有一个控制输入端$\overline{G}$。其逻辑符号如图5.23所示，功能表见表5-16。

$\overline{G}$为低电平有效。当$\overline{G}=1$时，电路处在禁止状态，输出Y为0；当$\overline{G}=0$时，电路处在工作状态，由地址输入端A_2、A_1、A_0的状态决定哪一路信号送到Y和$\overline{Y}$。

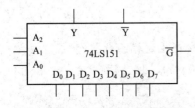

图5.23　74LS151的逻辑符号

表 5 - 16　74LS151 功能表

使能端	地址输入控制端			输出
$\overline{G}$	A_2	A_1	A_0	Y
1	×	×	×	0
0	0	0	0	D_0
0	0	0	1	D_1
0	0	1	0	D_2
0	0	1	1	D_3
0	1	0	0	D_4
0	1	0	1	D_5
0	1	1	0	D_6
0	1	1	1	D_7

5.3.3　应用举例

1. 功能扩展

用两片 8 选 1 数据选择器 74LS151,可以构成 16 选 1 数据选择器,具体电路如图 5.24所示。

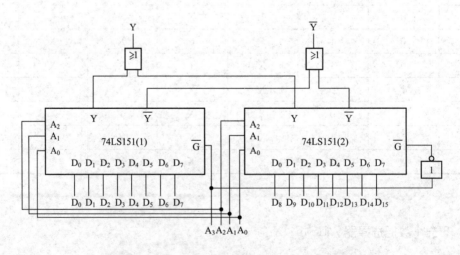

图 5.24　用 74LS151 构成 16 选 1 数据选择器

2. 实现组合逻辑函数

[例 5 - 2]　试用 8 选 1 数据选择器 74LS151 及门电路产生逻辑函数:
$$F(A、B、C、D)=\sum_m(0、5、8、9、10、11、14、15)$$

解:$F=\sum_m(0、5、8、9、10、11、14、15)$
$$=\overline{A}\,\overline{B}\,\overline{C}\,\overline{D}+\overline{A}B\overline{C}D+A\overline{B}\,\overline{C}\,\overline{D}+A\overline{B}\,\overline{C}D+A\overline{B}C\overline{D}+A\overline{B}CD+ABC\overline{D}+ABCD$$

$$=\overline{D}\,\overline{A}\,\overline{B}\,\overline{C}+D\overline{A}\,B\,\overline{C}+(\overline{D}+D)A\,\overline{B}\,\overline{C}+(\overline{D}+D)A\,\overline{B}\,C+(\overline{D}+D)ABC$$
$$=\overline{D}\,\overline{A}\,\overline{B}\,\overline{C}+D\overline{A}\,B\,\overline{C}+A\,\overline{B}\,\overline{C}+A\,\overline{B}\,C+ABC$$

将 ABC 分别从 A_2、A_1、A_0 输入作为输入变量，把 Y 输出作为 F，根据 8 选 1 数据选择器的逻辑功能，令

$D_2=D$，$D_0=\overline{D}$，$D_4=D_5=D_7=1$，$D_1=D_3=D_6=0$，$\overline{G}=0$

即可实现题目要求的逻辑函数，电路如图 5.25 所示。

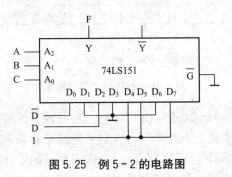

图 5.25　例 5－2 的电路图

【做一做】

实训 5-8：4 人多数表决器电路设计

设计要求：

某比赛裁判判定电路的具体要求：设有 4 名裁判，当 3 名及以上裁判判定合格时，运动员的动作为成功，并发出成功的信号。

设计步骤：

(1) 根据题意列出真值表。

(2) 写出 74LS151 芯片所需要的逻辑表达式。

(3) 画出逻辑图。

(4) 根据逻辑图作出电路的安装图。

(5) 根据安装图完成电路安装。

(6) 验证裁判判定电路的逻辑功能。

【练一练】

设计用 3 个开关控制一个电灯的逻辑电路，要求改变任何一个开关的状态都能控制电灯由亮变灭或者由灭变亮。要求用双 4 选 1 数据选择器 74LS153 实现此功能。

实训任务 5.4　抢答器电路的设计

抢答器广泛应用于各种知识竞赛中。当抢先者按下面前的按钮时，输入电路立即输出一个抢答信号，抢先者所对应的指示灯亮或者将编号在显示器上显示，而其他选手再按按钮就无效。抢答器可以通过分立门电路、中规模集成电路或单片机等多种方式实现。实训 4－7 所设计的抢答器是用基本门电路构成的简易型抢答器，通过对应的发光

二极管(指示灯)被点亮来表示抢答成功。本设计用中规模集成电路来设计具有显示选手编号的抢答器。

5.4.1　抢答器的组成

本抢答器的组成框图如图 5.26 所示。它主要由抢答按钮组电路、锁存电路、锁存控制电路、编码电路、译码显示电路等几部分组成。

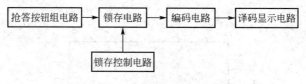

图 5.26　抢答器的组成框图

（1）抢答按钮组电路：由一组按钮组成，每一名竞赛者控制一个按钮。按钮为常开型触点，当按下开关时，触点闭合；当松开开关时，触点能自动复位而断开。

（2）锁存电路：主要元器件就是锁存器。当该锁存器的使能端为有效电平(如低电平)时，将当前输出锁定，并阻止新的输入信号通过锁存器。

（3）锁存控制电路：根据要求使锁存电路处于锁存或解锁状态。一轮抢答完成后，应将锁存电路的封锁解除，使锁存器重新处于等待接收状态，以便进行下一轮的抢答。

（4）编码电路：将锁存电路输出端产生的电平信号，编码为相应的 3 位二进制数码。

（5）译码显示电路：将编码电路输出的二进制数码，经显示译码器，转换为数码管所需的逻辑电平，驱动 LED 数码管显示相应的十进制数码。

编码电路、译码显示电路在前面已作介绍，这里简单介绍锁存器的知识。

5.4.2　8 路锁存器 74LS373 简介

74LS373 是 8 路数据锁存器，它能够记忆、锁存数据，其引脚图和逻辑符号如图 5.27 所示，功能见表 5 - 17。

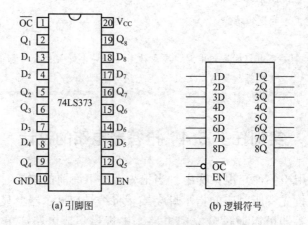

(a) 引脚图　　　　(b) 逻辑符号

图 5.27　8 路数据锁存器 74LS373

表 5-17 8 路数据锁存器 74LS373 功能表

输 入			输 出
$\overline{OC}$	EN	D	Q
0	1	1	1
0	1	0	0
0	0	X	Q^n
1	X	X	Z

从表中可以看出，$\overline{OC}$ 为三态控制端（低电平有效），当 $\overline{OC}=1$ 时，8 个输出端均为高阻态（功能表中的 Z 表示高阻态）。$\overline{OC}=0$ 时，若使能端 EN＝1，则锁存器处于接收数据状态，输出端 $Q_1 \sim Q_8$ 随着输入端数据 $D_1 \sim D_8$ 的变化而变化；若使能端 EN＝0，锁存器处于锁存数据状态，输出端的数据锁存不变。

5.4.3 电路设计及元器件的选择

1. 电路组成和元器件的选择

1）抢答按钮组电路

图 5.28 所示为 4 路抢答按钮组电路，4 个按钮均为常开型触点。

2）锁存电路

锁存电路元器件就是 8 路锁存器 74LS373，如图 5.29 所示。

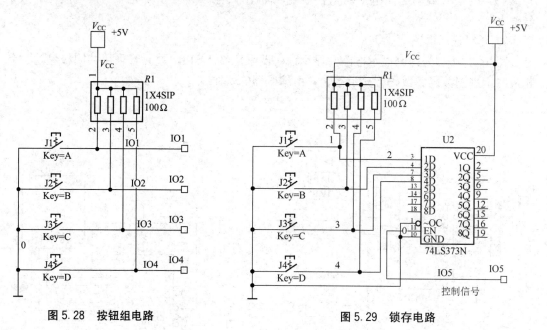

图 5.28 按钮组电路

图 5.29 锁存电路

3）锁存控制电路

锁存控制电路由一个复合按钮 J5 和一个或门组成，复合按钮的常开触点接电源（高电平），而常闭触点接地（低电平），如图 5.30 所示。

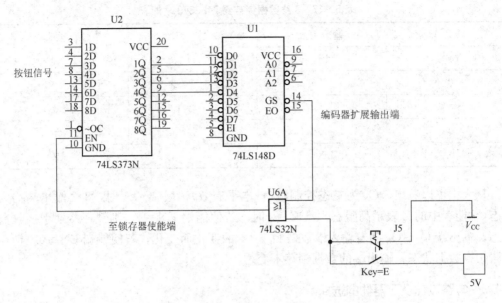

图 5.30　锁存控制电路

4）编码电路

图 5.31 所示为编码电路，74LS148 为 8 线—3 线优先编码器。当$\overline{\text{EI}}$接低电平，编码器处于工作状态，任何一端输入有效信号（低电平）时，输出为相应编号的 3 位二进制数码。由于输出的数码为反码，故用非门将其转换成原码，同时扩展端$\overline{\text{GS}}$输出高电平。当编码器的输入端均为高电平时，扩展端$\overline{\text{GS}}$输出低电平，表示"此片工作，但无有效信号输入"。

5）译码显示电路

图 5.32 所示为译码显示电路。显示译码器采用 74LS48，数码管采用共阴极型，显示相应的十进制数码。数码管显示与否，由编码器$\overline{\text{GS}}$端控制。

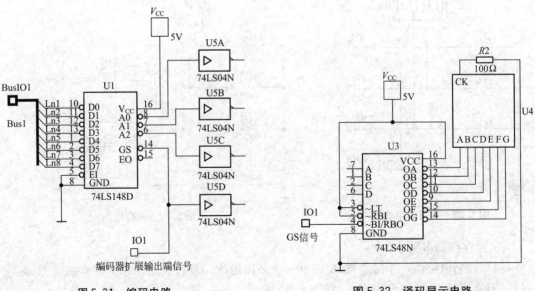

图 5.31　编码电路　　　　　　　　　图 5.32　译码显示电路

2．工作过程分析

4 人抢答器总体电路如图 5.33 所示。

当按钮未按下时，编码器 $D_1 \sim D_4$ 各端均为高电平，编码器处于工作，但"无有效信号输入状态"，$\overline{GS}=1$，通过或门，使锁存器使能端 $EN=1$，处于等待接收状态。

当按下某一按钮时，低电平脉冲输入锁存器，锁存器 Q 端输出信号等于输入信号，输入至编码器 74LS148。编码器对该信号进行编码，并使$\overline{GS}=0$。由于抢答器正常工作时双控开关 J5 置于低电平状态，因此，锁存器使能端 $EN=0$，锁存器处于锁存状态，阻止新的输入信号通过锁存器。

一轮抢答完成后，按一下复合按钮 J5，高电平脉冲通过或门可使锁存器使能端 $EN=1$，电路解除锁存，使锁存器重新处于等待接收状态，以便进行下一轮的抢答。

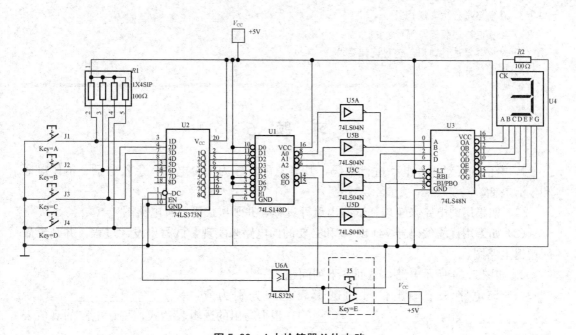

图 5.33　4 人抢答器总体电路

5.4.4　抢答器制作与调试

【做一做】

实训 5-9：4 人抢答器仿真调试

实训流程：

（1）根据上述设计绘制仿真电路图。

（2）对电路进行仿真调试。

【做一做】

实训 5－10：8 人抢答器设计与制作

设计要求：

(1) 8 路开关输入。

(2) 稳定显示与输入开关编号相对应的数字。

(3) 显示具有第一性和唯一性。

(4) 一轮抢答完成后，能进行解锁，准备下一轮抢答。

实训流程：

(1) 绘制 8 人抢答器原理图。

(2) 列出 8 人抢答器的元件清单。

(3) 对电路进行仿真调试。

(4) 完成电路的装配与焊接。

(5) 对抢答器进行调测，达到设计要求。

(6) 撰写设计报告。

习 题 5

1. 电信局要对 4 种电话进行编码，其紧急的次序为火警电话、急救电话、工作电话和生活电话。

(1) 如果用门电路来实现，试写出设计过程，并画出最简逻辑电路图。

(2) 如果用优先编码器 74LS148 和必要的门电路来实现，试写出设计过程，并画出最简逻辑电路图。

2. 如图 5.34 所示电路，试回答下列问题。

(1) 该电路 3 个输出信号的逻辑表达式分别为 $Y_2 = $ ＿＿＿＿＿＿＿＿，$Y_1 = $ ＿＿＿＿＿＿＿＿，$Y_0 = $ ＿＿＿＿＿＿＿＿；根据写出的逻辑表达式，将该电路的真值表填入表 5－18 中。

表 5－18　题 2 表

I	Y_2	Y_1	Y_0
I_0			
I_1			
I_2			
I_3			
I_4			
I_5			
I_6			
I_7			

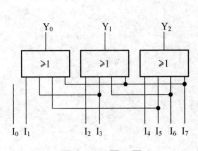

图 5.34　题 2 图

（2）该电路是由 3 个或门组成的_____位_____进制_____器。

（3）该电路输入信号为_____电平有效，当输入 $I_5=1$、其余输入为低电平时，则输出 $Y_2 Y_1 Y_0=$_____；当输入 $I_1 \sim I_7$ 均为低电平时，输出 $Y_2 Y_1 Y_0=$_____。

（4）该电路输入信号数目 $N=$_____，若输入信号为 16 个，则应该用_____个或门实现这种电路。

3. 设计一个编码器，输入是 5 个信号，输出是 3 位二进制码，其真值表见表 5 - 19。

4. 设计一个六进制译码器，其真值表见表 5 - 20 所示，其中 $A_2 A_1 A_0=110$，111 为无效状态，可作约束项处理。

表 5 - 19　题 3 表

输　入					输　出		
I_0	I_1	I_2	I_3	I_4	Y_2	Y_1	Y_0
1	0	0	0	0	0	0	1
0	1	0	0	0	0	1	0
0	0	1	0	0	0	1	1
0	0	0	1	0	1	0	0
0	0	0	0	1	1	0	1

表 5 - 20　题 4 表

A_2	A_1	A_0	Y_5	Y_4	Y_3	Y_2	Y_1	Y_0
0	0	0	0	0	0	0	0	1
0	0	1	0	0	0	0	1	0
0	1	0	0	0	0	1	0	0
0	1	1	0	0	1	0	0	0
1	0	0	0	1	0	0	0	0
1	0	1	1	0	0	0	0	0

5. 用指定的集成电路及门电路产生逻辑函数：$Z=\overline{A}BC+A\overline{B}C+AB$

（1）3 线—8 线译码器 74LS138。

（2）8 选 1 数据选择器 74LS151。

6. 3 线—8 线译码器 74LS138 连接如图 5.35 所示，写出它实现的最简函数表达式 S 和 C_O，并分析其逻辑功能。

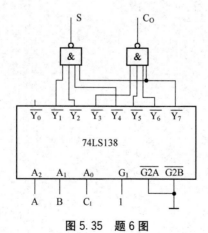

图 5.35　题 6 图

7. 试分析图 5.36 所示电路，要求列出真值表，写出最简函数表达式。

8. 用 8 选 1 数据选择器 74LS151 产生下列逻辑函数。

（1）$F_1(A、B、C、D)=\sum_m(0、5、8、9、10、11、14、15)$

（2）$F_2(A、B、C、D)=\sum_m(0、1、2、5、8、10、12、13)$

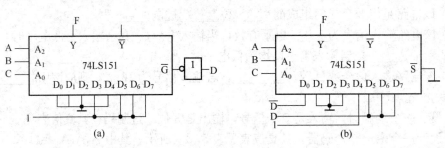

图 5.36　题 7 图

9. 有红、黄、绿 3 只指示灯，用来指示 3 台设备的工作情况，当 3 台设备都正常工作时，绿灯亮；当有一台设备有故障时，黄灯亮；当有两台设备同时发生故障时，红灯亮；当 3 台设备同时发生故障时，黄灯和红灯同时亮，试写出用 74LS138 实现红、黄、绿灯点亮的逻辑函数表达式，并画出接线图。

10. 用一片 74LS153 双 4 选 1 数据选择器和必要的门电路组成 8 选 1 数据选择器。

项目 6

数字钟的设计与制作

知识目标

➢ 熟悉基本 RS 触发器的电路组成,掌握其逻辑功能,理解其工作原理。
➢ 了解同步 RS 触发器的电路结构,掌握其逻辑功能。
➢ 掌握几种触发方式的触发特点,能正确画出触发波形图。
➢ 掌握 RS 触发器、D 触发器、JK 触发器、T 触发器的逻辑功能,能用功能表、状态真值表、特性方程、状态转换图和时序图等多种方法来描述逻辑功能。
➢ 掌握常用集成触发器及其应用方法。
➢ 掌握时序电路的分析方法。
➢ 掌握集成计数器 74LS160 和 74LS290 的逻辑功能。
➢ 掌握集成计数器组成任意进制计数器的方法。
➢ 了解数码寄存器和移位寄存器的电路组成和工作原理。
➢ 熟悉寄存器的一般应用。
➢ 掌握 555 定时器的基本知识。
➢ 了解 555 定时器构成的单稳态触发器、多谐波振荡器和施密特触发器的应用。
➢ 了解数字钟的基本组成和工作原理;能分析数字钟电路。

技能目标

➢ 具有查阅集成触发器、集成计数器等集成电路的能力。
➢ 会识读集成触发器、集成计数器等集成电路的引脚。
➢ 能检测常用的集成触发器、集成计数器的逻辑功能。
➢ 能用集成触发器组成同步或异步计数器,并进行逻辑功能的测试。
➢ 能用集成计数器组成任意进制计数器。
➢ 会识读寄存器等集成器件的引脚,能检测常用寄存器等集成器件的逻辑功能。
➢ 学会寄存器等使用方法,能利用寄存器等集成器件组成应用电路。
➢ 能按工艺要求制作 555 振荡电路。
➢ 掌握利用 555 定时器组成施密特电路、多谐振荡器、单稳态触发器等各种电路的方法。
➢ 掌握数字电路系统的制作、调试技巧和方法。
➢ 掌握通过逻辑分析查找数字电路故障的方法。
➢ 会安装并调试数字钟。

工作任务

➢ 集成触发器功能测试。
➢ 触发器构成的计数器。
➢ 集成计数器组成任意进制计数器。
➢ 集成寄存器逻辑功能测试。
➢ 循环灯电路的设计。
➢ 555 定时器逻辑功能的测试。
➢ 用 555 定时器构成多谐振荡器、单稳态触发器。
➢ 数字钟的电路设计与制作。

实训任务 6.1 集成触发器功能测试

6.1.1 RS 触发器

1. 触发器的基本概念

触发器是时序逻辑电路中最基本的电路器件，它是由门电路合理连接而成的(其中总有交叉耦合而成的正反馈环路)，它与组合逻辑电路不同之处为：具有"记忆"功能。

触发器有以下特点。

(1) 具有两个稳定存在的状态。触发器有两个输出端，分别用 Q 和 $\overline{Q}$ 表示。正常情况下，Q 和 $\overline{Q}$ 总是逻辑互补的。约定 Q 端的状态为触发器的状态，即 Q=1，$\overline{Q}=0$ 为触发器"1"状态；Q=0，$\overline{Q}=1$ 称为触发器为"0"状态。

(2) 在外加信号的作用下(称为触发)可以由一种状态转换成另一种状态(称为翻转)，即可以由"0"状态翻转成"1"状态，或由"1"状态翻转成"0"状态。

(3) 输入信号消失后，触发器能够把对它的影响保留下来，即具有记忆功能。

触发器有许多种，按照电路的结构形式进行分类，可以分为基本 RS 触发器、同步触发器(也称为时钟控制触发器)、主从触发器、维持阻塞触发器、边沿触发器等。按照触发器的逻辑功能进行分类，可以分为 RS 触发器、JK 触发器、D 触发器、T 触发器和 T′触发器。各类触发器可以由 TTL 电路组成，也可以由 CMOS 电路组成。

2. 基本 RS 触发器

1) 电路组成

将两个门电路的输入端与输出端交叉耦合就组成一个基本 RS 触发器。可以用两个与非门组成，又可以用两个或非门组成，集成触发器中前者多见，我们以与非门组成的触发器为例介绍。

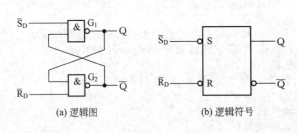

(a) 逻辑图　　(b) 逻辑符号

图 6.1　基本 RS 触发器

用与非门组成的基本 RS 触发器的逻辑图如图 6.1(a)所示，其逻辑符号如图 6.1(b)所示。

$\overline{S}_D$、$\overline{R}_D$ 为信号输入端，非号表示低电平有效(即低电平为有效的输入信号)，在逻辑符号上用两个小圈表示。Q 和 $\overline{Q}$ 为两个输出端，正常工作时，两个输出端总是互补的。

【做一做】

实训 6-1：基本 RS 触发器功能测试

实训流程：

(1) 将两个 TTL 与非门 74LS00 首尾相连构成基本 RS 触发器，如图 6.1 所示。

（2）在图 6.1 中将两个输入端 $\overline{S}_D$、$\overline{R}_D$ 接实验箱的逻辑电平开关，Q、$\overline{Q}$ 端接发光二极管。按表 6-1 的顺序在 $\overline{S}_D$、$\overline{R}_D$ 端加输入信号，观察 Q、$\overline{Q}$ 端的输出状态，将结果填入表 6-1 中，并说明其逻辑功能。

表 6-1 基本 RS 触发器功能表

输 入		输 出		逻辑功能
$\overline{S}_D$	$\overline{R}_D$	Q	$\overline{Q}$	
0	1			
1	0			
1	1			（Q 为 1 时）
				（Q 为 0 时）
0	0			

2）逻辑功能

由于触发器输出端的状态会随着加入输入信号的变化而变化，为了区分加入信号之前的触发器的状态和加入输入信号以后触发器的状态，我们规定加入输入信号之前触发器输出端的状态称为原状态，用 Q^n 和 $\overline{Q^n}$ 表示；加入输入信号之后触发器输出端的状态称为新状态，用 Q^{n+1} 和 $\overline{Q^{n+1}}$ 表示。

将基本 RS 触发器的输入信号、触发器的原状态以及触发器的新状态列成表格即为基本 RS 触发器的状态真值表，见表 6-2。

功能分析：

（1）$\overline{R}_D=0$、$\overline{S}_D=1$，触发器的逻辑功能为"置 0"，表示为 $Q^{n+1}=0$，$\overline{Q^{n+1}}=1$。

$\overline{R}_D=0$ 时，无论 $\overline{Q^n}$（原状态）如何，都可使 $\overline{Q^{n+1}}=1$，反馈到 G_1 的输入端，使 G_1 的输入全"1"，所以 G_1 输出 $Q^{n+1}=0$。$Q^{n+1}=0$ 再反馈到 G_2 的输入端，使 G_2 的输出 $\overline{Q^{n+1}}$ 保持状态不变，即使此时 $\overline{R}_D=0$ 的负脉冲消失，由于有 $Q^{n+1}=0$ 的作用，G_2 的输出也不会改变，一直保持到有新的输入信号到来。$\overline{R}_D$ 输入端称为"置 0"输入端，或称为"复位端"。

表 6-2 基本 RS 触发器的状态真值表

输入		原状态	输出	逻辑功能
$\overline{R}_D$	$\overline{S}_D$	Q^n	Q^{n+1}	
0	1	0	0	置0
0	1	1	0	
1	0	0	1	置1
1	0	1	1	
1	1	0	0	保持
1	1	1	1	
0	0	0	×	不确定
0	0	1	×	

（2）$\overline{S}_D=0$、$\overline{R}_D=1$，触发器的逻辑功能为"置 1"，表示为 $Q^{n+1}=1$，$\overline{Q^{n+1}}=0$。

$\overline{S}_D=0$，使 $Q^{n+1}=1$，反馈到 G_2 的输入端，使 G_2 的输入全"1"，所以 G_2 输出 $\overline{Q^{n+1}}=0$。$\overline{Q^{n+1}}=0$ 再反馈到 G_1 的输入端，即使 $\overline{S}_D=0$ 的低电平信号消失，也能保证 $Q^{n+1}=1$。$\overline{S}_D$ 端称为"置 1"输入端，或称为"置位端"。

（3）$\overline{R}_D=1$、$\overline{S}_D=1$，触发器保持原状态不变，表示为 $Q^{n+1}=Q^n$，$\overline{Q^{n+1}}=\overline{Q^n}$

$\overline{R}_D=1$、$\overline{S}_D=1$ 表示触发器没有有效的输入信号，触发器应该保持原状态不变。

设触发器原状态为"0"状态，即$Q^n=0$，$\overline{Q^n}=1$。$Q^n=0$使$\overline{Q^{n+1}}=1$，反馈到G_1的输入端，使G_1输入全"1"，所以G_1输出$Q^{n+1}=0$，即$Q^{n+1}=Q^n=0$，电路保持"0"状态。

设触发器原状态为"1"状态，即$Q^n=1$，$\overline{Q^n}=0$。$\overline{Q^n}=0$使$Q^{n+1}=1$，反馈到G_2的输入端，使G_2输出$\overline{Q^{n+1}}=0$，即$Q^{n+1}=Q^n=1$。电路保持"1"状态。根据分析有如下结论：无论触发器的原状态如何，只要输入$\overline{R}_D=1$、$\overline{S}_D=1$触发器都保持原状态不变。

(4) $\overline{R}_D=0$、$\overline{S}_D=0$，触发器的状态不确定，可以用"×"表示。

$\overline{R}_D=0$，使$\overline{Q^{n+1}}=1$；$\overline{S}_D=0$，使$Q^{n+1}=1$，此时两个输出端Q和$\overline{Q}$不再互补，既不是定义的"0"状态，也不是定义的"1"状态，属于非正常的工作情况，这是不允许的。当$\overline{R}_D$、$\overline{S}_D$同时由"0"回到"1"时，无法确定触发器将回到"0"状态还是回到"1"状态。我们把这种不允许在$\overline{R}_D$、$\overline{S}_D$同时输入低电平信号的情况称为约束条件。可以表示为$\overline{R}_D+\overline{S}_D=1$。即正常工作时输入信号应该满足$\overline{R}_D+\overline{S}_D=1$的约束条件。

3. 同步RS触发器

在实际的数字系统中，通常由时钟脉冲(也称为同步信号)CP来控制触发器按一定的节拍同步动作，即在控制信号到来时，根据输入信号统一更新触发器状态。这种有时钟控制端的触发器称为同步触发器，或称为时钟控制触发器。

1) 电路结构

同步RS触发器是在G_1和G_2组成的基本RS触发器的基础上，增加用来引入R、S及CP信号的两个与非门G_3、G_4而构成，其电路如图6.2(a)所示，逻辑符号如图6.2(b)所示。

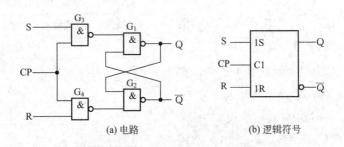

(a) 电路 　　　　　　 (b) 逻辑符号

图6.2　同步RS触发器

2) 逻辑功能分析

(1) 无时钟脉冲作用时(CP=0)，G_3、G_4输出高电平，无论输入信号R、S怎样变化，基本RS触发器的输入端$\overline{S}_D$、$\overline{R}_D$总是为1，所以触发器保持原状态不变。

(2) 有时钟脉冲作用时(CP=1)，G_3、G_4的输入完全取决于输入信号R、S，并根据RS的状态更新触发器的状态。

同步RS触发器的状态真值表见表6-3。

同步RS触发器的输入仍有约束，即RS不能同时为"1"，可以表示为RS=0。

在一般情况下，在G_3、G_4门上还有两个不受时钟脉冲控制端$\overline{R}_D$、$\overline{S}_D$可直接置0、置1。$\overline{R}_D$称为异步置0端，$\overline{S}_D$称为异步置1端。逻辑电路及逻辑符号分别如图6.3(a)、图6.3(b)所示。

表 6-3　同步 RS 触发器的状态真值表

输入			输出 Q^{n+1}		逻辑功能
S	R	Q^n	CP=0	CP=1	
0	0	0		0	保持
0	0	1		1	
0	1	0		0	置0
0	1	1		0	
1	0	0	保持	1	置1
1	0	1		1	
1	1	0		×	不确定
1	1	1		×	

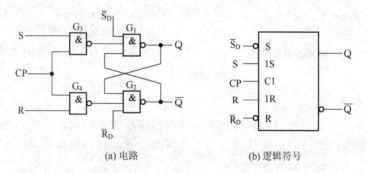

(a) 电路　　　　　　(b) 逻辑符号

图 6.3　带异步控制端同步 RS 触发器

[例 6-1]　图 6.2(b) 所示的触发器中的 CP、S、R 波形如图 6.4 所示，试画出 Q 和 $\overline{Q}$ 的波形，设初始状态 Q=0，$\overline{Q}$=1。

　　解：图 6.2(b) 所示的是同步 RS 触发器，属电平触发，在 CP=1 期间，Q 和 $\overline{Q}$ 端跟随 S、R 变化，Q 和 $\overline{Q}$ 波形如图 6.4 所示。

　　在 CP=1 期间，当触发器的输入 S=R=1 时，Q=$\overline{Q}$=1；接着进入 CP=0 以及 CP=1 且 S=R=0 期间，此时 Q 和 $\overline{Q}$ 的状态不能预先确定，通常用虚线或阴影注明，以表示触发器处于不定状态，直至输入信号出现置 0 或置 1 信号时，输出的波形才可以确定。

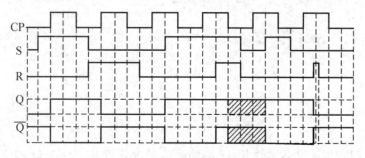

图 6.4　例 6-1 波形图

从图 6.4 中还可以看到：在第 6 个 CP 高电平期间，若 S=R=0，则触发器的输出状态应保持不变。但由于在此期间 R 端出现了一个干扰脉冲，触发器原来的"1"状态就变成了"0"状态。可见，电平触发的触发器，其抗干扰能力较差。

6.1.2 触发器的常见触发方式

触发器的触发方式有异步触发和同步触发(即时钟脉冲触发)。同步触发又有同步式触发、边沿式触发和主从式触发几种类型。

1. 同步式触发

同步式触发采用电平触发方式，一般为高电平触发，即在 CP 高电平期间，触发器输出状态由输入信号 R 和 S 决定。

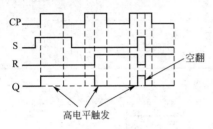

图 6.5　同步式 RS 触发器的波形图

在 CP＝1 期间，只要输入信号 R、S 的状态发生变化，触发器的输出状态就会随之变化，因而不能保证在一个 CP 脉冲期间内触发器只翻转一次。同步触发器在一个 CP 脉冲期间，出现两次或两次以上翻转的现象称为空翻。在数字电路的许多应用场合中是不允许空翻现象存在的。

图 6.5 为同步式 RS 触发器的工作波形图(又称时序图)。

2. 主从式触发

主从式触发由两级触发器构成，其中一级直接接收输入信号，称为主触发器，另一级接收主触发器的输出信号，称为从触发器。两级触发器的时钟信号互补，可有效地克服空翻现象。

图 6.6 是主从 RS 触发器的结构。其中图 6.6(a)为主从 RS 触发器的逻辑图，图 6.6(b)为主从 RS 触发器的逻辑符号。

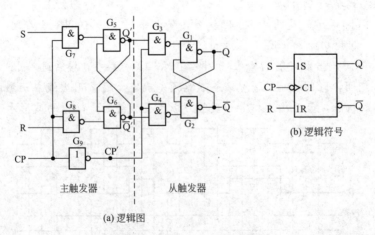

图 6.6　主从 RS 触发器结构

当 CP＝1 时，主触发器接收 R、S 的输入信号，并将其保存在 Q' 和 $\overline{Q'}$ 两端。同时由于 CP'＝0，G_3、G_4 被封，主触发器保存在 Q' 和 $\overline{Q'}$ 两端的状态，不能送到整个触发器的输出，即 Q 和 $\overline{Q}$ 并不更新状态。

当 CP 脉冲的下降沿（用 ↳ 符号表示）到来时，CP＝0，CP′＝1，CP′＝1 把 G_3、G_4 打开，将 Q′和 $\overline{Q'}$ 保存的信号送到触发器的输出端，使触发器更新状态。与此同时由于 CP＝0，G_7、G_8 被封，R、S 信号不能影响主触发器的状态。因此在一个 CP 脉冲期间，触发器的状态只改变一次。

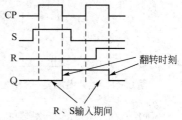

总之，主从触发器的工作方式为：CP＝1 期间主触发器工作而从触发器不工作，将输入信号保存在主触发器的 Q′和 $\overline{Q'}$ 端；当 CP 脉冲的下降沿到来时，主触发器不工作而从触发器工作，将主触发器刚才保存的状态送到输出端。主从 RS 触发器波形图如图 6.7 所示。

图 6.7　主从 RS 触发器波形图

3. 边沿式触发

边沿式触发器的状态翻转只取决于时钟脉冲的上升沿或下降沿前一瞬间输入信号的状态，而与其他时刻的输入信号状态无关。边沿式触发器可进一步提高触发器工作的可靠性，增强抗干扰能力。

目前集成产品中有维持阻塞触发器、有利用 CMOS 传输门构成的边沿式触发器、有利用门电路的传输延迟时间构成的边沿式触发器等多种。图 6.8(a)是维持阻塞 D 触发器，图 6.8(b)是用 CMOS 传输门构成的边沿式触发器。

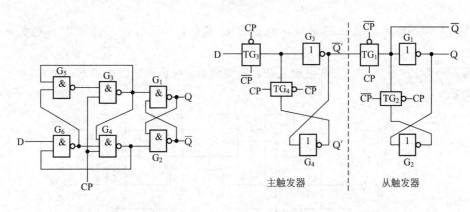

(a) 维持阻塞D触发器　　　　　　(b) 用CMOS传输门构成的边沿式触发器

图 6.8　边沿 D 触发器电路

边沿式触发器根据时钟脉冲的上升沿或下降沿触发的不同，可分为正边沿触发器（上升沿触发器）和负边沿触发器（下降沿触发器）两类。图 6.9 是上升沿触发 RS 触发器的波形图，图 6.10 是下降沿触发 RS 触发器的波形图。

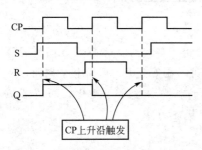

图 6.9　上升沿触发 RS 触发器波形图

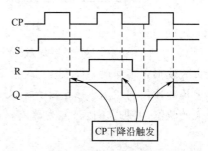

图 6.10　下降沿触发 RS 触发器波形图

图 6.11 是上升沿触发 RS 触发器的逻辑符号,图 6.12 是下降沿触发 RS 触发器的逻辑符号。

图 6.11 上升沿触发 RS 触发器逻辑符号   图 6.12 下降沿触发 RS 触发器逻辑符号

[例 6-2]   在 RS 触发器中,CP、R、S 端的信号变化状态如图 6.13 所示,试分析同步 RS 触发器(图 6.2 所示)、主从型触发器(图 6.6 所示)、上升沿 RS 触发器(图 6.11 所示)、下降沿 RS 触发器(图 6.12 所示)的输出端 Q 的波形(设 Q 的初始为 0 状态)。

解题方法:

(1) 同步 RS 触发器属电平触发,在 CP=1 期间,触发器 Q 端跟随 S、R 变化。

(2) 主从型触发器属脉冲触发,主触发器跟随 CP=1 期间的 SR 变化,从触发器(总输出端 Q)不变。当 CP 脉冲下降沿到来时,主触发器锁定 CP 脉冲下降沿前的最后一个 SR 有效信号,从触发器(总输出端 Q)根据主触发器锁定的信号变化。

(3) 上升沿触发器属脉冲触发,触发器 Q 端跟随 CP 脉冲上升沿时刻的输入信号变化。

(4) 下降沿触发器属脉冲触发,触发器 Q 端跟随 CP 脉冲下降沿时刻的输入信号变化。

解:同步 RS 触发器、主从型触发器、上升沿 RS 触发器、下降沿 RS 触发器的输出端 Q 的波形如图 6.13 所示。

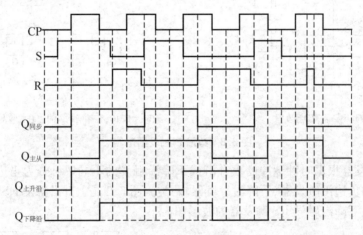

图 6.13   例 6-2 波形图

从例 6-2 可以看出,虽然都是 RS 触发器,但由于触发方式不同,在同样的输入作用下,输出的波形是不同的。从图 6.13 中还可以看到,在第 5 个 CP 高电平期间,R 端出现了一个干扰脉冲,同步 RS 触发器、主从型触发器的状态都发生了变化,而边沿触发器能保持原来的状态,因此,边沿触发器有很强的抗干扰能力。

6.1.3　触发器的逻辑功能

按照触发器的逻辑功能不同，触发器一般有 RS 触发器、D 触发器、JK 触发器、T 触发器和 T′触发器等几种。触发器的逻辑功能通常用功能表、状态真值表、特性方程、状态转换图和时序图等多种方法来描述。

1. RS 触发器

1）状态真值表

状态真值表是一种表格，表中列出的是：新状态与触发器原状态、输入信号之间的关系。用状态真值表表示触发器逻辑功能的特点是：触发器的输出状态与输入信号、原状态之间的关系明了、直观。

在 CP＝1 期间，同步 RS 触发器的状态真值表见表 6－4。

如果将表 6－4 状态真值表进行简化，可得到 RS 触发器的功能表，见表 6－5。

表 6－4　RS 触发器状态真值表

输入		输出	功能
S	R	Q^n	Q^{n+1}	
0	0	0	0	保持
0	0	1	1	
0	1	0	0	置0
0	1	1	0	
1	0	0	1	置1
1	0	1	1	
1	1	0	$\times$	不定
1	1	1	$\times$	

表 6－5　RS 触发器功能表

输入		输出	功能
S	R	Q^{n+1}	
0	0	Q^n	保持
0	1	0	置0
1	0	1	置1
1	1	$\times$	不定

2）特性方程

特性方程就是表示输出状态与输入信号、原状态之间关系的逻辑表达。其特点是：方便、容易记忆。

将 CP＝1 期间 RS 触发器的状态真值表填到卡诺图中（输入 R、S、Q^n 是变量，输出 Q^{n+1} 是函数），如图 6.14 所示。

用卡诺图化简以后可以得到表达式 $Q^{n+1}=S+\bar{R}Q^n$。因为 RS 触发器的输入端有约束，所以这个方程不足以表示 RS 触发器的逻辑功能，还必须把约束条件加上，才能得到 RS 触发器的特性方程，即

$$\begin{cases} Q^{n+1}=S+\bar{R}Q^n \\ SR=0（约束条件） \end{cases}$$

3）状态转换图

状态转换图是将触发器的状态，及其之间的转换所需要的条件列在图中表示触发器逻辑功能的一种方法。特点是：两种状态的转换条件清楚，便于设计电路。

RS 触发器的状态转换图如图 6.15 所示。

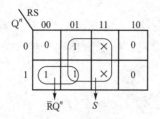

图 6.14　RS 触发器卡诺图

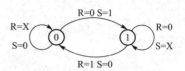

图 6.15　RS 触发器状态转换图

两个圆圈表示触发器的两个状态 0 和 1，用箭头表示状态转换的方向，箭尾为触发器的原状态，箭头为触发器的新状态，箭头旁边标注的是状态转换所需要的条件。

2. JK 触发器

JK 触发器是在 RS 触发器基础上改进而来的，它克服了 RS 触发器输入的约束，利用输出端的互补信号，即将输出端 Q 和 $\overline{Q}$ 引回到输入端，分别控制 G_3、G_4，使 G_3、G_4 不能同时输出"0"。同步 JK 触发器的电路图如图 6.16(a)所示，图 6.16(b)是它的逻辑符号。

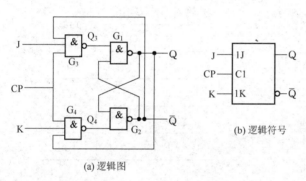

(a) 逻辑图

(b) 逻辑符号

图 6.16　同步 JK 触发器

当 J＝1，K＝1 时：设触发器原状态为"0"状态，即 $Q^n=0$，$\overline{Q^n}=1$。$Q^n=0$ 使 $Q_4=1$；J＝1，$\overline{Q^n}=1$ 使 G_3 的输入全"1"，所以 $Q_3=0$，相当于基本 RS 触发器"10"输入，所以触发器"置 1"，即 $Q^{n+1}=1$，$\overline{Q^{n+1}}=0$。

设触发器原状态为"1"状态，即 $Q^n=1$，$\overline{Q^n}=0$。$\overline{Q^n}=0$ 使 $Q_3=1$；$Q^n=1$，K＝1 使 G_4 的输入全"1"，所以 $Q_4=0$，相当于基本 RS 触发器"01"输入，所以触发器置"0"。即 $Q^{n+1}=0$，$\overline{Q^{n+1}}=1$。

因此，无论触发器的原状态如何，只要 J＝1，K＝1，触发器都要变成和原来状态相反的状态，称为"翻转"，用 $Q^{n+1}=\overline{Q^n}$ 表示。其他情况请读者自己分析。

常见的 JK 触发器有主从结构的，也有边沿型的。边沿型 JK 触发器又有上升沿触发和下降沿触发，其逻辑符号如图 6.17 所示。

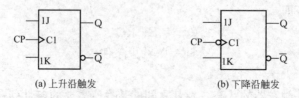

(a) 上升沿触发

(b) 下降沿触发

图 6.17　JK 触发器的逻辑符号

1）功能表

JK 触发器具有保持、置 0、置 1、翻转 4 种功能，其功能表见表 6-6。

表 6-6　JK 触发器功能表

输入		输出	功能	输入		输出	功能
J	K	Q^{n+1}		J	K	Q^{n+1}	
0	0	Q^n	保持	1	0	1	置 1
0	1	0	置 0	1	1	$\overline{Q^n}$	翻转

当 J＝K＝1 时，JK 触发器处于翻转状态，$Q^{n+1}=\overline{Q^n}$。也就是说，来一 CP 脉冲 JK 触发器就翻转一次。触发器这种工作状态也可称为计数状态，由触发器的翻转次数可以计算出时钟脉冲的个数。

2）状态真值表

从 JK 触发器的功能表不难得出它的状态真值表，见表 6-7。

3）特性方程

将表 6-7 填入卡诺图，如图 6.18 所示。

化简以后可以得到 JK 触发器的特性方程

$$Q^{n+1}=J\,\overline{Q^n}+\overline{K}Q^n$$

4）状态转换图

JK 触发器的状态转换图如图 6.19 所示。

表 6-7　JK 触发器状态真值表

输入		输出	输出	功能
J	K	Q^n	Q^{n+1}	
0	0	0	0	保持
0	0	1	1	
0	1	0	0	置 0
0	1	1	0	
1	0	0	1	置 1
1	0	1	1	
1	1	0	1	翻转
1	1	1	0	

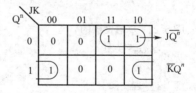

图 6.18　JK 触发器卡诺图

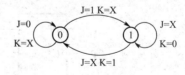

图 6.19　JK 触发器状态转换图

3．D 触发器

D 触发器具有置 0、置 1 两种功能，其逻辑符号如图 6.20 所示。

1）D 触发器功能表

D 触发器功能表见表 6-8。

2）状态真值表

D 触发器的状态真值表见表 6-9。

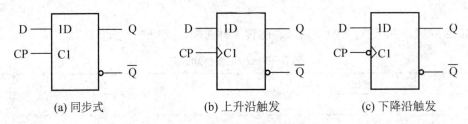

(a) 同步式　　　　　　(b) 上升沿触发　　　　　　(c) 下降沿触发

图 6.20　D 触发器逻辑符号

表 6-8　D 触发器功能表

输入	输出	功能
D	Q^{n+1}	
0	0	置 0
1	1	置 1

表 6-9　D 触发器状态真值表

输入		输出	功能
D	Q^n	Q^{n+1}	
0	0	0	置 0
0	1	0	
1	0	1	置 1
1	1	1	

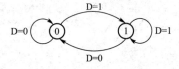

图 6.21　D 触发器的
状态转换图

3）特性方程

由于 D 触发器的逻辑功能简单，可以直接从表 6-8 写出特性方程

$$Q^{n+1}=D$$

4）状态转换图

从表 6-9 中可得到如图 6.21 所示的状态转换图。

4. T 触发器

T 触发器逻辑符号如图 6.22 所示。它没有专门的集成组件，都是由其他的触发器转换而得到的。例如：可以将 JK 触发器的 JK 接在一起作为 T 输入端。

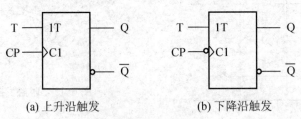

(a) 上升沿触发　　　　　　(b) 下降沿触发

图 6.22　T 触发器逻辑符号

1）T 触发器功能表

T 触发器的功能表见表 6-10。

2）状态真值表

T 触发器的状态真值表见表 6-11。

表6－10　T触发器功能表

输入	输出	功能
T	Q^{n+1}	
0	Q^n	保持
1	$\overline{Q^n}$	翻转

表6－11　T触发器状态真值表

输入		输出	功能
T	Q^n	Q^{n+1}	
0	0	0	保持
0	1	1	
1	0	1	翻转
1	1	0	

3）特性方程

T触发器的特性方程可以由状态真值表直接写出

$$Q^{n+1} = T\,\overline{Q^n} + \overline{T}Q^n$$

4）状态转换图

T触发器的状态转换图如图6.23所示。

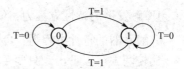

图6.23　T触发器的状态转换图

5）T′触发器

（1）T′触发器的功能。当T触发器的输入端永远接"1"时，就构成了T′触发器。显然，T′触发器只有一个"翻转"的逻辑功能，故也能实现计数功能，因此T′触发器又称为计数型触发器。

（2）特性方程。在T触发器的特性方程中，令T＝1，可以得到T′触发器的特性方程

$$Q^{n+1} = \overline{Q^n}$$

[例6－3]　有一触发器如图6.24(a)所示，已知CP、J、K信号波形如图6.24(b)所示，画出Q端的波形（设Q的初始状态为1）。

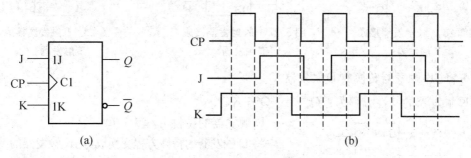

(a)　　　　　　　　　　　　　　(b)

图6.24　例6－3触发器和波形图

　　解：该触发器是上升沿触发的边沿JK触发器。根据JK触发器的逻辑功能和脉冲触发方式的动作特点，即可画出如图6.25所示的输出波形图。

5. 触发器之间的转换

目前国产集成触发器品种很多，可以自由选择。但是有的时候往往不需要某一触发器的全部逻辑功能。例如JK触发器具有"置0"、"置1"、"保持"、"翻转"4种逻辑功能，

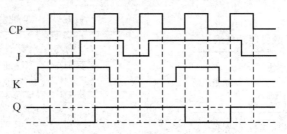

图 6.25　例 6-3 输出波形图

如果只需要它的"保持"、"翻转"的功能，就要将它转换成 T 触发器(例如计数器)，这样就需要一定的转换，以适应需要。我们仅介绍几种一般的转换方法。

1) 将 JK 触发器转换成 T 触发器

转换方法：分别列出两种触发器的特性方程，联立求解，得出输入端的连接方法。

JK 触发器的特性方程为：$Q^{n+1}=J\overline{Q^n}+\overline{K}Q^n$

T 触发器的特性方程为：$Q^{n+1}=T\overline{Q^n}+\overline{T}Q^n$

比较两式可以看出，只要令 J＝T，K＝T 两式就完全相等。逻辑图如图 6.26 所示。

2) 将 JK 触发器转换成 T′触发器

因为 T′触发器是 T 触发器的特例，只要令 T＝1 即可以实现 T′触发器的逻辑功能。逻辑图如图 6.27 所示。

3) 将 D 触发器转换成 T′触发器

D 触发器的特性方程为：$Q^{n+1}=D$

T′触发器的特性方程为：$Q^{n+1}=\overline{Q^n}$

比较两式后可以令：$D=\overline{Q^n}$。逻辑图如图 6.28 所示。

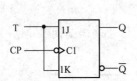

图 6.26　JK 触发器接成 T 触发器

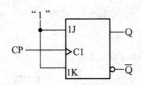

图 6.27　JK 触发器接成 T′触发器

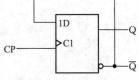

图 6.28　D 触发器接成 T′触发器

4) 将 JK 触发器转换成 D 触发器

JK 触发器的特性方程为：$Q^{n+1}=J\overline{Q^n}+\overline{K}Q^n$

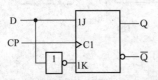

图 6.29　JK 触发器转换成 D 触发器

D 触发器的特性方程为：$Q^{n+1}=D$

将 D 触发器的特性方程变换成与 JK 触发器的特性方程一致的形式，$Q^{n+1}=D(\overline{Q^n}+Q^n)=D\overline{Q^n}+DQ^n$

两式比较后令：J＝D；$\overline{K}=D$，即 $K=\overline{D}$。逻辑图如图 6.29 所示。

6.1.4　集成触发器

在集成触发器产品中，D 触发器和 JK 触发器的应用最为广泛。表 6-12 列出了部分常用集成触发器的型号、名称和触发方式。

表 6-12　部分常用集成触发器

系　列	型　号	名　称	数量	其他
TTL	74LS74	上升边沿 D 触发器	2	带预置、清零端
	74LS76	高电平主从 JK 触发器	2	带预置、清零端
	74LS174	上升边沿 D 触发器	6	公用清零端
	74LS175	上升边沿 D 触发器	4	公用清零端
	74LS107	下降边沿 JK 触发器	2	带清零端
	74LS112	下降边沿 JK 触发器	2	带预置、清零端
	74LS113	下降边沿 JK 触发器	2	带预置端
	74LS109	上升边沿 JK 触发器	2	带预置、清零端
	74LS373	D 锁存器	8	三态输出高电平触发
CMOS	CC4013	上升边沿 D 触发器	2	带预置、清零端
	CC4027	上升边沿 JK 触发器	2	带预置、清零端

1. 集成 JK 触发器 74LS112

74LS112 双 JK 下降沿触发器(带置位、清零端)的引脚图如图 6.30 所示,功能表见表 6-13。

表 6-13　74LS112 功能表

输　入					输　出		功能说明
$\overline{S_D}$	$\overline{R_D}$	CP	J	K	Q^{n+1}	$\overline{Q^{n+1}}$	
0	1	×	×	×	1	0	置位端"置1"
1	0	×	×	×	0	1	清零端"置0"
0	0	×	×	×	1*	1*	$\overline{S_D}$、$\overline{R_D}$不能同时为"0"
1	1	↓	0	0	Q^n	$\overline{Q^n}$	保　持
1	1	↓	0	1	0	1	置0
1	1	↓	1	0	1	0	置1
1	1	↓	1	1	$\overline{Q^n}$	Q^n	翻　转
1	1	1	×	×	Q^n	$\overline{Q^n}$	无有效的时钟脉冲"保持"

其逻辑功能如下。

(1) 当 $\overline{S_D}=1$, $\overline{R_D}=1$ 时,电路实现 JK 触发器的逻辑功能。

(2) 当 $\overline{S_D}=1$, $\overline{R_D}=0$ 时,不管 J、K、Q^n 和 CP 为何状态,触发器都将被置为 0,故称 $\overline{R_D}$(低电平有效)为异步置 0 端或直接置 0 端。

(3) 当 $\overline{S_D}=0$, $\overline{R_D}=1$ 时,不管 J、K、Q^n 和 CP 为何状态,触发器都将被置为 1,故称 $\overline{S_D}$(低电平有效)为异步置 1 端或直接置 1 端。

(4) 当 $\overline{S_D}=0$，$\overline{R_D}=0$ 时，触发器会出现 $Q^{n+1}=\overline{Q^{n+1}}=1$ 的不定状态，通常是不允许的。

2. 集成 D 触发器 74LS74

74LS74 双 D 型上升沿触发器(带预置和清零端)的引脚图如图 6.31 所示，功能表见表 6-14。

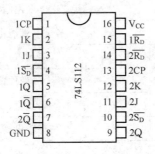
图 6.30　74LS112 引脚图

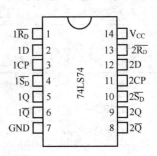
图 6.31　74LS74 引脚图

表 6-14　74LS74 功能表

输　入				输　出		功能说明
$\overline{S_D}$	$\overline{R_D}$	CP	D	Q^{n+1}	$\overline{Q^{n+1}}$	
0	1	×	×	1	0	置位端"置1"
1	0	×	×	0	1	清零端"置0"
0	0	×	×	1*	1*	$\overline{S_D}$、$\overline{R_D}$ 不能同时为"0"
1	1	↑	1	1	0	置1
1	1	↑	0	0	1	置0
1	1	0	×	Q^n	$\overline{Q^n}$	保持

其逻辑功能如下。

(1) 当 $\overline{S_D}=1$，$\overline{R_D}=1$ 时，电路实现 D 触发器的逻辑功能。

(2) 当 $\overline{S_D}=1$，$\overline{R_D}=0$ 时，触发器置0。

(3) 当 $\overline{S_D}=0$，$\overline{R_D}=1$ 时，触发器置1。

(4) 当 $\overline{S_D}=0$，$\overline{R_D}=0$ 时，触发器会出现 $Q^{n+1}=\overline{Q^{n+1}}=1$ 的不定状态。

【做一做】

实训 6-2：D 触发器逻辑功能测试

实训流程：

(1) 将 D 触发器 74LS74 的 V_{CC} 端(14 脚)接至 +5V 电源上，将 GND(7 脚)接到地端，用万用表检查集成片上的 +5V 电压。按表 6-15 测试 D 触发器的逻辑功能。

表 6-15　D 触发器的逻辑功能测试表

输　入				输　出				逻辑功能
$\overline{S_D}$	$\overline{R_D}$	D	CP	Q 初态为 0		Q 初态为 1		
				Q	$\overline{Q}$	Q	$\overline{Q}$	
1	0	X	X					
0	1	X	X					
1	1	1	0					
			↑(0→1)					
			1					
			↓(1→0)					
1	1	0	0					
			↑(0→1)					
			1					
			↓(1→0)					

(2) D 触发器的置"0"和置"1"功能测试。

$\overline{R_D}$和$\overline{S_D}$分别为低电平，D 端和 CP 端任意(此时悬空即可)。输出接发光二极管，指示 Q 的高低(或用万用表测量)。把测试结果填入表 6-15 中。

(3) D 触发器 D 输入端的功能测试。

将$\overline{R_D}$和$\overline{S_D}$都接高电平+5V，D 端分别接高、低电平，将 CP 端接单次脉冲输出端，每按一下开关得到一个脉冲。Q、$\overline{Q}$端接发光二极管。按表 6-15 顺序输入信号，观察并记录 Q、$\overline{Q}$端状态填入表中，并说明其逻辑功能。

(4) 使 D 触发器处于计数状态，即为$\overline{R_D}$和$\overline{S_D}$接高电平，将 D 和$\overline{Q}$连接，从 CP 端输入 1kHz 的连续方波，用示波器观察 CP、D、Q 的工作波形并记录。

【做一做】

实训 6-3：JK 触发器逻辑功能测试

实训流程：

(1) 双下降沿触发 JK 触发器 74LS112 的逻辑符号如图 6.30 所示。

(2) 将图中$\overline{S_D}$、$\overline{R_D}$端分别接低电平，Q、$\overline{Q}$端接电平显示灯，按表 6-16 顺序输入信号，观察并记录 Q、$\overline{Q}$端状态填入表中，并说明其逻辑功能。

(3) $\overline{S_D}$和$\overline{R_D}$端接高电平，J、K 端分别接高电平和低电平，CP 输入点动脉冲，观察并记录 Q、$\overline{Q}$端状态填入表 6-16 中，并说明其逻辑功能。

(4) 使 JK 触发器处于计数状态(J=K=1)，从 CP 端输入 1kHz 的连续方波，用示波器观察 CP、JK、Q 的工作波形并记录。

电子技术项目教程(第2版)

表 6-16 JK 触发器的逻辑功能测试表

输　　入					输　　出				逻辑功能
					Q 初态为 0		Q 初态为 1		
$\overline{S_D}$	$\overline{R_D}$	J	K	CP	Q	$\overline{Q}$	Q	$\overline{Q}$	
1	0	×	×	×					
0	1	×	×	×					
1	1	0	0	0					
				↑(0→1)					
				1					
				↓(1→0)					
1	1	0	1	0					
				↑(0→1)					
				1					
				↓(1→0)					
1	1	1	0	0					
				↑(0→1)					
				↓(1→0)					
1	1	1	1	0					
				↑(0→1)					
				1					
				↓(1→0)					

实训任务 6.2　用触发器构成的计数器

能够累计 CP 脉冲(又称为计数脉冲)个数的逻辑电路称为计数器。计数器是数字系统中应用场合最多的时序电路,它不仅具有计数功能,还可用于定时、分频、产生序列脉冲等。

计数器种类很多,特点各异。它的主要分类如下。

按照时钟(称为计数)脉冲的引入方式分类有同步计数器和异步计数器。所有的触发器受同一个 CP 脉冲的控制时,称为同步计数器;所有的触发器不是受同一个 CP 脉冲的控制时,称为异步计数器。

按照计数长度分类有二进制计数器、二—十进制计数器和任意进制计数器。按照二进制的规律计数的计数器称为二进制计数器;按照二—十进制编码(如 8421BCD 码)的规律计数的计数器称为二—十进制计数器；能够完成任意计数长度的计数器称为任意进制计数器(如 6 进制、12 进制、60 进制等)。

按照计数器的状态的变化规律分类有加法计数器、减法计数器和可逆计数器。如果计数器的状态随着 CP 脉冲个数的增加而增加，称为加法计数器；如果计数器的状态随着 CP 脉冲个数的增加而减少，称为减法计数器；在控制信号的作用下，既可以加法计数又可以减法计数的计数器称为可逆计数器。

6.2.1 异步二进制计数器

图 6.32 所示为由 CP 下降沿触发的 JK 触发器组成的 4 位异步二进制加法计数器的逻辑图。

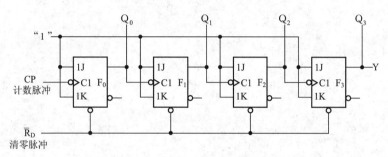

图 6.32 异步二进制加法计数器

JK 触发器均接成计数型(T')触发器，其输入端 J、K 都接高电平，计数脉冲 CP 作为最低位触发器 F_0 的时钟脉冲，低位触发器的 Q 输出端依次接到相邻高位触发器的时钟端。

因为计数往往习惯从零开始，所以将各级触发器的 $\overline{R}_D$ 引出，计数之前在 $\overline{R}_D$ 端送一个低电平，使所有的触发器都"置零"，称为"清零"。$Q_3Q_2Q_1Q_0$ 为计数器状态输出端，Y 为本计数器向高位计数器的输出。

找出各级触发器的翻转条件并写出状态方程。T' 触发器来一个下降沿就翻转一次。

$\begin{cases} F_0: Q_0^{n+1}=\overline{Q_0^n}, CP_0=CP，即每来一个 CP 脉冲的下降沿 Q_0 都翻转一次 \\ F_1: Q_1^{n+1}=\overline{Q_1^n}, CP_1=Q_0，即 Q_0 每有一个下降沿 Q_1 翻转一次 \\ F_2: Q_2^{n+1}=\overline{Q_2^n}, CP_2=Q_1，即 Q_1 每有一个下降沿 Q_2 翻转一次 \\ F_3: Q_3^{n+1}=\overline{Q_3^n}, CP_3=Q_2，即 Q_2 每有一个下降沿 Q_3 翻转一次 \end{cases}$

假设在计数之前，各触发器的置零端 $\overline{R}_D$ 加一负脉冲进行清零。根据上述分析可画出时序图(图 6.33)，并得到表 6-17 的 4 位二进制加法计数器状态表。

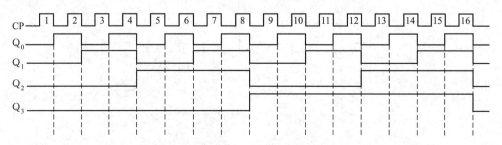

图 6.33 异步二进制加法计数器时序图

表 6-17　4 位二进制加法计数器状态表

计数顺序	计数器状态			
	Q_3	Q_2	Q_1	Q_0
0	0	0	0	0
1	0	0	0	1
2	0	0	1	0
3	0	0	1	1
4	0	1	0	0
5	0	1	0	1
6	0	1	1	0
7	0	1	1	1
8	1	0	0	0
9	1	0	0	1
10	1	0	1	0
11	1	0	1	1
12	1	1	0	0
13	1	1	0	1
14	1	1	1	0
15	1	1	1	1
16	0	0	0	0

　　由表 6-17 和图 6.33 可以看出，如果计数器从 0000 状态开始计数，在第 16 个脉冲输入后，计数器又重新回到 0000 状态，完成了一次计数循环。因此，该计数器也叫十六进制加法计数器，模 M＝16。

　　从图 6.33 中还可以看出，如果计数脉冲 CP 的频率为 f_0，那么 Q_0 输出波形的频率为 $\frac{1}{2}f_0$，Q_1 输出波形的频率为 $\frac{1}{4}f_0$，Q_2 输出波形的频率为 $\frac{1}{8}f_0$，Q_3 输出波形的频率为 $\frac{1}{16}f_0$，所以计数器也是分频器。

　　如果将低位触发器的 $\overline{Q}$ 端接到相邻高位触发器的 CP 端，可以完成异步二进制减法计数，如图 6.34 所示。

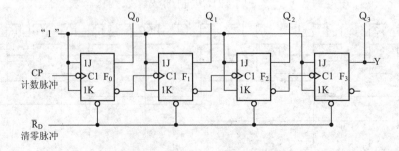

图 6.34　异步二进制减法计数器

如果使用上升沿触发的 D 触发器，首先将 D 触发器接成计数型。如果进位信号从 $\overline{Q}$ 端引出接到相邻高位触发器的 CP 端，构成异步二进制加法计数器，如图 6.35 所示；如果借位信号从 Q 端引出接到相邻高位触发器的 CP 端，则构成异步二进制减法计数器，如图 6.36 所示。具体分析请读者自行完成。

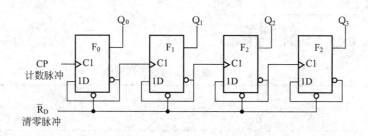

图 6.35　由 D 触发器构成的异步二进制加法计数器

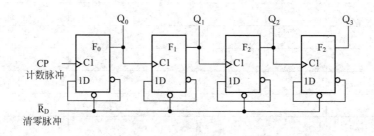

图 6.36　由 D 触发器构成的异步二进制减法计数器

用触发器组成异步二进制计数器的方法可归纳如下。

（1）n 位异步二进制计数器由 n 个计数型触发器组成。

（2）计数脉冲 CP 作为最低位触发器的时钟脉冲。

（3）使用下降沿触发的触发器，加法计数器进位信号从低一位的 Q 端引入；减法计数器借位信号从低一位的 $\overline{Q}$ 端引入；使用上升沿触发的触发器，加法计数器进位信号从低一位的 $\overline{Q}$ 端引入；减法计数器借位信号从低一位的 Q 端引入。

 【做一做】

实训 6-4：异步时序逻辑电路逻辑功能的分析

实训流程：

1）用 JK 触发器组成的时序逻辑电路

（1）用两片 74LS112 组成图 6.37 所示的时序逻辑电路。

（2）CP 信号接数字实验箱上的单次脉冲发生器，清 0 信号由逻辑电平开关控制，计数器的输出信号接 LED 发光二极管，按照表 6-18 的顺序进行测试并记录。

（3）在图 6-37 中，CP 端输入连续脉冲（$f=100kHz$），用双踪示波器同时观测 CP 与 Q_1、CP 与 Q_2、CP 与 Q_3、Q_1 与 Q_2、Q_2 与 Q_3 的波形，并将观测到的波形画在图 6.38 中。

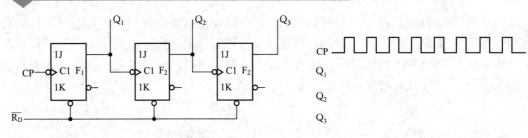

图 6.37　简单异步时序逻辑电路　　　　　图 6.38　简单异步时序电路时序图

表 6-18　图 6.38 的状态真值表

CP	Q_3	Q_2	Q_1
0	0	0	0

(4) 根据工作波形分析图 6.37 所示电路的逻辑功能。

2) 用 D 触发器组成的时序逻辑电路

(1) 按照图 6.39 接线，组成一个 3 位异步二进制加法计数器。

(2) CP 信号接数字实验箱上的单次脉冲发生器，清 0 信号 $\overline{R_D}$ 由逻辑电平开关控制，计数器的输出信号接 LED 发光二极管，按照表 6-19 的顺序进行测试并记录。

表 6-19　图 6.39 电路状态真值表

$\overline{R_D}$	CP	Q_3	Q_2	Q_1	代表十进制数
0	×				
1	0				
	1				
	2				
	3				
	4				
	5				
	6				
	7				
	8				

（3）根据状态真值表，画出 $Q_3 Q_2 Q_1$ 的输出波形的时序图，如图6.40所示。将CP改为100kHz连续脉冲，用示波器观察验证 $Q_3 Q_2 Q_1$ 的输出波形。

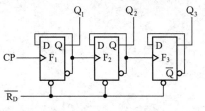

图6.39　异步二进制加法计数器

图6.40　异步二进制加法计数器时序图

6.2.2　同步二进制计数器

同步二进制计数器中，时钟脉冲同时触发计数器中所有的触发器，各触发器的翻转与时钟脉冲同步，所以同步计数器工作速度较快，工作频率较高。

同步二进制计数器的逻辑图如图6.41所示。为了分析方便，以3位二进制计数器为例。

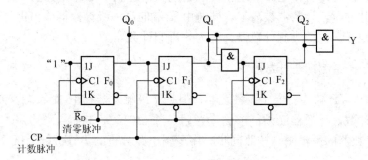

图6.41　3位同步二进制计数器

每一级触发器都接成T触发器，T=1时触发器翻转；T=0时触发器不翻转。按照时序逻辑电路的分析方法，首先写出各类方程。

驱动方程

$$\begin{cases} F_0: & T_0 = 1 \\ F_1: & T_1 = Q_0^n \\ F_2: & T_2 = Q_0^n Q_1^n \end{cases}$$

输出方程　$Y = Q_0^n Q_1^n Q_2^n$

将驱动方程代入T触发器的特性方程可得到状态方程

$$\begin{cases} F_0: & Q_0^{n+1} = \overline{Q_0^n} \\ F_1: & Q_1^{n+1} = Q_0^n \overline{Q_1^n} + \overline{Q_0^n} Q_1^n \\ F_2: & Q_2^{n+1} = Q_0^n Q_1^n \overline{Q_2^n} + \overline{Q_0^n Q_1^n} Q_2^n \end{cases}$$

根据状态方程和输出方程列出状态转换表，见表6-20。表6-20为状态转换表的另一种表示形式，相邻两行之间，上面一行为原状态，下面一行为新状态。

由状态转换表，画出状态转换图，如图 6.42 所示。

表 6-20　同步二进制加法计数器状态转换表

CP 个数	Q_2	Q_1	Q_0	Y
0	0	0	0	0
1	0	0	1	0
2	0	1	0	0
3	0	1	1	0
4	1	0	0	0
5	1	0	1	0
6	1	1	0	0
7	1	1	1	1

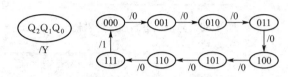

图 6.42　状态转换图

由状态转换图可以得出电路的逻辑功能：同步二进制加法计数器从 000 开始计数，当计数到第 8 个脉冲时，计数器被清零，同时由 Y 端向高一级计数器输出进位信号，完成一轮循环计数。因此 3 位二进制计数器又称为 8 进制计数器。

6.2.3　同步二-十进制加法计数器

要计数 10 个 CP 脉冲需要 4 级触发器，但是 4 级触发器有 16 个状态，要按照二-十进制编码的方式计数，计数器必须能够自动跳过 6 个(1010～1111)无效状态。图 6.43 为同步二-十进制计数器的逻辑图。按照同步时序逻辑电路分析的步骤进行分析。

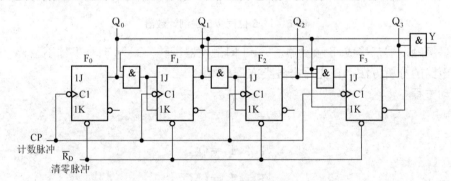

图 6.43　同步二-十进制计数器

根据图 6.43 写出各类方程。

驱动方程

$$
\begin{cases}
F_0: J_0 = K_0 = 1 \\
F_1: J_1 = K_1 = Q_0^n \overline{Q_3^n} \\
F_2: J_2 = K_2 = Q_0^n Q_1^n \\
F_3: J_3 = Q_0^n Q_1^n Q_2^n, \quad K_3 = Q_0^n
\end{cases}
$$

将驱动方程代入 JK 触发器的特性方程，就可得到状态方程

$$
\begin{cases}
F_0: & Q_0^{n+1}=\overline{Q_0^n} \\
F_1: & Q_1^{n+1}=Q_0^n\,\overline{Q_3^n}\,\overline{Q_1^n}+\overline{Q_0^n\,\overline{Q_3^n}}\,Q_1^n \\
F_2: & Q_2^{n+1}=Q_0^n Q_1^n\,\overline{Q_2^n}+\overline{Q_0^n Q_1^n}\,Q_2^n \\
F_3: & Q_3^{n+1}=Q_0^n Q_1^n Q_2^n\,\overline{Q_3^n}+\overline{Q_0^n}\,Q_3^n
\end{cases}
$$

输出方程 $Y=Q_0^n Q_3^n$

根据状态方程和输出方程列出状态转换表，见表 6-21。

表 6-21　同步二-十进制加法计数器状态转换表

CP 个数	Q_3	Q_2	Q_1	Q_0	Y	CP 个数	Q_3	Q_2	Q_1	Q_0	Y
0	0	0	0	0	0	0	1	0	1	0	0
1	0	0	0	1	0	1	1	0	1	1	1
2	0	0	1	0	0	2	0	1	1	0	0
3	0	0	1	1	0	3	0	0	1	0	0
4	0	1	0	0	0	1	1	1	0	1	1
5	0	1	0	1	0	2	0	1	0	0	0
6	0	1	1	0	0	0	1	1	1	0	0
7	0	1	1	1	0	1	1	1	1	1	1
8	1	0	0	0	0	2	0	0	1	0	0
9	1	0	0	1	1						
10	0	0	0	0							

根据表 6-21 画出状态转换图，如图 6.44 所示。

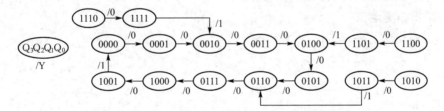

图 6.44　同步二-十进制加法计数器状态转换图

由状态转换图得出电路的逻辑功能：此同步二-十进制加法计数器能够自启动，在有限个时钟脉冲的作用下进入了有效的循环中。具有这种特点的电路称为能够自启动的时序逻辑电路，否则称为不能自启动。

二-十进制计数器除了同步计数器以外还有异步计数器。除了加法计数器以外还有减法计数器，二者的组合可以实现可逆计数。篇幅所限不再一一介绍，读者可以查看其他参考书。

6.2.4 同步时序逻辑电路的分析方法

时序逻辑电路分析的目的与组合逻辑电路分析相同，即找出给定的时序逻辑电路的逻辑功能。分析的步骤如下。

(1) 观察逻辑图，弄清下列情况：电路的输入变量、输出变量是哪些；是组合逻辑电路还是时序逻辑电路。如果是时序电路，该电路是同步的还是异步的，是由何种触发器组成的。

(2) 写出各类方程。包括特性方程、驱动方程、输出方程、状态方程。其中驱动方程在各触发器的输入端直接写出；输出方程在时序逻辑电路的输出端直接写出；状态方程必须将驱动方程代入所用触发器的特性方程中得到。

(3) 列出状态转换表。根据状态方程，将各触发器的原状态代入状态方程，通过计算可以得到各触发器的新状态，并填到相对应的位置上。

(4) 画出状态转换图。根据状态转换表，画出状态转换图。

(5) 分析得出电路的逻辑功能。根据状态转换图或状态转换表可以得出给定电路的逻辑功能。有时还要分析其时序图。

[例6-4] 分析图6.45所示时序电路的逻辑功能，并画出该电路的时序图。

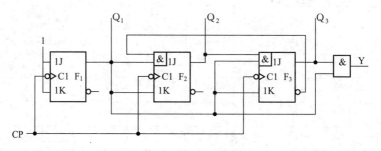

图6.45 例6-4电路图

解：(1) 观察逻辑图：此电路没有输入变量，输出变量为 Y；它为同步时序逻辑电路，由 3 个下降沿触发的 JK 触发器组成。

(2) 写出各类方程。

特性方程 F_1：$Q_1^{n+1} = J_1 \overline{Q_1^n} + \overline{K_1} Q_1^n$

F_2：$Q_2^{n+1} = J_2 \overline{Q_2^n} + \overline{K_2} Q_2^n$

F_3：$Q_3^{n+1} = J_3 \overline{Q_3^n} + \overline{K_3} Q_3^n$

驱动方程 F_1：$J_1 = K_1 = 1$

F_2：$J_2 = \overline{Q_3^n Q_1^n}$，$K_2 = Q_1^n$

F_3：$J_3 = Q_2^n Q_1^n$，$K_3 = Q_1^n$

将驱动方程代入 JK 触发器的特性方程得到状态方程。

状态方程 F_1：$Q_1^{n+1} = J_1 \overline{Q_1^n} + \overline{K_1} Q_1^n = \overline{Q_1^n}$

F_2：$Q_2^{n+1} = J_2 \overline{Q_2^n} + \overline{K_2} Q_2^n = \overline{Q_3^n Q_1^n} \cdot \overline{Q_2^n} + \overline{Q_1^n} Q_2^n$

F_3：$Q_3^{n+1} = J_3 \overline{Q_3^n} + \overline{K_3} Q_3^n = Q_2^n Q_1^n \overline{Q_3^n} + \overline{Q_1^n} Q_3^n$

输出方程 $Y = Q_3^n Q_1^n$

(3) 列出状态转换表。表中 Q_3^n Q_2^n Q_1^n 为原状态，Q_3^{n+1} Q_2^{n+1} Q_1^{n+1} 为新状态，Y 为输

出。第一个 CP 脉冲时将原状态 $Q_3^n Q_2^n Q_1^n = 000$ 代入状态方程，可以求出新状态 $Q_3^{n+1} Q_2^{n+1} Q_1^{n+1} = 001$，填到第一行；再将 $Q_3^n Q_2^n Q_1^n = 001$ 作为原状态代入状态方程求出新状态，依次求出所有原状态下的新状态列于表 6-22 中，即为该时序电路的状态转换表。

也可通过分析状态方程，写出状态转换表。Q_1^{n+1} 为 Q_1^n 的取反；Q_2^{n+1} 为 1 的条件是：$\overline{Q_3^n} Q_1^n \overline{Q_2^n}$ 为 1 或者 $\overline{Q_1^n} Q_2^n$ 为 1，即 Q_3^n、Q_2^n、Q_1^n 分别取 001 或者取 X10（X 表示可取 0，也可取 1）；Q_3^{n+1} 为 1 的条件是：$Q_2^n Q_1^n \overline{Q_3^n}$ 为 1 或者 $\overline{Q_1^n} Q_3^n$ 为 1，即 Q_3^n、Q_2^n、Q_1^n 分别取 011 或者取 1X0。

输出方程 $Y = Q_3^n Q_1^n$，即当 Q_3^n、Q_2^n、Q_1^n 分别取 1X1 时，输出 Y 为 1。

表 6-22 例 6-4 状态转换表

CP	Q_3^n	Q_2^n	Q_1^n	Q_3^{n+1}	Q_2^{n+1}	Q_1^{n+1}	Y
1	0	0	0	0	0	1	0
2	0	0	1	0	1	0	0
3	0	1	0	0	1	1	0
4	0	1	1	1	0	0	0
5	1	0	0	1	0	1	0
6	1	0	1	0	0	0	1
7	1	1	0	1	1	1	0
8	1	1	1	0	0	0	1

（4）根据状态转换表可以画出状态转换图。将电路的状态用圆圈圈起来，用箭头表示状态的转换，箭尾为原状态，箭头为新状态，并且把输出标注到箭头上面，如图 6.46 所示。

（5）根据状态转换图（或状态转换表）得出电路的逻辑功能。该电路为 6 个有效状态循环，且计数状态随 CP 脉冲个数以二进制数增加，故为六进制加法计数器。

（6）画出时序图。因为触发器为 CP 脉冲的下降沿触发，所以先找出 CP 脉冲的下降沿，根据状态转换表画出时序图，如图 6.47 所示。

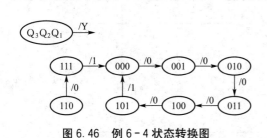

图 6.46 例 6-4 状态转换图

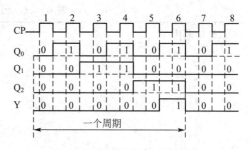

图 6.47 例 6-4 时序图

3 个触发器有 $2^3 = 8$ 种状态，题中只用了 6 种状态（称为有效状态）形成有效循环。还有 2 种状态（称为无效状态）在有效循环中没有出现，也列在了表 6-22 中，只有把所有状态都列出来才是完整的状态转换表。同时将这 2 种状态画在状态转换图中。由图 6.46 可以看出 2 种无效状态都在有限个时钟脉冲的作用下进入了有效的循环中，故该电路能够自启动。

【做一做】

实训 6-5：同步时序逻辑电路逻辑功能的分析

实训流程：

由图6.48所示电路可知，这是一个由JK触发器组成的同步时序逻辑电路。

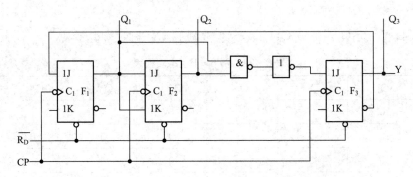

图 6.48　由 JK 触发器组成的同步时序逻辑电路

(1) 分析该电路的逻辑功能(输入端悬空相当于接"高电平")。

按照时序逻辑电路的分析步骤，首先写出各类方程。

驱动方程：$J_1 =$　　　　　　$K_1 =$

　　　　　$J_2 =$　　　　　　$K_2 =$

　　　　　$J_3 =$　　　　　　$K_3 =$

输出方程：$Y =$

因为 JK 触发器的特性方程为：$Q^{n+1} = J\overline{Q^n} + \overline{K}Q^n$

所以得到状态方程为：$Q_1^{n+1} =$

　　　　　　　　　$Q_2^{n+1} =$

　　　　　　　　　$Q_3^{n+1} =$

(2) 按照图6.48连接电路，CP接单次脉冲，每输入一次脉冲，观察 $Q_3 Q_2 Q_1$ 的状态将结果填入表6-23中(注意4次脉冲后的输出)，并与理论值相比较。

表6-23　图6.48的状态真值表

CP 的顺序	Q_3	Q_2	Q_1	Y
0				
1				
2				
3				
4				
5				
6				
7				
8				

（3）根据状态真值表，画出 Q_3 Q_2 Q_1 的输出波形的时序图，如图 6.49 所示。将 CP 改为 100kHz 连续脉冲，用示波器观察验证 Q_3 Q_2 Q_1 的输出波形。

CP
Q_1
Q_2
Q_3

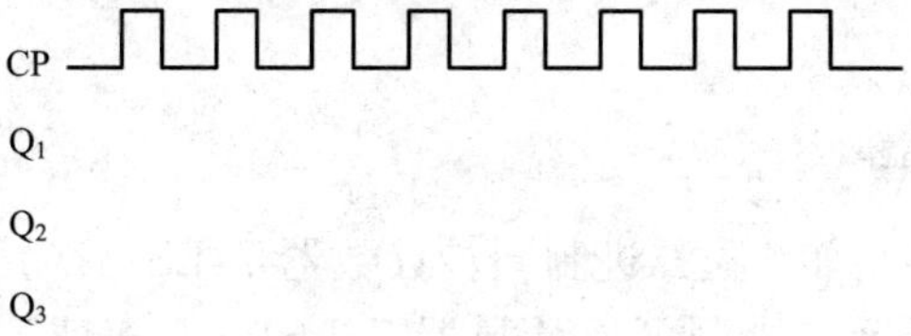

图 6.49　同步时序逻辑电路的时序图

（4）根据真值表（或时序图）分析图 6.48 所示电路的逻辑功能。

【练一练】

实训 6－6：设计简单的异步时序逻辑电路

实训流程：

参照图 6.39 异步二进制加法计数器，自己设计异步二进制减法计数器（用 74LS74），并用实验台或者用仿真方法测试其逻辑功能。

（1）画出电路图。

（2）按照自己设计的电路进行连接。

（3）测试逻辑功能。

（4）画出时序图。

（5）比较同步与异步时序逻辑电路的异同。

实训任务 6.3 任意进制计数器设计

6.3.1 集成二进制计数器

集成计数器品种很多,如 4 位二进制同步计数器 74LS161(异步清零)、4 位二进制可逆计数器 74LS191、可预置二进制可逆计数器 74LS169、双四位二进制同步加法计数器 CC4520 等。CC4520 的引脚图如图 6.50(a)所示,功能表见表 6-24;74LS169 的引脚图如图 6.50(b)所示,功能表见表 6-25。

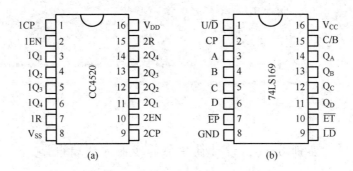

图 6.50 集成二进制计数器引脚图

表 6-24 中 R 为清零端,高电平有效,即 R=1 时,$Q_1 \sim Q_4 = 0$。正常计数时 R 接 "0"。CP、EN 为计数脉冲输入端,CP(EN=1)上升沿加计数,EN(CP=0)下降沿加计数。其他输入的情况下,计数器不计数,保持原状态不变。

表 6-24 CC4520 的功能表

CP	EN	R	功　　能
↑	1	0	加计数(上升沿)
0	↓	0	加计数(下降沿)
↓	×	0	不　变
×	↑	0	不　变
↑	0	0	不　变
1	↓	0	不　变
×	×	1	$Q_1 \sim Q_4 = 0$

表 6-25 74LS169 功能表

$\overline{LD}$	U/$\overline{D}$	CP	$\overline{EP}$	$\overline{ET}$	Q_D	Q_C	Q_B	Q_A	C/B	功能
1	1	↑	0	0						加计数
1	0	↑	0	0						减计数
0	×	↑	×	×	D_D	D_C	D_B	D_A		置　数
×	×	×	×	0	1	1	1	1	↑	
×	0	×	×	×	0	0	0	0		

由表 6-25 可以看出 $\overline{EP}$、$\overline{ET}$ 为控制输入端,低电平有效。U/$\overline{D}$ 为加/减计数控制端,U/$\overline{D}$=1 时计数器进行加法计数;U/$\overline{D}$=0 时计数器进行减法计数。$\overline{LD}$ 是同步置数控制端,低电平有效,即 $\overline{LD}$=0 时送入 CP 后计数器 $Q_D Q_C Q_B Q_A = D_D D_C D_B D_A$,再送 CP 脉冲,计数器从 $D_D D_C D_B D_A$ 开始计数。C/B 为动态进位输出端。合理利用这些端钮,可以组成任意计数长度的计数器。

6.3.2 集成二-十进制计数器

目前集成二-十进制计数器品种较多，如同步十进制加法计数器 74LS160（同步置数、异步清零）、同步十进制加法计数器 74LS162（同步清零）、可预置十进制可逆计数器 74LS168、二-五-十进制异步计数器 74LS290、可预置十进制可逆计数器 CC40192（双时钟）、双 BCD 同步加法计数器 CC4518 等。下面仅举两个例子说明使用方法。

同步十进制加法计数器 74LS160 的引脚图如图 6.51(a)所示，功能表见表 6－26。二-五-十进制异步计数器 74LS290 的引脚图如图 6.51(b)所示，功能表见表 6－27。

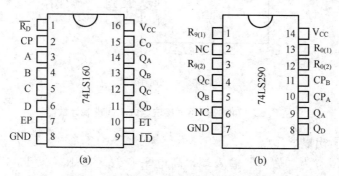

图 6.51 集成二-十进制计数器引脚图

表 6－26 中 EP、ET 为计数控制端，高电平有效，即 EP＝ET＝1 时，计数器正常计数，否则不计数；CP 为计数脉冲输入端，上升沿计数；$\overline{R_D}$ 为清零端，低电平有效，异步清零（即清零不受 CP 的控制）；$\overline{LD}$ 为置数控制端，低电平有效，即 $\overline{LD}＝0$ 时 $Q_D Q_C Q_B Q_A$ ＝DCBA，使计数器可以从任何数值开始计数。图中 Co 为计数器的输出端，用于向高位计数器输出进位脉冲。

74LS290 有多种用途，从 CP_A 送计数脉冲，从 Q_A 输出为 1 位二进制计数器，如图 6.52(a)所示；从 CP_B 送计数脉冲，从 $Q_D Q_C Q_B$ 输出为五进制计数器，如图 6.52(b)所示；将 Q_A 与 CP_B 相连，从 $Q_D Q_C Q_B Q_A$ 输出为 8421 码十进制计数器，如图 6.52(c)所示。另外还有一些置数输入端，见表 6－27。

表 6－26 74LS160 功能表

CP	$\overline{R_D}$	$\overline{LD}$	EP	ET	输出 Q^n
×	0	×	×	×	清零
↑	1	0	×	×	置数
↑	1	1	1	1	计数
×	1	1	0	×	保持
×	1	1	×	0	保持

表 6－27 74LS290 功能表

$R_{0(1)}$	$R_{0(2)}$	$R_{9(1)}$	$R_{9(2)}$	Q_D	Q_C	Q_B	Q_A
1	1	0	×	0	0	0	0
1	1	×	0	0	0	0	0
×	×	1	1	1	0	0	1
×	0	×	0	计数			
0	×	×	0	计数			
0	×	0	×	计数			
×	0	0	×	计数			

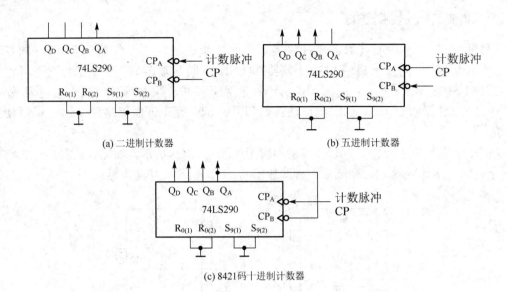

(a) 二进制计数器   (b) 五进制计数器

(c) 8421码十进制计数器

图 6.52　74LS290 不同接法组成不同进制计数器

由表 6-27 看出以下几点。

(1) $R_{9(1)}$、$R_{9(2)}$ 为"置 9"输入端，高电平有效。当 $R_{9(1)} = R_{9(2)} = 1$ 时，计数器 $Q_D Q_C Q_B Q_A = 1001$，即直接实现置 9 功能。

(2) $R_{0(1)}$、$R_{0(2)}$ 为"置 0"输入端，高电平有效。当 $R_{0(1)} = R_{0(2)} = 1$，且 $R_{9(1)}$、$R_{9(2)}$ 至少有一个为低电平时，计数器 $Q_D Q_C Q_B Q_A = 0000$，即实现清零功能。

(3) 正常计数器时 $R_{9(1)}$、$R_{9(2)}$ 和 $R_{0(1)}$、$R_{0(2)}$ 两组均至少有一端接低电平。

【做一做】

实训 6-7：集成计数器的功能测试

实训流程：

1) 二-五-十进制异步计数器 74LS290 功能测试

(1) 置"9"功能测试。将 74LS290 的 14 脚接 +5V 电源，7 脚接地。将 $R_{9(1)}$ 和 $R_{9(2)}$ 接实验箱的逻辑电平开关，并置"1"，其他端任意(可暂时悬空)，观察数码管是否显示数字"9"。

(2) 清"0"功能测试。令 $R_{9(1)} = R_{9(2)} = 0$，将 $R_{0(1)}$ 和 $R_{0(2)}$ 置为"1"(直接接 +5V 即可)，观察数码管是否显示数字"0"。

(3) 二分频(二进制计数)。令 $R_{0(1)} = R_{0(2)} = R_{9(1)} = R_{9(2)} = 0$，将电路的 CP_A 端接 CP 单脉冲，从 Q_A 输出，将 Q_A 接发光二极管，按动轻触开关，观察计数过程。

(4) 五分频(五进制计数)。令 $R_{0(1)} = R_{0(2)} = R_{9(1)} = R_{9(2)} = 0$，将电路的 CP_B 端接 CP 单脉冲，从 Q_D 输出，将 Q_D、Q_C、Q_B 接发光二极管，按动轻触开关，观察计数过程。

(5) 十进制计数器。令 $R_{0(1)} = R_{0(2)} = R_{9(1)} = R_{9(2)} = 0$，将 Q_A 与 CP_B 端相连，将电路的 CP_A 端接 CP 单脉冲，从 Q_D 输出，将 Q_D、Q_C、Q_B、Q_A 接发光二极管，观察计数过程。然后 CP_A 端接 1Hz 连续脉冲(从信号发生器获得)，用示波器分别观察 Q_D、Q_C、Q_B、Q_A 对应 CP_A 的波形。

按照表 6-28 测试 74LS290 的各项功能，并将结果填入表中。

表 6 - 28   74LS290 的功能表

功 能	输 入						输 出			
	$R_{0(1)}$	$R_{0(2)}$	$R_{9(1)}$	$R_{9(2)}$	CP_A	CP_B	Q_D	Q_C	Q_B	Q_A
置9	×	×	1	1	×	×				
清0	1	1	0	0	×	×				
二进制计数器	0	0	0	0	↓	×	Q_A :			
五进制计数器	0	0	0	0	×	↓	$Q_D\,Q_C\,Q_B$: 000→			
十进制计数器	0	0	0	0	↓	Q_A	0000→			

2）同步十进制加法计数器 74LS160 功能测试

（1）74LS160 计数功能。将 74LS160 的 16 管脚接＋5V 电源，8 管脚接地。清零端 $\overline{R_D}$ 接地清零，然后接高电平；计数控制端 EP、ET 接＋5V，置数控制端 $\overline{LD}$ 接高电平（或悬空），将 Q_D、Q_C、Q_B、Q_A 接发光二极管，CP 端接 CP 单脉冲，观察计数过程。

（2）置数控制端 $\overline{LD}$ 功能。将 $\overline{R_D}$ 悬空，其他端钮不变，C_O 端经非门后接置数控制端 $\overline{LD}$，DCBA 置为 0011。在 CP 端送 CP 单脉冲，观察计数过程，并判断为几进制计数器。（当 $Q_D Q_C Q_B Q_A = 1001$ 时，$C_O = 0$，在下一个单脉冲时，$Q_D Q_C Q_B Q_A$ 被置为 DCBA 值。）

按照表 6 - 29 测试 74LS160 的各项功能，并将结果填入表中。

表 6 - 29   74LS160 的功能表

功 能	输 入					输 出			
	EP	ET	$\overline{R_D}$	$\overline{LD}$	CP	Q_D	Q_C	Q_B	Q_A
清0	×	×	0	×	×				
计数	1	1	1	1	↑	0000→			
置数	1	1	1		↑	0011→			

6.3.3 任意进制（N 进制）计数器的设计

在日常生活中，除了二进制、十进制计数规律以外，还有 12 进制、24 进制、60 进制等计数规律。广义地讲，除了二进制、十进制以外的计数器统称为任意进制（N 进制）计数器。从集成电路产品的成本考虑，没有现成的任意进制计数器产品。要实现任意进制计数器，可以用现有的集成计数器加以改造而得到。下面讨论的是几种常用的实现任意进制计数器的方法。

构成任意进制计数器的方法很多，这里仅介绍常用的反馈法和级联法。

1. 反馈法

1）反馈到"置 0"端实现任意进制计数

对于具有"置 0"端的集成计数器，利用"置 0"端，让计数器跳过不需要（无效）的状态，实现任意进制计数。图 6.53(a)就是用同步十进制计数器 74LS160 和附加的门电路接成的六进制计数器。

74LS160 是十进制计数器，异步清零。要接成六进制，需要让计数器跳过 $0110 \sim 1001$ 这 4 个无效状态，因此需要让计数器一旦出现 0110 时，产生一个清零信号"0"，并送到 $\overline{R_D}$ 端，使计数器自动清零，跳过 4 个无效状态。由于 74LS160 是异步清零，所以 0110 不会稳定存在，从而实现六进制计数。连接示意图如图 6.53(a)所示，状态转换图如图 6.53(b) 所示。

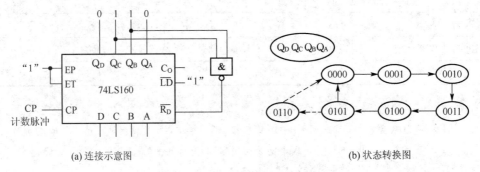

(a) 连接示意图　　　　　　　　　　　　　(b) 状态转换图

图 6.53　反馈到置 0 端的六进制计数器

连接规律：将计数到 N 时，恰为"1"的输出端接到与非门的输入端，与非门的输出端接到清零端，可以实现任意(小于集成块计数)长度的计数器。

2) 反馈到"置数"端实现任意进制计数

对于具有"置数"功能的计数器，可以利用"置数"端，合理置入数据，跳过无效状态，实现任意进制计数。

74LS160 为同步置数，即 $\overline{LD}=0$ 送 CP 脉冲后，计数器才有 $Q_D Q_C Q_B Q_A = DCBA$。所以当置数值 DCBA 为 0000 时，译码输入应该为 6 的前一个状态，即 $Q_D Q_C Q_B Q_A = 0101$ 时产生置数脉冲 $\overline{LD}=0$，下一个 CP 脉冲到来时，置入 0000 状态，跳过 4 个无效状态，实现六进制计数。连接示意图如图 6.54 所示。若置数值 DCBA 不为 0000 时，图 6.55 所示的连接也能实现六进制计数，具体原理读者可自己分析。

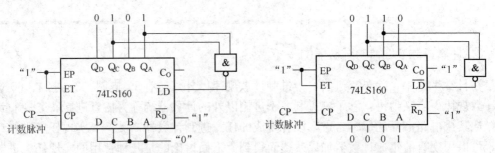

图 6.54　0 开始计数的六进制计数器　　　　**图 6.55　1 开始计数的六进制计数器**

图 6.56(a)电路是将进位输出 C_o 经反相器连接到 $\overline{LD}$ 端，若预置输入端接成 0100，也可实现六进制计数。当计数器的状态 $Q_D Q_C Q_B Q_A = 1001$ 时，$C_o=1$，$\overline{LD}=0$，CP 脉冲上升沿到来时，计数器将置为 0100 状态，然后又从 0100 开始计数。图 6.56(b)是计数器的状态转换图，计数器是按 $0100 \sim 1001$ 进行计数。改变预置数值 DCBA 的状态，可以实现其他进制计数。

同样，利用 74LS290，通过反馈法可实现不同进制的计数器。图 6.57(a)为六进制计

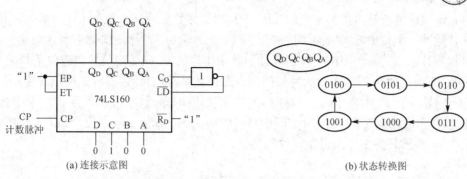

(a) 连接示意图   (b) 状态转换图

图 6.56　4 开始计数的六进制计数器

数器。图中 Q_C、Q_B 反馈到置 0 输入端 $R_{0(1)}$、$R_{0(2)}$，当计数器出现 0110 状态时，$R_{0(1)}$、$R_{0(2)}$ 为高电平，计数器迅速复位到 0000 状态，与此同时，$R_{0(1)}$、$R_{0(2)}$ 又变为低电平，使其重新从 0000 状态开始计数。0110 状态存在时间极短（通常只有 10ns 左右），可认为实际出现的记数状态只有 0000 到 0101 六种，故为六进制计数器。图 6.57(b) 为七进制计数器，当计数器出现 0111 状态时，Q_C、Q_B、Q_A 通过与门反馈使 $R_{0(1)}$、$R_{0(2)}$ 为高电平，计数器迅速复位到 0000 状态，从而实现七进制计数。

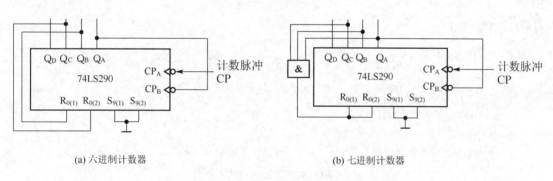

(a) 六进制计数器   (b) 七进制计数器

图 6.57　用 74LS290 构成六进制与七进制计数器

2. 级联法

如果需要的计数长度比较长（如六十进制），显然反馈法是不行的，我们可以将多级计数器合理连接起来实现计数长度大于单片计数器计数长度的任意进制计数器。

图 6.58 为用两片 74LS160 和附加的门电路接成 60 进制计数器的连接示意图。

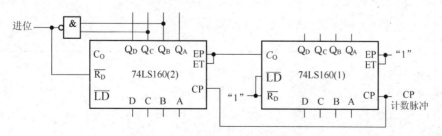

图 6.58　74LS160 接成六十进制计数器

将第一片 74LS160 作为个位（十进制计数），将第二片 74LS160 接成六进制计数器作为十位，个位的进位输出接到十位的 EP、ET 端。计数脉冲从个位的 CP 端送入，每送入 10 个 CP 脉冲，个位清零同时向十位进 1，EP、ET 端为 1，计一次数。当计到第 60 个脉冲后，整个计数器清零，完成一轮循环计数。由十位的 C_o 向更高位输出进位信号。

图 6.59 为用两片 74LS290 和附加的门电路接成 24 进制计数器的连接示意图。其中片 (1)作为个位，片(2)作为十位，两片均连成 8421BCD 码十进制计数方式。当十位片为 0010 状态，个位片为 0100 状态时，反馈与门的输出为 1，使个、十位计数器均复位到 0，形成从 0 到 23 循环的二十四进制计数的功能。

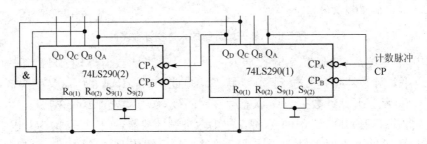

图 6.59 74LS290 接成二十四进制计数器

 【做一做】

实训 6-8：任意进制计数器的设计

实训流程：

1) 用 74LS160 设计六进制计数器

(1) 画出连线图(注意处理好所有的控制端)。

(2) 测试电路。用单脉冲作为 CP 的输入，观察在 CP 脉冲作用下输出端的变化，填入表 6-30 中。

表 6-30 六进制计数器的测试表

CP 的顺序	Q_D Q_C Q_B Q_A	数码管显示的数字
0		
1		
2		
3		
4		
5		
6		
7		
8		

2) 用 74LS160 设计一个二十四进制计数器。

(1) 画出电路图。

(2) 测试电路，并将测试结果填入表 6-31 中。

表6-31　二十四进制计数器的测试表

CP 的顺序	数码管显示的数字	
	高位	低位
0		
1		
2		
3		
4		
5		
…		
18		
19		
20		
21		
22		
23		
24		

【做一做】

实训6-9：任意进制计数器的仿真测试

实训流程：

1）用74LS160组成六十进制计数器

根据图6.58所示的电路，画出仿真电路图，观察计数状态。参考电路如图6.60所示。其中DCD_HEX是带有显示译码器的数码管；V_1是时钟电压源，用来产生计数信号。

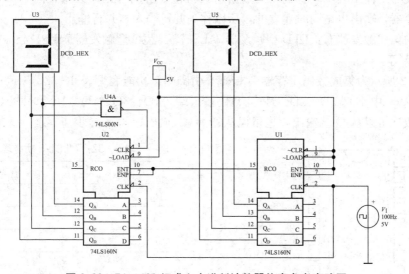

图6.60　74LS160组成六十进制计数器仿真参考电路图

2）用74LS290组成二十四进制计数器

根据图6.59所示的电路，进行仿真实验。

实训任务 6.4　循环灯电路的设计

具有存放数码功能的逻辑电路称为寄存器。寄存器由具有记忆功能的触发器和门电路组合而成。一个触发器存放 1 位二进制代码，存放 n 位二进制代码需要 n 个触发器。寄存器分为数码寄存器和移位寄存器两种。数码寄存器只能用于存放二进制代码，移位寄存器不仅能够存放代码还可以进行数据的串、并变换。

6.4.1　数码寄存器

1. 由 D 触发器构成的数码寄存器

数码寄存器的逻辑功能是：接收数码、保存数码、输出数码。图 6.61 所示电路是由 4 位 D 触发器组成的数码寄存器。

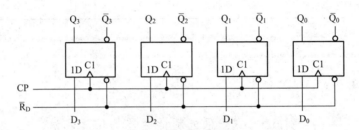

图 6.61　数码寄存器逻辑图

$\overline{R_D}$ 为异步清零端，$\overline{R_D}=0$，可立即使所有触发器都复位到 0 状态。$\overline{R_D}=1$ 且 CP 的上升沿到来时，$Q_3Q_2Q_1Q_0=D_3D_2D_1D_0$，加在并行数据输入端的数据 $Q_3\sim Q_0$ 立刻送入，并保存在触发器的输出端，一直到新的数据送入为止。由此可见，数据在同一个 CP 的控制下存入寄存器，输出也是同时建立的，所以称为并行输入，并行输出。

常用的集成触发器有：四 D 型触发器 74LS175、六 D 型触发器 74LS174、八 D 型触发器 74LS374 等。

图 6.62 所示为集成数码寄存器 74LS175 引脚图，功能表见表 6-32。

在图 6.62 中 4D、3D、2D、1D 为数码输入端；4Q、3Q、2Q、1Q 和 4 个 $\overline{Q}$ 端为数码输出端，数据可以从 Q 端输出，也可以从 $\overline{Q}$(反相)输出；R_D 为异步清零端，低电平有效。

图 6.62　集成寄存器 74LS175 引脚图

表 6-32　74LS175 功能表

输　入			输　出
$\overline{R_D}$	CP	D	Q^{n+1}
0	×	×	0
1	↑	1	1
1	↑	0	0
1	0	×	Q^n

由表 6-32 可以知道，CP 的上升沿存入数据。输出端的状态与 D 端的状态一致。

2. 由锁存器构成的数码寄存器

锁存器的特点是：在不锁存数据时，输出端的信号随输入信号变化；一旦锁存器起锁存作用时，数据被锁住，输出端的信号不再随输入信号而变化。74LS373 就是最常用的八D 型锁存器。74LS373 的知识在项目 5 中有所介绍，这里只对其逻辑功能进行测试。

【做一做】

实训 6-10：数码寄存器 74LS373 逻辑功能测试

实训流程：

(1) 74LS373 数码寄存器的引脚图如图 6.63 所示。

(2) 将控制端$\overline{OC}$接低电平、EN 接高电平，$D_0 \sim D_7$ 端分别接高电平或低电平，观察 $Q_0 \sim Q_7$ 的电平状态，记录在表 6-33 中，并说明其逻辑功能。

(3) 将控制端$\overline{OC}$接低电平、EN 也接低电平，$D_0 \sim D_7$ 端分别接高电平或低电平，观察 $Q_0 \sim Q_7$ 的电平状态，记录在表 6-33 中，并说明其逻辑功能。

(4) 将控制端$\overline{OC}$接高电平、EN 接高电平或低电平，$D_0 \sim D_7$ 端接高电平或低电平，观察 $Q_0 \sim Q_7$ 的电平状态，记录在表 6-33 中，并说明其逻辑功能。

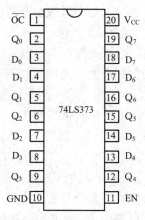

图 6.63　74LS373 引脚图

表 6-33　74LS373 数码寄存器的逻辑功能测试表

输　入			输　出		逻辑功能
$\overline{OC}$	EN	$D_0 \sim D_7$	Q 的初态为 0 $Q_0 \sim Q_7$	Q 的初态为 1 $Q_0 \sim Q_7$	
0	1	1			
		0			
0		1			
		0			
1	X	X			

(5) 归纳 74LS373 数码寄存器的逻辑功能。

6.4.2 移位寄存器

移位寄存器除了具有存放数码的功能以外，还具有移位的功能，即寄存器里的数码可以在移位脉冲(CP)的作用下依次移动。移位寄存器分为单向移位寄存器和双向移位寄存器两种。输入、输出方式也可以有串行输入、并行输入，串行输出、并行输出。因此移位寄存器的逻辑功能为：存放数码，二进制数的串/并、并/串变换等。

1. 单向移位寄存器

单向移位寄存器又可以分为左向移位寄存器、右向移位寄存器两种。图 6.64 是由 4 位维持阻塞 D 触发器组成的左移逻辑图。

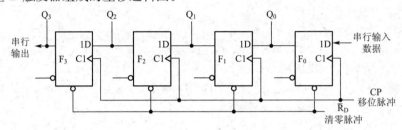

图 6.64 单向移位寄存器

图 6.64 中 Q_3 为最高位，Q_0 为最低位。低位触发器的输出端接到相邻高位的输入端，被移动的数据从最低位触发器的 D 端送入(要把 $d_3d_2d_1d_0$ 存放在 $Q_3Q_2Q_1Q_0$ 端，需要从 d_3 开始输入)依次前移，这种依次输入的方式称为串行输入。

下面以输入数据 $d_3d_2d_1d_0 = 1011$ 为例，说明数据移入寄存器的过程。送 CP 脉冲之前，在 $\bar{R}_D$ 加 "0"，使 $Q_3Q_2Q_1Q_0 = 0000$。第一个 CP 脉冲的上升沿到来之前：$D_0 = 1$，$D_1 = D_2 = D_3 = 0$，第一个 CP 脉冲的上升沿到来后 $Q_3Q_2Q_1Q_0 = 0001$；第二个 CP 脉冲的上升沿到来之前：$D_0 = 0$，$D_1 = 1$，$D_2 = D_3 = 0$，第二个 CP 脉冲的上升沿到来后 $Q_3Q_2Q_1Q_0 = 0010$；第三个 CP 脉冲的上升沿到来之前：$D_0 = 1$，$D_1 = 0$，$D_2 = 1$，$D_3 = 0$，第三个 CP 脉冲的上升沿到来后 $Q_3Q_2Q_1Q_0 = 0101$；第四个 CP 脉冲的上升沿到来之前：$D_0 = 1$，$D_1 = 1$，$D_2 = 0$，$D_3 = 1$，第四个 CP 脉冲的上升沿到来后 $Q_3Q_2Q_1Q_0 = 1011$；4 个 CP 过后，数据被移入寄存器中。数据从 $Q_3Q_2Q_1Q_0$ 同时输出称为并行输出，还可以再送入 4 个 CP 脉冲，从 Q_3 端按照 $Q_3Q_2Q_1Q_0$ 的顺序依次输出，称为串行输出。数码在寄存器中移动的情况见表 6-34，移位寄存器的时序图如图 6.65 所示。

表 6-34 移位寄存器数据移动表

CP 个数	寄存器状态				输入数据 $d_3d_2d_1d_0 = 1011$
	Q_3	Q_2	Q_1	Q_0	
0	0	0	0	0	1
1	0	0	0	1	0
2	0	0	1	0	1
3	0	1	0	1	1
4	1	0	1	1	1

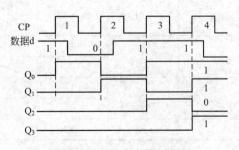

图 6.65 左移寄存器时序图

由图 6.65 可以看出，4 个 CP 过后，数据被移入寄存器中，在 $Q_3Q_2Q_1Q_0$ 得到了并行输出的数据，所以以移位寄存器除了存放数据以外还可以实现数据的串/并变换。如果将数据以并行的方式存入寄存器中，然后送 4 个 CP 脉冲，从 Q_3 依次移出，又可以实现数据的并/串变换。

单向移位寄存器还有右向移位寄存器。所不同的是，高位的输出接到低位的输入，数据从最高位的输入端送入（先送 d_0）依次移入，串行输出取自最低位触发器的输出端。

2. 双向移位寄存器

将左向移位寄存器和右向移位寄存器组合起来，并增加一些控制端，就可以构成既可以左移又可以右移的双向移位寄存器。4 位通用移位寄存器 74LS194 的引脚图如图 6.66 所示，功能表见表 6-35。

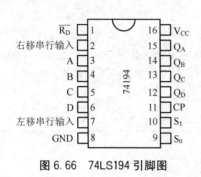

图 6.66 74LS194 引脚图

表 6-35 74LS194 功能表

$\overline{R_D}$	S_1	S_0	CP	逻辑功能
0	×	×	×	清零
1	0	0	×	保持
1	0	1	↑	右移
1	1	0	↑	左移
1	1	1	↑	并行输入数据

$\overline{R_D}$ 为清零端，低电平有效。S_1、S_0 为控制端，S_1、S_0 取值不同，寄存器的工作状态不同。移位脉冲 CP 上升沿有效。

【做一做】

实训 6-11：移位寄存器 74LS194 的逻辑功能测试

实训流程：

1）$\overline{R_D}$ 清除功能测试

将 16 脚接 +5V 电源，8 脚接地。将 $\overline{R_D}$、S_1、S_0、D、C、B、A 端接逻辑电平开关，CP 接单脉冲，Q_D、Q_C、Q_B、Q_A 端接发光二极管。按表 6-36 所给的数值进行测试并将结果填在相应的位置上。

表 6-36 $\overline{R_D}$ 功能表

输　　　　入								输　　　出				功能
$\overline{R_D}$	S_1	S_0	CP	D	C	B	A	Q_D	Q_C	Q_B	Q_A	
0	×	×	×	×	×	×	×					
1	0	0	0	×	×	×	×					
1	1	1	↑	1	0	0	1					

2）右移串行输入测试

先令 $\overline{R_D}$=0 将寄存器清零，再令 $\overline{R_D}$=1、S_1S_0=01，CP 接单次脉冲。由右移串行输入端（2 脚）依次串行输

入 1010 二进制数码。每输入一个数码，由 CP 送一个单次脉冲信号，观察每一个 CP 作用后 Q_D、Q_C、Q_B、Q_A 的状态，4 个 CP 作用后 Q_D、Q_C、Q_B、Q_A 的状态即为并行输出。将测试结果填入表 6-37 中。

表 6-37　右移串行输入功能表

右移串行输入端	CP	Q_D	Q_C	Q_B	Q_A
×	×	0	0	0	0
1	1				
0	2				
1	3				
0	4				

3）左移串行输入测试

先令 $\overline{R_D}=0$ 将寄存器清零，再令 $\overline{R_D}=1$、$S_1S_0=10$，CP 接单次脉冲。由左移串行输入端（7 脚）依次串行输入 1010 二进制数码。每输入一个数码，由 CP 送一个单次脉冲信号，观察每一个 CP 作用后 Q_D、Q_C、Q_B、Q_A 的状态，4 个 CP 作用后 Q_D、Q_C、Q_B、Q_A 的状态即为并行输出。将测试结果填入表 6-38 中。

表 6-38　左移串行输入功能表

左移串行输入端	CP	Q_D	Q_C	Q_B	Q_A
×	×	0	0	0	0
1	1				
0	2				
1	3				
0	4				

6.4.3　寄存器应用实例

1. 产生序列信号

序列信号是在同步脉冲作用下按一定周期循环产生的一串二进制信号，如 01110111…，每隔 4 位重复一次，称为 4 位序列信号。序列信号广泛应用于数字设备测试、数字式噪声源，或在通信、遥控、遥测中作为识别信号或基准信号。

图 6.67 是用移位寄存器组成的 4 位序列信号发生器。Q_D 端产生的序列信号数字为 01110111…；Q_C 端产生的序列信号数字为 00110011…；Q_B 端产生的序列信号数字为 00010001…。工作原理如下。

74LS194 接成右移方式，其右移串行输入信号取自 Q_D 的非。首先在清零脉冲的作用下，寄存器的 Q 端全部为 0，此时 D_{SR} 为 1，$S_1=S_0=1$。当时钟脉冲上升沿来临时，$Q_AQ_BQ_CQ_D=ABCD=0111$，S_1 变为 0，D_{SR} 为 0，开始执行右移功能。移位输出状态表和输出波形分别如表 6-39 和图 6.68 所示。第 3 个时钟脉冲后，$Q_AQ_BQ_CQ_D$ 又全部为 0，此

时 S_1、S_0 全为1，当下一个时钟脉冲来临时，并行输入数据的功能，进入下一个循环。

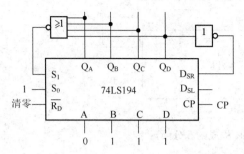

图 6.67 一种序列信号产生电路

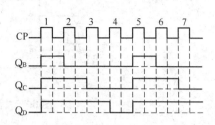

图 6.68 序列信号发生器输出波形

表 6-39 序列信号发生器电路输出状态表

CP	D_{SR}	Q_A	Q_B	Q_C	Q_D	CP	D_{SR}	Q_A	Q_B	Q_C	Q_D
0	1	0	0	0	0	3	0	0	0	0	1
1	0	0	1	1	1	4	1	0	0	0	0
2	0	0	0	1	1	5	0	0	1	1	1

2. 用移位寄存器分频

分频是将周期性的信号频率按预定倍数降低的过程。图 6.69 是用 74LS194 构成的偶数分频器，其中图 6.69(a) 为 2 分频器，图 6.69(b) 为 4 分频器，图 6.69(c) 为 6 分频器，图 6.69(d) 为 8 分频器。

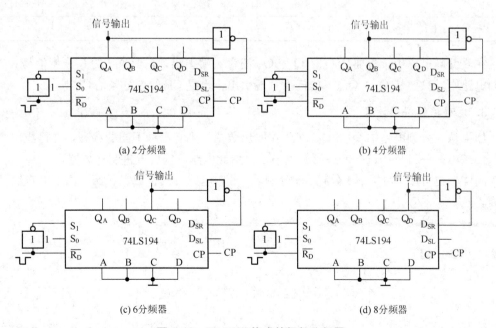

(a) 2分频器

(b) 4分频器

(c) 6分频器

(d) 8分频器

图 6.69 74LS194 构成的偶数分频器

此外，74LS194 也可构成的奇数分频器，图 6.70 所示为 5 分频器。

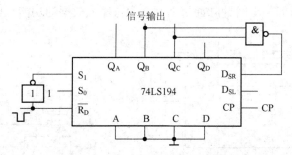

图 6.70　74LS194 构成的 5 分频器

表 6-40 是 6 分频和 5 分频的状态转换表，其他分频器的状态转换表可以由读者自己分析。

表 6-40　6 分频和 5 分频的状态转换表

6分频					5分频				
D_{SR}	Q_A	Q_B	Q_C	Q_D	D_{SR}	Q_A	Q_B	Q_C	Q_D
1	0	0	0	0	1	0	0	0	0
1	1	0	0	0	1	1	0	0	0
1	1	1	0	0	1	1	1	0	0
0	1	1	1	0	1	1	1	1	0
0	0	1	1	1	0	0	1	1	1
0	0	0	1	1	0	0	0	1	1
1	0	0	0	1	0	0	0	0	1
1	1	0	0	0	1	1	1	0	0

在 6 分频电路中，只要从 Q_A、Q_B、Q_C 任意一端引出，均是 CP 的 6 分频信号；在 5 分频电路中，只要从 Q_A、Q_B、Q_C 任意一端引出，也是 CP 的 5 分频信号。

3. 用移位寄存器计数

如果从 5 分频电路中 Q_A、Q_B、Q_C 端取出数据，则有 5 种不同的状态，并构成一个循环：$100 \rightarrow 110 \rightarrow 111 \rightarrow 011 \rightarrow 001 \rightarrow 100 \rightarrow \cdots$，显然此电路可构成五进制计数器。

同样，也可用 2 分频、4 分频、6 分频、8 分频电路分别构成二、四、六、八进制计数器等。

【练一练】

实训 6-12：循环灯电路的设计

设计要求：

用两片 74LS194 和其他门电路设计循环灯电路，当 CP 脉冲连续不断输入时，电路中 8 个发光二极管从左到右一个一个全部点亮，然后又从左到右一个一个全部熄灭，以此规律不断循环。

要求：写出设计过程；画出电路图并测试。

设计流程：

(1) 分析题意。

(2) 画电路图。

(3) 在实验台上连接电路。

(4) 检测电路逻辑功能。

实训任务 6.5 波形产生变换电路的设计

6.5.1 555 定时器的电路结构及工作原理

555 定时器是一种应用极为广泛的中规模集成电路，因集成电路内部含有 3 个 5kΩ 电阻而得名。该电路使用灵活、方便，只需外接少量的阻容元件就可以构成施密特触发器、单稳态触发器和多谐振荡器，且价格便宜。广泛应用于信号的产生、变换、控制与检测中。

目前生产的 555 定时器有双极型和 CMOS 两种类型，主要厂商生产的产品有 NE555、FX555、LM555 和 C7555 等，它们的结构和工作原理大同小异，引出线也基本相同，有的还有双电路封装，称为 556。通常双极型定时器具有较强的带负载能力，而 CMOS 定时器具有低功耗、输入阻抗高等优点。555 定时器工作的电源电压范围很宽，并可承受较大的负载电流。双极型定时器的电源电压范围为 5~16V，最大负载电流可达 200mA，因此可以直接驱动小电动机、继电器、喇叭和发光二极管；CMOS 定时器电源电压范围为 3~18V，最大负载电流在 4mA 以下。

1. 电路结构

555 定时器是一种将模拟电路和数字电路混合集成于一体的电子器件，其内部结构的简化原理图如图 6.71 所示。图 6.72 为 555 定时器的引脚图。

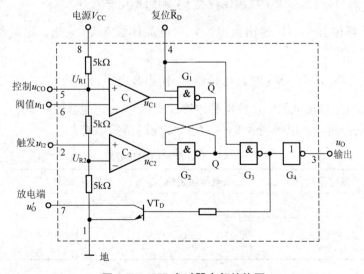

图 6.71 555 定时器内部结构图

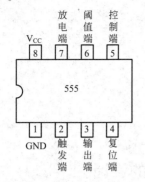

图 6.72　555 定时器引脚图

由图 6.71 可知，555 定时器由 3 个阻值为 5kΩ 的电阻组成的分压器、两个电压比较器 C_1 和 C_2、基本 RS 触发器、放电晶体管 VT_D 和缓冲反相器 G_4 组成。虚线边沿标注的数字为引脚号。其中：1 脚为接地端。2 脚为低电平触发端，由此输入低电平触发脉冲。6 脚为高电平触发端，由此输入高电平触发脉冲。4 脚为复位端，输入负脉冲(或使其电压低于 0.7 伏)可使 555 定时器直接复位。5 脚为电压控制端，在此端外加电压可以改变比较器的参考电压。不用时，经 $0.01\mu F$ 的电容接"地"，以防止引入干扰。7 脚为放电端，555 定时器输出低电平时，放电晶体管 VT_D 导通，外接电容元件通过 VT_D 放电。3 脚为输出端，输出高电压约低于电源电压 $1\sim3V$，输出电流可达 200mA，因此可直接驱动继电器、发光二极管、扬声器、指示灯等。8 脚为电源端，可在 $5\sim18V$ 范围内使用。

2. 工作原理

555 定时器工作过程分析如下。

5 脚经 $0.01\mu F$ 的电容接"地"，比较器 C_1 和 C_2 的比较电压为：$U_{R1} = \dfrac{2}{3}V_{CC}$、$U_{R2} = \dfrac{1}{3}V_{CC}$。

当 $u_{I1} > \dfrac{2}{3}V_{CC}$，$u_{I2} > \dfrac{1}{3}V_{CC}$ 时，比较器 C_1 输出低电平，比较器 C_2 输出高电平，基本 RS 触发器"置 0"，G_3 输出高电平，放电晶体管 VT_D 导通，定时器输出低电平，$u_O = U_{OL}$。

当 $u_{I1} < \dfrac{2}{3}V_{CC}$，$u_{I2} > \dfrac{1}{3}V_{CC}$ 时，比较器 C_1 输出高电平，比较器 C_2 输出高电平，基本 RS 触发器保持原状态不变，555 定时器输出状态亦保持不变。

当 $u_{I1} > \dfrac{2}{3}V_{CC}$，$u_{I2} < \dfrac{1}{3}V_{CC}$ 时，比较器 C_1 输出低电平，比较器 C_2 输出低电平，基本 RS 触发器两端都被置 1，G_3 输出低电平，放电晶体管 VT_D 截止，定时器输出高电平，$u_O = U_{OH}$。

当 $u_{I1} < \dfrac{2}{3}V_{CC}$，$u_{I2} < \dfrac{1}{3}V_{CC}$ 时，比较器 C_1 输出高电平，比较器 C_2 输出低电平，基本 RS 触发器置 1，G_3 输出低电平，放电晶体管 VT_D 截止，定时器输出高电平，$u_O = U_{OH}$。

综合上述的分析，可以得到表 6-41 中 555 定时器的功能表。

表 6-41　555 定时器的功能表

复位端 $\overline{R}_D$	高电平触发端 u_{I1}	低电平触发端 u_{I2}	放电晶体管 VT_D	输出端 u_o
0	$\times$	$\times$	导通	0
1	$> \dfrac{2}{3}V_{CC}$	$> \dfrac{1}{3}V_{CC}$	导通	0

（续）

复位端 R_D	高电平触发端 u_{I1}	低电平触发端 u_{I2}	放电晶体管 VT_D	输出端 u_o
1	$<\dfrac{2}{3}V_{CC}$	$>\dfrac{1}{3}V_{CC}$	不变	不变
1	$>\dfrac{2}{3}V_{CC}$	$<\dfrac{1}{3}V_{CC}$	截止	1
1	$<\dfrac{2}{3}V_{CC}$	$<\dfrac{1}{3}V_{CC}$	截止	1

如果在 555 定时器的电压控制端（5 脚）施加一个外接电压（其值在 $0 \sim V_{CC}$ 之间），比较器的参考电压将发生变化，电路相应的高电平触发电压、低电平触发电压也将发生变化，进而影响电路的工作状态。有兴趣的读者可以自己去分析。

6.5.2　555 定时器的应用

555 定时器用途极为广泛，例如可以构成施密特触发器、单稳态触发器、多谐振荡器等。

1. 用 555 定时器构成施密特触发器

将 555 定时器的 2 脚和 6 脚接在一起，可以构成施密特触发器，简记为"二六一搭"。由于施密特触发器无须放电端，所以利用放电端与输出端状态相一致的特点，从放电端加一上拉电阻后，可以获得与 3 脚相同的输出。如果上拉电阻单独接另外一组电源，如图 6.73（a）所示，则可以获得与 3 脚输出不同的逻辑电平。

假定输入的触发信号 u_I 为三角波，u_{O1} 工作波形如图 6.73（b）所示，根据输入波形分析电路的工作过程如下。

设 u_I 为低电平时 $\left(u_I<\dfrac{1}{3}V_{CC}\right)$，根据 555 定时器的功能表可知，定时器的输出为高电平。当 u_I 的电压逐渐升高到 $\dfrac{1}{3}V_{CC}<u_I<\dfrac{2}{3}V_{CC}$ 时，555 定时器的输出状态保持不变。

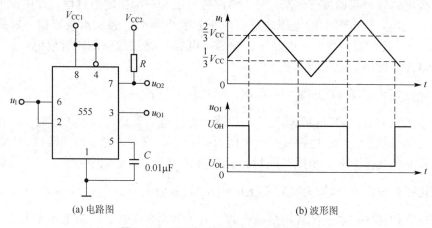

(a) 电路图　　　　　　　　　　　　(b) 波形图

图 6.73　555 定时器构成施密特触发器

当输入电压 u_1 继续上升到 $u_1 > \frac{2}{3}V_{CC}$ 时，555 定时器的输出状态发生翻转，跳变成低电平，此时对应的输入电压即为这个施密特触发器的正向阈值电压，记为

$$U_{T+} = \frac{2}{3}V_{CC}$$

输入电压继续增加，555 定时器仍然处于低电平，输入电压增加到最高点后逐渐下降，当 $\frac{1}{3}V_{CC} < u_1 < \frac{2}{3}V_{CC}$ 时，555 定时器的输出状态保持不变，输出还是低电平状态。

当输入电压下降到 $u_1 < \frac{1}{3}V_{CC}$ 时，电路状态又一次发生翻转，输出重新跳变成高电平，又返回到开始讨论的情况。从这里可以看出这个施密特触发器的负向阈值电压为

$$U_{T-} = \frac{1}{3}V_{CC}$$

回差电压 $$\Delta U = U_{T+} - U_{T-} = \frac{1}{3}V_{CC}$$

以上的结论是在 5 脚没有外接控制电压的情况下得出的，如果在电压控制端外接控制电压，则可以通过改变控制电压来调节施密特触发器的正向阈值电压、负向阈值电压以及回差。例如在控制端外加电压 U_{CO}，由图 6.64 可以看出，施密特触发器的正向阈值电压为 $U_{T+} = U_{CO}$、负向阈值电压为 $U_{T-} = \frac{1}{2}U_{CO}$，则回差 $\Delta U = \frac{1}{2}U_{CO}$，也就是说正向阈值电压、负向阈值电压、回差随控制端的输入电压的变化而变化。

2. 用 555 定时器构成单稳态触发器

将 555 定时器的 6 脚和 7 脚接在一起，并添加一个电容 C 和一个电阻 R，就可以构成单稳态触发器，如图 6.74(a)所示。

由图可见，电容接在 6 脚与地之间，电阻接在 7 脚和电源之间，简记为"七六一搭，下 C 上 R"。这个单稳态触发器是负脉冲触发的。稳态时，这个单稳态触发器输出低电平。暂稳态时，触发器输出高电平。

刚接通电源时，假如没有触发信号，电路先自己有一个稳定的过程，即电源通过电阻 R 向电容 C 充电，当电容上的电压超过高电平触发电压时，触发器被复位，输出为低电平，此时，555 定时器内部的放电晶体管导通，电容 C 通过放电晶体管放电，555 定时器进入保持状态，输出稳定在低电平不变。

若在触发输入端(2 脚)施加一个负向、窄的触发脉冲，由于此时 u_1 低于 $\frac{1}{3}V_{CC}$，使得触发器发生状态翻转，触发器的输出为高电平，电路进入暂稳态。因为此时 555 定时器内部的放电晶体管截止，所以电源又经过电阻 R 向电容 C 充电，充电时间常数 $\tau = RC$。电容上的电压按指数规律上升。很短时间后，触发负脉冲消失，低电平触发端又回到高电平，而此时高电平触发端电压(即为电容 C 上的电压)还没有上升到 $\frac{2}{3}V_{CC}$，所以 555 定时器进入保持状态，内部的放电晶体管还是截止的。电源继续通过电阻 R 向电容充电，一直到电容上的电压超过 $\frac{2}{3}V_{CC}$。即使在充电的过程中再来一个负窄脉冲，也不会对电路状态有

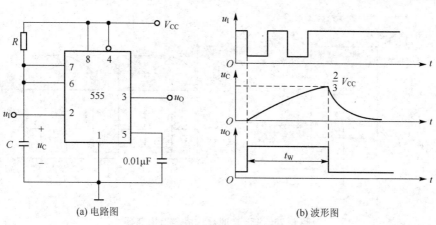

(a) 电路图　　　　　　　　　　　(b) 波形图

图 6.74　555 定时器构成单稳态触发器

影响。

当电容上的电压达到 $\frac{2}{3}V_{CC}$ 时，电路又一次发生翻转，触发器的输出跳变为低电平，555 定时器内部的放电晶体管导通，电容 C 又通过放电晶体管放电，电路恢复到初始的稳定状态，静待第二个负触发脉冲的到来，从上面的分析可知，这样构成的是一个非可重触发的单稳态触发器。

图 6.74(b) 所示为在触发信号作用下 u_C 和 u_O 的相应的波形。

如果忽略 555 内部的放电晶体管的饱和压降，则触发器输出电压 u_O 的脉冲宽度即为电容上的电压从零上升到 $\frac{2}{3}V_{CC}$ 的时间。根据 RC 电路过渡公式可求得

$$t_W = \tau \ln \frac{U_C(\infty) - U_C(0)}{U_C(\infty) - U_{T+}}$$

其中 $\tau = RC$，$U_C(\infty) = V_{CC}$，$U_C(0) \approx 0$，$U_{T+} = \frac{2}{3}V_{CC}$，代入得

$$t_W = RC\ln \frac{V_{CC} - 0}{V_{CC} - \frac{2}{3}V_{CC}} = RC\ln 3 \approx 1.1RC$$

由上式可知，脉冲宽度取决于定时元件 R、C 的值，与触发脉冲宽度无关，调节定时元件，可以改变输出脉冲的宽度。这种电路产生的脉冲可以从几微秒到数分钟，精度可达 0.1%。通常电阻的取值为几百 Ω 到几 $M\Omega$，电容的取值为几百 pF 到几百 μF。

3. 用 555 定时器构成多谐振荡器

我们知道，利用施密特触发器可以构成多谐振荡器。于是，我们先用 555 定时器构成施密特触发器，再把这个施密特触发器改接成多谐振荡器，电路如图 6.75(a) 所示。

由图 6.75(a) 可见，这个施密特触发器稍微复杂一些，除了 "二六一搭" 以外，又增加了一个电阻 R_1。R_1 与 555 定时器内部的放电晶体管 VT_D 构成了一个反相器。逻辑上，这个反相器的输出与 555 定时器的输出完全相同。因此，这个施密特触发器有两个输出

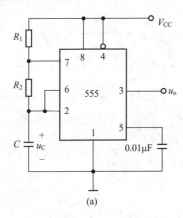

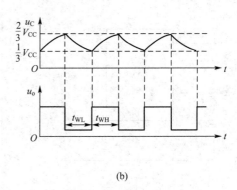

图 6.75　555 定时器构成多谐振荡器

端，分别为 555 定时器的 3 脚和 7 脚。我们看到，电阻 R_2 和电容 C 构成了 RC 积分电路，施密特触发器的一个输出端(7 脚)接 RC 积分电路的输入端，RC 积分电路的输出端接施密特触发器的输入端。这样，一个多谐振荡器就成了。施密特触发器的另外一个输出端(3 脚)就专门作为多谐振荡器的输出，可以最大限度地保证多谐振荡器的带负载能力。这个多谐振荡器可以驱动小型继电器。

由图 6.75(b)的波形图可知，一开始接通电源后，电源经过电阻 R_1 和 R_2 向电容 C 充电，电容两端电压 u_C 上升，当 $u_C > \frac{2}{3} V_{CC}$ 时，触发器被复位，此时 u_O 输出为低电平，同时 555 定时器内部的放电晶体管导通，电容 C 通过电阻 R_2 和放电晶体管放电，使电容两端电压下降，当 $u_C < \frac{1}{3} V_{CC}$ 时，触发器又被置位，u_O 输出翻转为高电平。电容器放电所需的时间为

$$t_{WL} = \tau \ln \frac{V_{CC} - \frac{1}{3} V_{CC}}{V_{CC} - \frac{2}{3} V_{CC}} = R_2 C \ln 2 \approx 0.7 R_2 C$$

当电容 C 放电结束时，放电晶体管截止，电源又开始经过 R_1 和 R_2 向电容器 C 充电，电容电压由 $\frac{1}{3} V_{CC}$ 上升到 $\frac{2}{3} V_{CC}$ 所需的时间为

$$t_{WH} = \tau \ln \frac{V_{CC} - \frac{1}{3} V_{CC}}{V_{CC} - \frac{2}{3} V_{CC}} = (R_2 + R_1) C \ln 2 \approx 0.7 (R_2 + R_1) C$$

当电容电压上升到 $\frac{2}{3} V_{CC}$ 时，触发器又发生翻转，如此周而复始，在输出端就得到一个周期性的矩形脉冲，其频率为

$$f = \frac{1}{t_{WH} + t_{WL}} \approx \frac{1.43}{(R_1 + 2R_2) C}$$

从上面的分析可知，要想得到正负脉宽接近相等的矩形波，要满足条件 $R_2 \gg R_1$，还可以通过调节电阻值来调节多谐振荡器的输出矩形脉冲的占空比。

【做一做】

实训 6–13：555 定时器逻辑功能测试

实训流程：

(1) 按图 6.76 接线，将 8 脚接 +5V 电源，1 引脚接地，4 引脚（$\overline{R}_D$ 复位端）接实验箱的逻辑电平开关，3 引脚（输出端 u_O）和 7 引脚（放电端）分别接发光二极管，检查无误后，方可进行测试。将测试结果填入表 6–42 中。

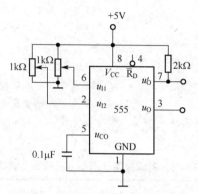

图 6.76　555 定时器逻辑功能测试图

表 6–42　555 定时器逻辑功能表

阈值端 u_{I1}	触发端 u_{I2}	复位端 $\overline{R}_D$	放电晶体管 VT_D	输出端 u_o
×	×	0		
$>\frac{2}{3}V_{CC}$	$>\frac{1}{3}V_{CC}$	1		
$<\frac{2}{3}V_{CC}$	$>\frac{1}{3}V_{CC}$	1		
$>\frac{2}{3}V_{CC}$	$<\frac{1}{3}V_{CC}$	1		
$<\frac{2}{3}V_{CC}$	$<\frac{1}{3}V_{CC}$	1		

(2) 将表 6–42 与表 6–41 相比较，看结果如何？

 【做一做】

实训 6-14：555 定时器应用

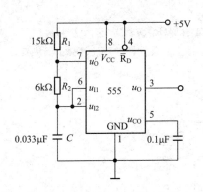

图 6.77　555 构成自激振荡器

实训流程：

1) 用 555 定时器构成施密特触发器

(1) 将 555 定时器的 2 脚和 6 脚接在一起，可以构成施密特触发器。画出电路图，在实验箱上连接电路。

(2) 在输入端输入振幅为 5V 频率为 1kHz 的正弦波（使用信号发生器），用示波器观测输入、输出波形。并绘出波形。

2) 用 555 定时器构成多谐振荡器

(1) 将 555 定时器接成图 6.77 所示的电路。

(2) 用示波器观察输出端 u_O（3 脚）的波形。

(3) 测试出 u_O 的振荡周期 T 并计算出频率 f 填入表 6-43 中。

表 6-43　多谐振荡器周期 T、频率 f 测试表

R_1(kΩ)	R_2(kΩ)	C(μF)	T		f	
			计算值	实验值	理论值	实验值
15	5	0.033				
15	5	0.1				

3) 用 555 定时器构成单稳态触发器

(1) 将 555 定时器接成图 6.74 所示电路，$R=10kΩ$，$C=0.01μF$。在其 2 脚上加输入信号 u_1（u_1 为方波，振幅 0~5V 逐渐增大、$f=10kHz$），用示波器观察输入、输出的波形。

(2) 绘出输入、输出波形。

(3) 如果改变输入信号频率（例如 $f=1kHz$；$f=20kHz$），观察输出波形的变化情况。

【想一想】

555 定时器可实现哪些逻辑功能?

实训任务 6.6　数字钟的设计和制作

数字钟是一种用数字电路技术实现时、分、秒计时的装置，与机械式时钟相比具有更高的准确性和直观性，且无机械装置，具有更长的使用寿命，因此得到了广泛的使用。

数字钟从原理上讲是一种典型的数字电路，其中包括了组合逻辑电路和时序逻辑电路。目前，数字钟的功能越来越强，并且有多种专门的大规模集成电路可供选择。

此次设计与制作数字钟是为了了解数字钟的原理，从而学会制作数字钟，而且通过数字钟的制作进一步地了解各种在制作中用到的中小规模集成电路的作用及实用方法，进一

步学习与掌握组合逻辑电路与时序逻辑电路的原理与使用方法。

6.6.1 数字钟的基本组成

数字钟实际上是一个对标准频率(1Hz)进行计数的计数电路。由于计数的起始时间不可能与标准时间(如北京时间)一致,故需要在电路上加一个校时电路,同时标准的1Hz时间信号必须做到准确稳定,通常使用石英晶体振荡器电路构成数字钟。图 6.78 所示为数字钟的一般构成框图。根据框图的组成分析如下。

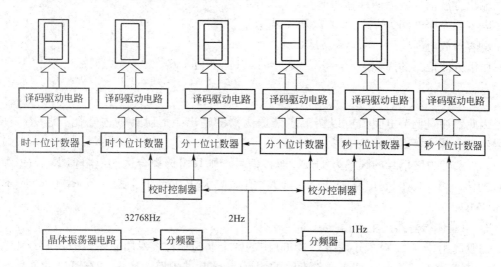

图 6.78 数字钟的组成框图

1) 秒信号产生电路

秒信号产生电路是用来产生时间标准的电路。时间标准信号的准确度与稳定性直接关系到数字钟计时的准确度与稳定性。所以秒信号产生电路多采用晶体振荡器以获得频率较高的高频信号,再经过若干次分频后获得每秒钟一次的秒信号。

2) 时间计数器电路

时间计数器电路由秒个位和秒十位计数器、分个位和分十位计数器及时个位和时十位计数器电路构成,其中秒个位和秒十位计数器、分个位和分十位计数器为 60 进制计数器,而根据设计要求,时个位和时十位计数器为十二进制计数器。

3) 校时电源电路

当重新接通电源或走时出现误差时都需要对时间进行校正。通常,校正时间的方法是:首先截断正常的计数通路,然后再进行人工触发计数或将频率较高的方波信号加到需要校正的计数单元的输入端,校正好后,再转入正常计时状态即可。

4) 译码驱动电路

译码驱动电路将计数器输出的 8421BCD 码转换为数码管需要的逻辑状态,并且为保证数码管正常工作提供足够的工作电流。

5) 数码管

数码管通常有发光二极管(LED)数码管和液晶(LCD)数码管,本设计提供的为 LED 数码管。

6.6.2 电路设计及元器件的选择

1. 秒信号产生电路

1) 555 定时器构成秒信号产生电路

我们知道，555 定时器可以构成多谐振荡器，能周期性地产生方波信号，其电路图及输出波形如图 6.75 所示。

输出方波信号的周期计算如下。

电容器充电时间为：$t_{\text{WH}} \approx 0.7(R_2 + R_1)C$

电容器放电时间为：$t_{\text{WL}} \approx 0.7 R_2 C$

所以方波信号的周期为：$t = t_{\text{WH}} + t_{\text{WL}} \approx 0.7(R_1 + 2R_2)C$

频率为：
$$f = \frac{1}{t} \approx \frac{1.43}{(R_1 + 2R_2)C}$$

因此，通过调节电阻值可以调节多谐振荡器的输出矩形脉冲的占空比。若 $R_2 \gg R_1$，可得到正负脉宽接近相等的矩形波。

如果要使方波信号的频率为 1Hz，即秒信号，则只需选择合适的电阻值 R_1、R_2 和电容 C 的值即可，LM555 电路要求 R_1 与 R_2 值均应大于或等于 $1k\Omega$，但 $R_1 + R_2$ 应不大于 $3.3M\Omega$。

2) 用晶体振荡器产生秒信号电路

一般选用集成 14 级 2 分频器 CD4060 中的两个非门和钟表专用晶体 32768(Hz)及电阻器 R_1、电容器 C_1、C_2（C_2 用来调整走时的快慢）组成振荡电路，产生 32768Hz 的信号，经过 CD4060 内部电路的 14 级分频，从其 Q_{14} 端输出每秒 2Hz 的信号，再经过 74LS74 的 2 分频，获得每秒 1Hz 的秒信号，加给秒计数电路，参考电路如图 6.79 所示。

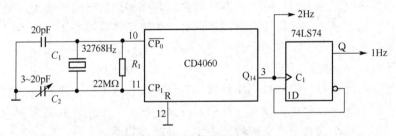

图 6.79 秒信号产生电路

2. 时间计数单元电路

时计数单元一般为 12 进制计数器或 24 进制计数器，其输出为两位 8421BCD 码形式，分计数和秒计数单元为 60 进制计数器，其输出也为 8421BCD 码。一般采用 10 进制计数器如 74HC290、74HC390 等来实现时间计数单元的计数功能。欲实现 24 进制和 60 进制计数还需进行计数模值转换。

为减少器件使用数量，我们这个项目选用 74HC390，其内部逻辑框图如图 6.80 所示。该器件为双二-五-十异步计数器，并且每一计数器均提供一个异步清零端(高电平有效)。

秒个位计数单元为十进制计数器，无需进制转换，只需将 Q_A 与 CP_B（下降沿有效）相连即可。CP_A（下降沿有效）与 1Hz 秒输入信号相连，Q_D 可作为向上的进位信号与十位计

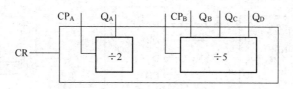

图6.80 74HC390(1/2)内部逻辑框图

数单元的 CP_A 相连。秒十位计数单元为六进制计数器，需要进制转换。将十进制计数器转换为六进制计数器的电路连接方法如图6.81所示，其中 Q_C 可作为向上的进位信号与分个位的计数单元的 CP_A 相连。

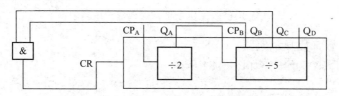

图6.81 十进制-六进制计数器转换电路

分个位和分十位计数单元的电路结构分别与秒个位和秒十位计数单元完全相同。

时个位计数单元的电路结构仍与秒或个位计数单元相同，但是要求，整个时计数单元应为二十四进制计数器，不是10的整数倍，因此需将个位和十位计数单元合并为一个整体才能进行二十四进制转换。利用1片75HC390实现二十四进制计数功能的电路如图6.82所示。

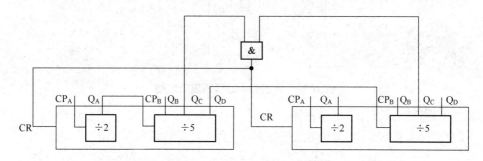

图6.82 24进制计数器电路

另外，图6.82所示电路中，尚余一个二进制计数单元，正好可作为分频器将2Hz输出信号转化为1Hz信号之用。

3. 译码驱动及显示单元电路

计数器实现了对时间的累计并以8421BCD码形式输出，为了将计数器输出的8421BCD码显示出来，需用显示译码电路将计数器的输出数码转换为数码显示器件所需的输出逻辑和一定的电流，一般这种译码器通常称为七段译码显示驱动器。常用的七段译码显示驱动器有CD4511。

综合计数单元和译码显示单元电路，下面给出六进制、十进制、二十四进制、六十进制计数译码显示单元参考电路。

1) 十进制计数译码显示电路

十进制计数译码显示电路如图6.83所示。

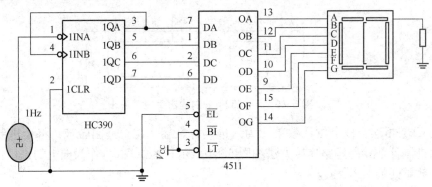

图 6.83　十进制计数译码显示电路

2) 六进制计数译码显示电路

六进制计数译码显示电路如图 6.84 所示。

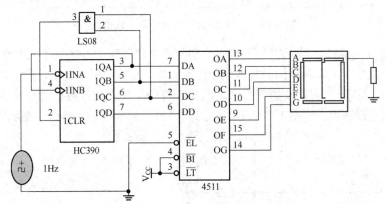

图 6.84　六进制计数译码显示电路

3) 二十四进制计数译码显示电路

二十四进制计数译码显示电路如图 6.85 所示。

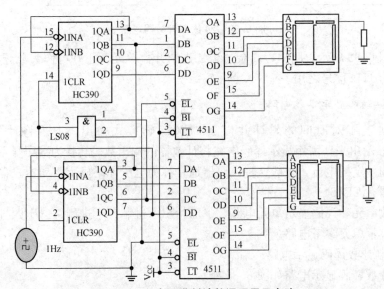

图 6.85　二十四进制计数译码显示电路

4）六十进制计数译码显示电路

六十进制计数译码显示电路如图 6.86 所示。

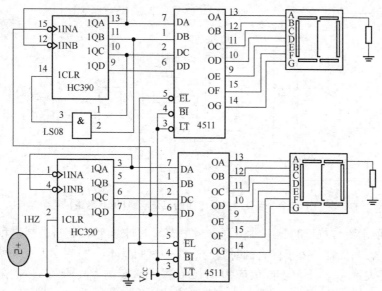

图 6.86　六十进制计数译码显示电路

4. 校时单元电路

根据要求，数字钟应具有分校正和时校正功能，因此，应截断分个位和时个位的直接计数通路，并采用正常计时信号与校正信号可以随时切换的电路接入其中。图 6.87 所示即为用 COMS 与或非门实现的时或分校时电路，图中，In_1 端与低位的进位信号相连；In_2 端与校正信号相连，校正信号可直接取自分频器产生的 1Hz 或 2Hz(不可太高或太低)信号；输出端则与分或时个位计时输入端相连。

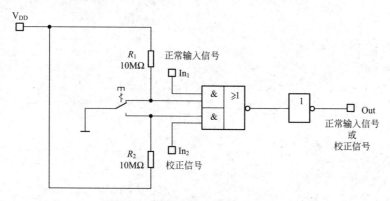

图 6.87　分或时校正电路(仿真电路)

图 6.87 中，当开关拨向下时，因为校正信号和 0 相与的输出为 0，而开关的另一端接高电平，正常输入信号可以顺利通过与或门，故校时电路处于正常计时状态；当开关拨向上时，情况正好与上述相反，这时校时电路处于校时状态。显然需要分校时和时校时电路共两个。

图 6.87 所示的校时电路存在开关抖动问题，使电路无法正常工作，因此实际使用时，须对开关的状态进行消除抖动处理。通常采用基本 RS 触发器构成开关消抖动电路，

图 6.88 所示即为带有该电路的校正电路,其中与非门可选 74HC00 等。

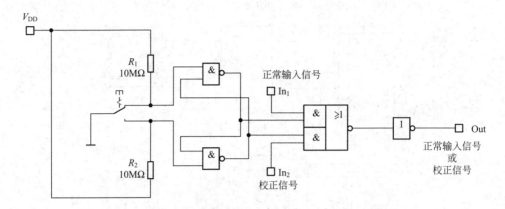

图 6.88 带有消抖动电路的校正电路(仿真电路)

图 6.89 所示为带校正的数字钟仿真参考电路,时计数为二十四进制,秒信号产生电路用时钟电压源来代替。由于仿真的时间与真实的时间是不一样的,为了加快仿真,时钟电压源的频率设置为 500Hz(实际值应为 1Hz)。数码管旁的 R_1、R_2、R_3 的阻值,在实际制作中根据数码管的亮度进行调整。分校正电路使用带有消抖动的电路,时校正电路没有使用带有消抖动的电路,读者根据要求可以加上。

6.6.3 设计制作数字钟

 【做一做】

实训 6-15:数字钟的设计与制作

设计要求:

(1) 时间以 12 小时为一个周期。

(2) 显示时、分、秒。

(3) 有校时功能,可以分别对时及分进行单独校时,使其校正到标准时间。

(4) 为了保证计时的稳定及准确,须由晶体振荡器提供表针时间基准信号。

实训流程:

(1) 绘制电路原理图或仿真原理图。

(2) 列出数字钟的元件清单。

(3) 对电路进行仿真调试。

(4) 完成电路的装配与焊接。

(5) 对数字钟进行调测,达到设计要求。

(6) 撰写设计报告。

【练一练】

设计一个电子秒表,要求能显示 0~100s。通过仿真验证所设计电路的正确性。

(提示:可用 3 片 74HC390 计数器、3 片 CD4511 七段译码器、1 片 555 定时器、1 片 74LS00 四 2 输入与非门及电阻器、电容器等辅助元件。)

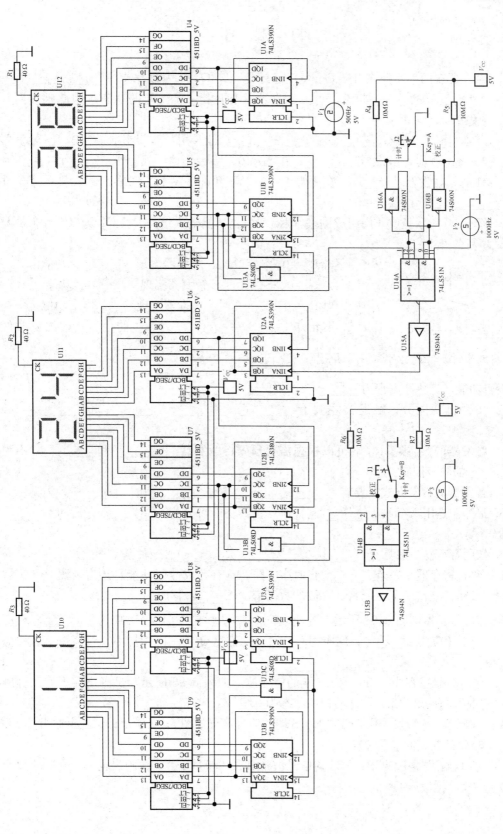

图 6.89　带校正的数字钟仿真电路

习　题　6

1. 触发器有两个互补输出端 Q、$\overline{Q}$，定义 Q＝1，$\overline{Q}$＝0 为触发器的_____状态；Q＝0，$\overline{Q}$＝1 为触发器的_____状态。可见触发器状态是指_____端的状态。因此触发器有_____个稳态。

2. 基本 RS 触发器有_____、_____、_____功能。用与非门组成的基本 RS 触发器在 $\overline{S}_D$＝1、$\overline{R}_D$＝0 时，触发器_____；在 $\overline{S}_D$＝0、$\overline{R}_D$＝1 时，触发器_____；在 $\overline{S}_D$＝1、$\overline{R}_D$＝1 时，触发器_____；在正常工作时，不允许 $\overline{S}_D$＝$\overline{R}_D$＝0 的信号，即约束条件是_____。

3. 图 6.90 所示是或非门组成的基本 RS 触发器，当输入信号 R_D、S_D 为以下几种情况时，试填写各处空白。

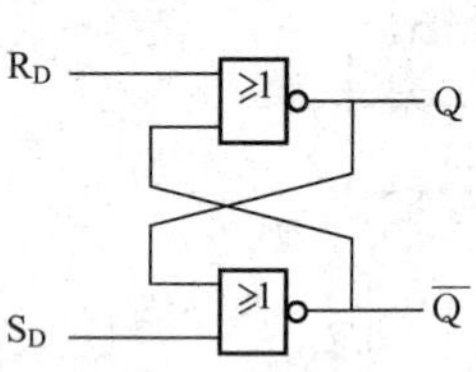

(1) 当 R_D＝0、S_D＝0 时，触发器实现_____功能。
(2) 当 R_D＝0、S_D＝1 时，触发器实现_____功能。
(3) 当 R_D＝1、S_D＝0 时，触发器实现_____功能。
(4) 不允许 R_D＝S_D＝_____的信号，即约束条件是_____。

图 6.90　题 3 图

4. JK触发器具有_____、_____、_____和_____4 项逻辑功能，其特性方程为_____。

5. 按逻辑功能分，触发器主要有_____、_____、_____和_____4 种类型。

6. 触发器的 $\overline{S}_D$ 端、$\overline{R}_D$ 端可以根据需要预先将触发器_____和_____，不受_____的同步控制。

7. 触发器的触发方式主要有_____、_____、_____和_____4 种类型。

8. 寄存器是用来存放_____制代码，按其功能可分为_____寄存器和_____寄存器。

9. 数码寄存器一般具有_____、_____、_____三种基本功能。

10. 移位寄存器是一个_____步时序电路，具有存放数码功能且还有数码_____的功能，即在 CP 作用下，能将其存放的数码依次_____移或_____移。

11. JK 触发器如图 6.91 所示，若使 $Q^{n+1}＝\overline{Q^n}$，则输入信号 $\overline{R}_D$ 应为_____、$\overline{S}_D$ 应为_____、J 应为_____、K 应为_____；若使 $Q^{n+1}＝1$，则 J 应为_____、K 应为_____。

12. 在 RS 触发器中，CP、R、S 端的信号波形如图 6.92 所示，试画出在下列 4 种触发方式情况下的输出波形(设 Q 的初始状态为 0)。

13. 在同步 RS 触发器中，CP、R、S 端的信号波形如图 6.93 所示，试画出输出 Q、$\overline{Q}$ 的波形(设 Q 的初始状态为 0)。

14. 在 D 触发器中，CP、D 端的信号波形如图 6.94 所示，试画出输出 Q、$\overline{Q}$ 的波形(设 Q 的初始状态为 0)。

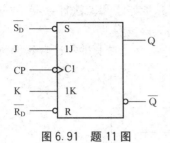

图 6.91　题 11 图

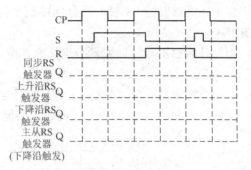

图 6.92　题 12 图

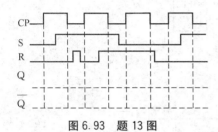

图 6.93　题 13 图

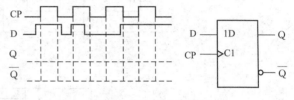

图 6.94　题 14 图

15. 在 JK 触发器中，CP、J、K 端的信号波形如图 6.95 所示，试画出输出 Q 的波形（设 Q 的初始状态为 1）。

16. 在 T 触发器中，CP、T 端的信号波形如图 6.96 所示，试画出输出 Q 的波形。

17. 电路及输入波形如图 6.97 所示，触发器初态为 0，试求：

（1）在 CP 脉冲作用下，输入信号 A、B 与输出 Q 的逻辑关系（真值表）。

（2）根据 A、B、CP 的波形，画出对应的输出 Q 的波形图。

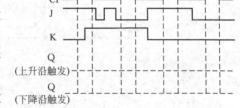

图 6.95　题 15 图

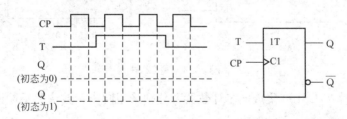

图 6.96　题 16 图

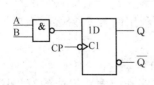

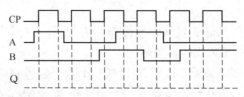

图 6.97　题 17 图

18．将下降沿触发的 JK 触发器分别接成 3 位二进制异步加法和减法计数器，并分别画出波形图。

19．将上升沿触发的 D 触发器分别接成 3 位二进制异步加法和减法计数器，并分别画出波形图。

20．用下降沿触发的 JK 触发器和必要的门电路设计一个异步七进制计数器。

21．分析图 6.98 所示的时序电路的逻辑功能。

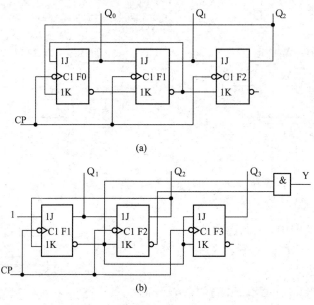

图 6.98　题 21 图

22．分析图 6.99 所示的计数器电路，说明是几进制，画出计数状态转换图。

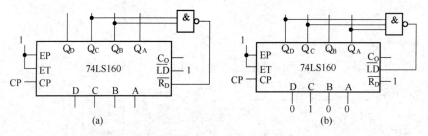

图 6.99　题 22 图

23．试用一片 74LS160 集成同步计数器，分别采用同步置数法和反馈清零法实现七进制计数器。

24．试用一片 74LS290 集成异步计数器，分别实现 8421 码十进制计数器、八进制计数器。

25．某药品灌装机械，灌装药片为 80 片一瓶，试利用两片 74LS290 为该机设计一个适合于计 80 片药片的计数器。

26．试利用两片 74LS160 设计一个六十四进制的计数器。

27．图 6.100 所示电路是一个由 4 个基本 RS 触发器和门电路组成的双拍接收式 4 位数码寄存器。该数码寄存器必须先清零，再接收。试分析其工作原理。

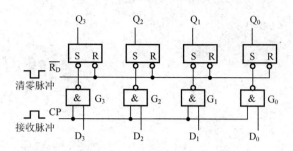

图 6.100 题 27 图

28. 图 6.101 所示电路是一个移位寄存器型计数器。试画出电路的状态转换图，并说明这是几进制计数器，能否自启动。

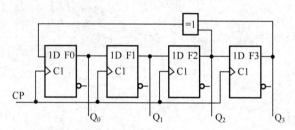

图 6.101 题 28 图

29. 图 6.102 所示是一个由 555 定时器构成的防盗报警电路，a、b 两端被一细铜丝接通，此铜丝置于盗窃者必经之路，当盗窃者闯入室内将铜丝碰断后，扬声器即发出报警声。

（1）试问 555 接成何种电路？

（2）说明本报警电路的工作原理。

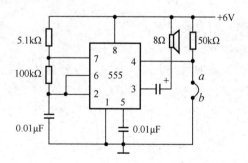

图 6.102 题 29 图

项目 7

电子电路综合实训
——按键电话机制作及测试

知识目标

- 了解按键电话机的电路组成。
- 掌握按键电话机振铃电路的工作原理。
- 了解按键电话机拨号集成电路的引脚分布。
- 掌握按键电话机两种拨号电路的工作原理。
- 掌握按键电话机通信电路、消侧音电路的工作过程。

技能目标

- 掌握按键电路机的装配过程。
- 能正确识别按键电话机中常用的电子元器件。
- 会根据电话机原理图查找电话机故障，分析故障现象产生的原因。
- 会用电话机测试仪测试电话机参数。
- 会用示波器观察电话机振铃信号、电话机拨号信号。

工作任务

- 按键电话机的读图分析。
- 按键电话机的装配。
- 按键电话机的测试。

实训任务 7.1 按键电话机的电路分析

7.1.1 电话机的概述

电话机是最基本、最普及的通信终端设备之一，它既是通信的始端，也是通信的末端。电话机经过百年的发展，历经磁石式电话机、共电式电话机、机电式电话机到电子式电话机。20 世纪 70 年代末电子式电话机进入我国，它具有技术先进、集成度高、功能强、性能稳定等特点。人们现在使用的基本上是电子式电话机，并配合程控交换机使用。

本次制作的电话机虽是一种简易的电子式电话机，但具有电话机的一般功能，通过自己亲手制作可以初步了解电话机的原理，也能提高对电子电路知识综合应用能力。

根据我国原邮电部的编号方法，电话机型号由 4 部分组成，其排列如图 7.1 所示。

(1) 品种类别：由两个汉语拼音字母组成，品种类别编号的意义见表 7-1。

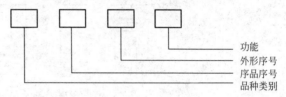

图 7.1 电话机型号

表 7-1 电话机类别编号及意义

编　号	意　义	编　号	意　义
HC	磁石电话机	HL	录音电话机
HG	共电电话机	HW	无绳电话机
HB	旋转拨盘电话机	HT	投币电话机
HA	按键式自动电话机	HK	磁卡电话机
HX	书写电话机	HS	可视电话机
HZ	特种电话机	HE	光卡电话机

(2) 产品序号：原则上按厂家进网登记的顺序排列，由 2~4 位阿拉伯数字组成。

(3) 外形序号：用圆括号内罗马数字表示，例如：（Ⅰ）表示第一种外形，（Ⅳ）表示第四种外形。

(4) 功能：用英文字母表示，功能编号的意义见表 7-2。

表 7-2 电话机功能编号及意义

编　号	意　义	编　号	意　义
P	脉冲拨号	D	免提功能
T	双音频拨号	L	锁号功能
P/T	脉冲、音频兼容拨号	d	扬声功能
S	号码记忆	LCD	液晶显示功能

例如：HA998(III)P/TSD 多功能电话机的编号解释如下。

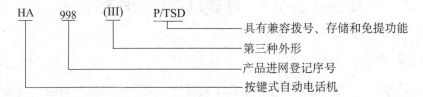

7.1.2 按键电话机的电路基本组成

电话机的电路组成框图如图 7.2 所示。从图中可以看出，电话机主要由振铃电路、拨号电路、通话电路及手柄和叉簧开关组成。

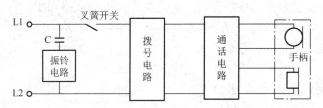

图 7.2 电话机的电路组成框图

1) 振铃电路

挂机时，振铃电路与外线连接，当有电话呼叫时，振铃电路能发出声音，告知用户接听电话。

2) 拨号电路

它的主要作用是在摘机时，把按键盘上的电话号码转换成相应的脉冲或双音频信号送往外线，控制交换机选择通话的另一方。拨号电路采用拨号集成电路与导电橡胶键盘组成的按键式拨号器，根据需要，电路可设计成脉冲拨号方式或双音频拨号方式。应用集成电路组成的拨号电路可根据拨号集成电路的情况，增加一些服务功能，如重拨、记忆存储、单缩位拨号和双缩位拨号等。

3) 通话电路

通话电路主要完成送话和受话的放大，将本机的话音电流送往外线，把外线送来的电信号输往受话器。

4) 其他部分

手柄主要完成声电转换，控制电话机叉簧开关的动作。手柄由送话器和受话器组成，送话器和受话器由四芯螺旋线接到电话机的主板上。

叉簧开关主要完成摘挂机的相互转换。挂机时，手柄放在电话机的叉簧上，此时叉簧触点断开，切断拨号电路及通话电路的电源，电话机处于等待呼叫状态。摘机时，叉簧触点闭合，拨号电路及通话电路接通外线直流电源，电话机可进行拨号和通话。

7.1.3 按键电话机振铃电路分析

1. 振铃电路概述

交换机接通被叫用户后，以 90V±15V、25Hz 的铃流信号向被叫用户振铃。振铃电路的作用是把交换机送过来的铃流信号转变成呼叫音，一般采用集成芯片来完成这个功能。振铃专用集成电路需要极性确定的直流电压才能正常工作，而振铃电压是25Hz的交流电压，因此，必须先把交流电变成直流电，以供给可产生两种不同频率的振荡器使用。从线路送来的25Hz交流振铃电压经电容隔直，把交换机提供的48V直流电压同振铃电路隔开，只允许交流振铃电压通过。然后经整流、滤波后，变成比较平滑的直流电压。此直流电压加到振荡电路上，振荡器产生振荡，由功率输出级输出交替的两种不同频率的音频电压，驱动圈式扬声器或压电式扬声器发出悦耳的声音。

2. 振铃集成芯片介绍

振铃 IC 一般分为两类：一类是整流电路及稳压管需要外接的，如 CSC8204、LH8204、TA31001P、RA2410、TA31002、PHY9106 等，这些芯片的原理、性能指标以及封装引脚基本相同，所不同的只是引脚的用法。另一类是内部具有整流电路和稳压二极管，有的还具有晶闸管保护电路，这类集成电路有 LS124/A、TCM1512A 和 MC34017 等。

我们这次学习的 KA2411 就是属于第一类，如图 7.3(a) 所示，其各引脚功能如下。

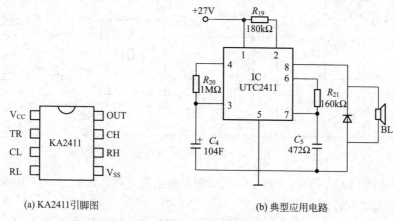

(a) KA2411引脚图　　　　　　　　(b) 典型应用电路

图 7.3　振铃芯片引脚图及典型应用电路

1 脚(V_{CC})是正电源输入脚。

2 脚（TR）是触发输入脚，一般情况下，该脚不用。

3 脚(CL)是低频振荡器的外接电容脚，改变电容器的容量可以改变低频振荡器振荡频率。

4 脚(RL)是低频振荡器的外接电阻脚，改变电阻器的阻值可以改变低频振荡器振荡频率。

5 脚(V_{SS})是接地脚。

6 脚(RH)是高频振荡器的外接电阻脚，改变电阻器的阻值可以改变高频振荡器振荡频率。

7 脚(CH)是高频振荡器的外接电容脚，改变电容器的容量可以改变高频振荡器振荡频率。

8 脚(OUT)是输出脚。

这类振铃有一个特点，就是只要给振铃芯片供上直流电压，它就会产生一个振铃信号。比如图 7.3(b)所示的电路中，只要给 1 脚接上 27V 左右的直流电压，那么振铃芯片就会产生一个振荡信号。

从日常使用电话机我们了解到，电话机的振铃不是单一频率的声音，其实铃声是在滚动的。主要是因为振铃芯片在工作的时候会连续循环轮番发出两个不同频率的信号，这两个频率的信号的产生与上面提到的低频振荡器和高频振荡器所产生的信号有关系。低频振荡器的振荡频率由外接的电阻 R_L 和电容 C_L 决定，其振荡频率为 $f_L = \dfrac{1}{1.234R_LC_L}$。高频振荡器的频率有两种，这两种频率的交替主要受低频振荡器的输出控制。当低频振荡器的输出为高电平时，高频振荡器的振荡频率为 $f_{H1} = \dfrac{1}{1.515R_HC_H}$。当低频振荡器的输出为低电平时，高频振荡器的第 2 种振荡频率为 $f_{H2} = 1.25 f_{H1}$。因此，低频振荡器决定两种高频信号的转换速率，而高频振荡器则以这样的速率交替产生两种频率不同的信号。

3. 典型振铃电路分析

实用话机振铃电路如图 7.4 所示。

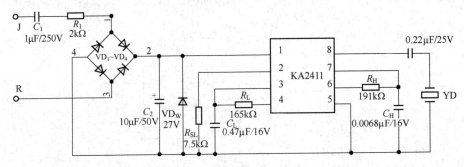

图 7.4　实用话机振铃电路

在振铃电路中 $VD_1 \sim VD_4$ 二极管组成全波整流电路，IC1(KA2411)是电话机专用振铃集成电路，可输出双音调铃声。

电话机在挂机状态时，交换机向话机振铃，25Hz/90V 铃流由外线 J、R 端输入，经全波整流电路输出，加在 27V 稳压二极管上，C_2 是滤波电容。IC1(KA2411)的 1 脚获得 27V 电压后，就进入工作状态。R_L、C_L 组成低音频发生电路，R_H、C_H 组成高音频发生电路，最后铃声由 8 脚输出，驱动 YD(蜂鸣器)发出铃声，YD 是压电陶瓷材料构成的电—声器件。

为了不让交换机的直流信号供电进入到振铃电路里面，不让振铃一接上外线就一直响着。我们在振铃电路与外线之间接了隔直电容 C_1，其目的是为了把交换机送来的直流电和振铃电路进行隔断，当有呼叫信号来的时候，由于呼叫信号是交流信号，因此能够经过隔直电容进入振铃电路。

7.1.4　按键电话机拨号电路分析

1. 拨号电路概述

拨号电路是电话机的一个重要组成部分，它的主要功能是发送拨码信号，控制交换机完成对指定用户的自动接续。

拨号电路也称为发号电路，主要用于发送呼叫信号。从发号方式上可分为两大类：一类是触点发号方式，另一类是无触点发号方式。前者是旋转拨号盘式自动电话机采用的方式，它依靠机械动作带动脉冲簧片接点的通断，控制线路电流来发送脉冲呼叫信号，现已基本被淘汰；后者则是由电子电路控制线路电流的通断，或以特定的频率发送呼叫信号，本节只介绍后者。

无触点发号方式又可分为下面3种方式：脉冲拨号电路、音频发号电路、脉冲/音频兼容发号电路。其通常由振荡电路、键盘信号输入电路、发号集成电路、发送输出电路和静音控制电路等组成。

2. 拨号信号介绍

1) 直流脉冲信号

直流脉冲信号($\overline{DP}$)是在通以直流电流的回路上，利用拨号盘把回路断开、再接通而形成的脉冲信号。在操作中，如果用户拨"1"，则送出去1个脉冲；拨"2"，则发出2个脉冲，即回路断一次、接通一次、再断一次、再接通一次。

交换机对脉冲的形状和规格都有一定的要求，因而电话机必须发出正确的脉冲才能够被交换机识别。

脉冲信号的几个主要参数如下。

(1) 断续比 K：断脉冲 t_B 与续脉冲 t_M 的比值，正常值为$(1.6\pm0.2):1$。

(2) 脉冲频率 f：即每秒钟发送断脉冲的个数，取值通常为(10 ± 1)Hz。

(3) 脉冲串间隔时间 t_{1D}：也称为间隔，指发号时，连按两个数字，相应产生的两个脉冲串之间的间隔时间，即上一个脉冲串结束到下一个脉冲串开始的时间间隔。

直流脉冲信号的波形如图7.5所示。

2) 双音频信号

双音频信号(DTMF)是用两个不同频率的单音频率来代表电话号码中的每个数字，这样从 0～9 要用一系列单音频率来区别每个数字。

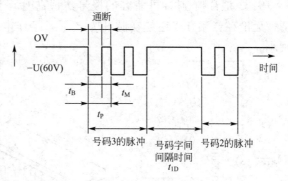

图7.5 直流脉冲信号的波形

(1) 双音频拨号的优点。双音频拨号与脉冲拨号方式相比，有以下几点优点。

① 拨号速度快，使用效率高，能减少交换机接续的差错。对于脉冲按键电话机，每发送一个脉冲需要100ms左右，脉冲串还需有800ms间隔时间。例如：拨12058，它所占的时间为

$$(1+2+10+5+8)\times100ms+800ms\times4=5800ms=5.8s$$

随着拨号位数的增加，脉冲拨号时间还要更长。采用双音频拨号的电话机是同时产生两个音频信号来表示一个按键，且发送键码的时间都是相等的，双音频持续时间为120ms，位间隔时间为108ms，比脉冲拨号所占时间大为缩短，有利于提高电话交换设备的利用率。

② 能减少交换机接续的差错。脉冲信号包含许多高次谐波，在线路传输中容易产生

畸变，可能产生错号，因而影响交换机的正常接续。

③ 便于应用程控交换机提供的特种业务。双音频拨号电话机还可以充分利用交换机的特种业务服务，如缩位拨号、热线服务、呼叫等待、三方通话、免打扰服务、追查恶意呼叫和叫醒服务等。

（2）双音频信号的组合方式。根据 CCITT（国际电报电话咨询委员会）的建议，国际上采用 697Hz、770Hz、852Hz、941Hz、1 209Hz、1 336Hz、1 477Hz 和 1 633Hz 8 种频率，可分成两个群，即低频群和高频群。从中任意抽出一种频率进行组合，共有 16 种不同组合方式，见表 7 - 3。

表 7 - 3　双音频信号频率组合

高频群 低频群	1209Hz	1336Hz	1477Hz	1633Hz
697Hz	1	2	3	A
770Hz	4	5	6	B
852Hz	7	8	9	C
941Hz	*	0	#	D

3. 拨号集成电路引脚分布

9102 是音频/脉冲可兼容的拨号集成芯片，有号码重拨功能。它采用 CMOS 工艺制造，无论在音频方式还是在脉冲方式下，工作电压范围都很宽。挂机状态下的保持电流很小。

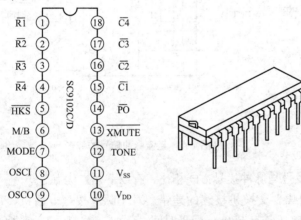

图 7.6　9102 引脚分布及外观图

9102 的封装形式为 18 引线塑封双列直插式。引脚分布情况以及外观图如图 7.6 所示。

$\overline{C1} \rightarrow \overline{C4}$，$\overline{R1} \rightarrow \overline{R4}$：扫描键盘矩阵的行扫描线和列扫描线。当 $\overline{HKS}$ 引脚为低电位时，列扫描线处于高电位，行扫描线处于低电位；键盘可采用标准的双节点矩阵键盘，或简单的单节点键盘，也可以采用电信号进行模拟按键操作；当 $\overline{HKS}$ 为低电位时，相关的行和列通过按键接通，或通过电信号进行模拟按键操作；只能单键按下，两键或多键按下不起作用；本电路内有键盘按键去抖动电路（去抖动时间＝20ms）。

OSCI、OSCO：振荡器输入输出引脚。3.579 545MHz 振荡器由片内反相器和接在 OSCI 和 OSCO 引脚之间的 3.579 545MHz 晶体或陶瓷谐振器构成（片内有反馈电阻和电容器），当 $\overline{HKS}$ 为低电位时，有效键输入可启动该振荡器并产生 3.579 545MHz 的时钟。

$\overline{XMUTE}$：静音输出引脚。NMOS 管漏级开路输出结构。拨号时（无论是脉冲方式还是音频方式)，该输出为低电位，否则此引脚为高阻抗；长时间(连续)静音。

V_{SS}：负电源引脚。

V_{DD}：正电源引脚。

$\overline{HKS}$：启动引脚。当手机挂机时，此引脚必须为"1"，以禁止拨号操作，并降低功耗；当在摘机状态时，此引脚必须为"0"，以使能执行所有功能。

PO：脉冲信号输出引脚。NMOS漏极开路输出结构，脉冲拨号和闪断操作时，该输出为低电位，否则此输出端呈高阻态。

TONE：双音多频输出引脚。在音频拨号状态下，当键入数字键(包括∗，♯键)时，此引脚将送出相应双音多频信号；TONE引脚提供最短音频持续时间和最短音频间隔时间，以保证快速键入；如果键入时间短于100ms，则双音多频信号将持续100ms；否则键按下多长时间音频将持续多长。

MODE：模式选择引脚。三态输入结构；此引脚能选择以下所列的3种方式。

MODE	拨号方式
V_{DD}	脉冲方式
开路	脉冲方式
V_{SS}	音频方式

M/B：断续比选择引脚。

4. 脉冲/双音频拨号电路组成

T/P拨号电路主要由启动电路、脉冲开关电路(或兼R键电路)、双音频信号输出电路、电源供给、T/P拨号集成电路、按键盘和方式选择开关组成，如图7.7所示。

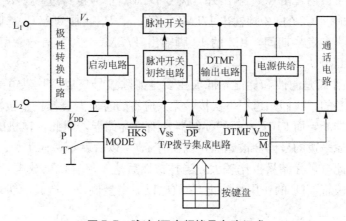

图7.7　脉冲/双音频拨号电路组成

5. 典型拨号电路分析

拨号电路以拨号器IC2(HM9102D)为核心，如图7.8所示。IC2已经固定在电路板上，这种集成电路称作"帮定片"，1～4脚为R_1～R_4列线，15～18脚为C_1～C_4行线，组成4×4键盘矩阵。加电后1～4脚或15～18脚其中必然有一为低电位，另一为高电位。按下键盘"1"键，就是使C_1、R_1的电位均为低电位，其余同理类推。

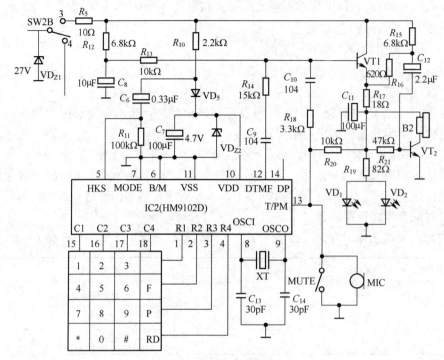

图 7.8 典型话机拨号电路图

晶体 XT 和 C_{13}、C_{14} 组成 3.58MHz 振荡器的外部电路，为双音频拨号输出提供基准时钟。

摘机后，稳压二极管 VD_{Z2} 两端的电压为 4.7V，向 IC2 的 10 脚提供电源。VT_1 是送话放大器，除了发话话音由 VT_1 输出外，拨号 DTMF 信号也经过 C_9、R_{14} 耦合到 VT_1 输出。当按下号盘时，IC2 的 12 脚输出 DTMF，经 C_9、R_{14}，加到 VT_1 基极，放大后经集电极输出到外线。在发号期间，IC2 的 13 脚输出 T/PM＝"0"信号，用于封锁 MIC 输出，防止干扰 DTMF。

其中，C_7 的作用是滤波和储能，滤波主要是滤除拨号集成芯片供电的纹波；储能主要是为重拨作准备的，我们知道当一次拨号无人应答的时候需要挂机重拨，此时，电话机内部电源已经被挂断，而 9102 内部的存储器是随机存储器，因此，挂机的时候如果没有备用电源，那么原来拨的号码会被删除，现在有了 C_7 以后就不一样了。C_7 是一个容量比较大的电容，因此电量存储量也比较大，当挂机以后这个电容就会放电，从而为 9102 提供休眠电压。二极管 VD_5 的作用是防止 C_7 放电以后电量倒流，造成不能重拨(电量放完，号码丢失)。

7.1.5 按键电话机通话电路分析

1. 通话电路概述

通话电路是电话机的重要组成部分，在电话机工作时，要求通话电路既能送话，又能受话，具有双向通话功能。通话电路也用于接收程控交换机传送来的各种信号音，如拨号音、回铃音和忙音等。除此之外，通话电路还可以对电话机拨号时发出的脉冲或双音频信号进行监听，以判断拨号功能是否正常。

2. 通话电路的组成及性能指标

1）通话电路的组成

电话机通话电路主要由送话电路、受话电路、消侧音电路及静噪电子门等组成，其电路结构如图 7.9 所示。发话人的声波由送话器转换为电信号，经送话电路输出，沿电话线传送到对方电话机。反之，由外线传递来的电信号送到电话机的受话电路，受话器将其转变为声的振动，以便收听发话人的讲话声，消测音电路的作用是抑制送话信号回馈到受话器中。静噪电子门在电话机拨号期间将受话回路阻断，避免过强的拨号信号输入受话器。通话性能较好的电话机还具有自动音量调节功能，其作用类似收音机、电视机的 AGC 电路。当通话距离远近不同时，通话信号强弱差异较大，通过自动调节送话电路与受话电路的增益，能使通话音量保持相对稳定。

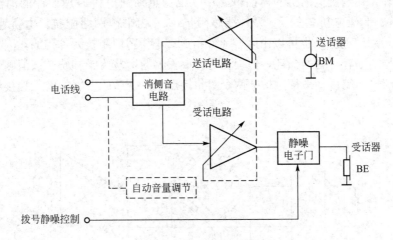

图 7.9　通话电路结构图

2）性能要求

（1）通话电路应在电流变化条件下，保证正常工作。交换机为电话机提供直流工作电源，由于用户线长短不同，所以各部电话机的电流也不同，通话电路在变化的电流下应该保持较好的线性特性，同时整机直流电阻不能超出有关标准的规定。

（2）通话声音响度要足够大，并要较为稳定。

（3）具有消侧音功能。在送话时，尽可能减少自己的声音回馈到受话器中。

（4）通话电路必须有适当的频率宽度。人们通常说话的声音的频率范围为 80～8000Hz。实验表明，话音的高频成分丰富，有利于提高话音清晰度；另一方面，从话音的能量分布情况看，低频部分包含的能量较多。为了兼顾清晰度和能量两个方面的要求，CCITT 规定电话机传输频带为 300～3400Hz。

3. 话机消侧音电路

由于发话和受话都要经过外线，因此发话和受话都会进入受话电路。发话进入受话形成侧音，发话在近端其影响远大于受话，过大的侧音会造成听觉不适，侧音是 2/4 线转换中普遍存在的问题。所谓"消侧音"是指将侧音信号控制在允许的范围内，而不是要完全消除侧音。消侧音的方法很多，如平衡电桥法、变压器平衡法和相位平衡法等。

1) 相位平衡式消侧音电路

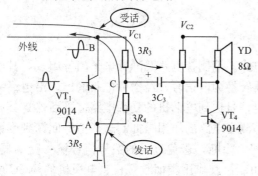

图 7.10　相位平衡式消侧音电路

相位平衡式消侧音电路如图 7.10 所示。我们知道从 VT_1 发射极（A 点）和集电极（B 点）输出的相位是反相的，所以我们可以通过选择 $3R_5$、$3R_4$ 和 $3R_3$ 使 C 点的信号相抵消，从而使发话不进入受话。在实际使用中，侧音不能一点也没有，因为实际上人耳如果一点也听不到自己的说话，就会以为对方听起来声音也很小，甚至以为电话机坏了。

2) 电桥平衡式消侧音电路

工作原理：在按键电话机的通话电路中，根据惠斯通电桥原理设计的消侧音电路如图 7.11 所示。平衡电桥中的 Z_L 为外线路阻抗，Z_p 为平衡网络阻抗。电桥臂元件 R_{AC}、R_{AD}、R_{BC} 可采用纯电阻，也可以由阻容元件组成；电桥臂由阻抗元件构成，因此对发送与接收话音信号功率有一定的损耗，但损耗可由放大器的增益给予补偿。该消侧音电路是将送话放大器的输出端接到平衡电桥的两个对角接点上，受话放大器的输入端接到平衡电桥的另两个对角接点上。

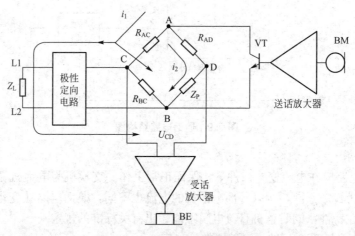

图 7.11　电桥平衡式消侧音电路

在图 7.11 中，将送话放大器的输出端看作信号源，其输出信号电流分为 i_1、i_2 两路，i_1 流过 R_{AC}、$Z_L /\!/ R_{BC}$ 桥臂，i_2 流过 R_{AD}、Z_p 桥臂，电流通路如图 7.11 所示，只有受话器的输入信号 $U_{CD}=0$ 时，受话器才不会发出声音，从而达到消侧音的目的。当 $U_{CD}=0$ 时，$U_{AC}=U_{AD}$，即 $i_1 \times R_{AC}=i_2 \times R_{AD}$。

同理，可以写出 $i_1(R_{BC} /\!/ Z_L)=i_2 Z_p$，由两式整理可得 $(R_{BC} /\!/ Z_L)R_{AD}=Z_p \times R_{AC}$。当电路满足上式时，即可达到最佳的消侧音效果。从理论上讲，适当调整平衡网络 Z_p 的数值，就可以使电桥平衡，起到消除侧音的目的。但实际上，电话线路 Z_L 值受线路阻抗特性和通话距离的影响，不是固定值，因此消侧音效果还与线路的长短有关。

4. 典型电话机通话电路分析

基本通话电路的分析一般分 3 个部分来进行：送话电路、受话电路和消侧音电路。下面以图 7.12 电话机通话电路为例进行分析。

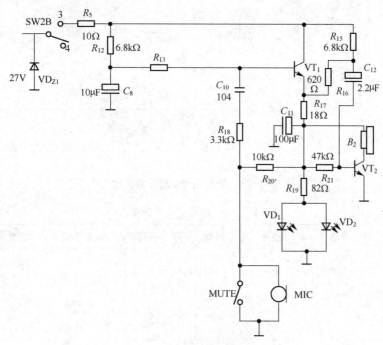

图 7.12　典型电话机通话电路

1) 送话电路

送话电路由 MIC 和 VT_1 组成。取机后 MIC 电源从外线获得，经 R_5、R_{15}、R_{16}、R_{17} 和 R_{20} 加到 MIC＋极。话音经 R_{18}、C_{10} 加到 VT_1 基极，放大后经集电极输出到外线。

2) 受话电路

由 VT_2 组成的受话电路是一个最简单的功放。R_{21} 提供 VT_2 的基极偏置。外线进来的语音经 R_{15}、C_{12} 进入 VT_2 的基极。由 VT_2 的集电极输出，推动 B2(扬声器)发声。

由于受话电路的电源与发话电路的电源是串联的，因而可以采用 C_{11} 来做电源去耦，去除受、发话电路之间的交流耦合。

3) 消侧音电路

在这个通话电路中采用了相位平衡法。由于从 VT_1 发射极和集电极输出的相位是相反的，所以可以通过选择 R_{15}、R_{16} 的大小使得使 C_{12} 点的信号相抵消，从而使发话不进入受话。

实训任务7.2　按键电话机的安装

7.2.1　电话机主板的装配

电话机安装之前，首先要按照元件清单，清点元件，同时对一些重要的元件用万用表进行检测，比如：二极管、晶体管、麦克风、扬声器等元件。常用元件引脚及参数如图 7.13 所示，电话机元件清单见表 7-4。

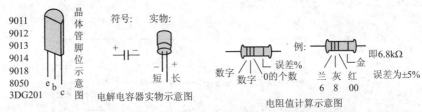

9011
9012
9013
9014
9018
8050
3DG201

晶体管脚位示意图

e b c

符号： 实物：

+ 二
− 短 长

电解电容器实物示意图

例： 即6.8kΩ
数字 误差%
数字 0的个数 金 误差为±5%
兰 灰 红
6 8 00

电阻值计算示意图

符号： 实物： 103

第一二位数字代表电容值
第三位数字代表0的个数
即10000pF=0.01μF

瓷片电容计算示意图

棕	红	橙	黄	绿	兰	紫	灰	白	黑	金	银
1	2	3	4	5	6	7	8	9	0	5%	10%

图7.13 常用元件引脚及参数图

表7-4 电话机元件清单

序号	名称	型号规格	位号	数量	序号	名称	型号规格	位号	数量
1	集成电路	KA2411(排片)	IC1	1块	12	电阻器	5.6、18、220、470	3R5、3R7、3R4、R5	各1支
2	集成电路	9012D(邦定片)	U1	1块	13	电阻器	820、1k、2.2k、6.2k	2R8、R1、3R1、3R3	各1支
3	开关二极管	IN4148	2VD1	1支	14	电阻器	10k、15k、100k	3R2、3R9、R4	各1支
4	整流二极管	IN4004	VD1、VD2、VD3、VD4	4支	15	电阻器	6.8k、470k、1M	3R6、3R10、2R3、2R4、R2、2R5	各2支
5	稳压二极管	4.7V/0.5W、27V/0.5W	VD_{Z1}、VD_{W1}	各1支	16	电阻器	47k	R3、3R8、3R11	3支
6	晶体管	9014	VT_3、VT_4	2支	17	涤纶电容	222k	C3	1支
7	晶体管	8050	VT_1	1支	18	瓷片电容	39P	2C1、2C2	2支
8	石英晶振	ZT3.58M	XT	1支	19	瓷片电容	103、104	3C4、3C6、3C7、3C8、3C9、C4	各3支
9	驻极体	58dB±1dB	手柄咪(MICI)	1个	20	电解电容	2.2μ/50V	3C3	1支
10	蜂鸣片	φ27mm	带FL标志	1个	21	电解电容	2.2μ/100V	C1、C2	2支
11	小喇叭	32Ω、φ29mm、0.25W	带保护盖	1个	22	电解电容	10μ/50V	3C1、C14	2支

（续）

序号	名称	型号规格	位号	数量	序号	名称	型号规格	位号	数量
23	电解电容	100μ/16V	3C5、2C3	2 支	37	自攻螺丝	PA2.6×12	手柄合盖	1 粒
24	收线开关	HK9	30 克力	1 支	38	数字钮	含米字、井字键		12 个
25	导电胶	A8♯(15 点)		1 套	39	功能钮	静音、暂停、重拨		3 个
26	铃声板	40.5mm×39mm	原 A8	1 块	40	收线塑料件	装在底壳上		1 个
27	主线路板	106.5mm×41mm	A8-01	1 块	41	底座塑料壳			1 个
28	跳线	40mm	J1、J4、J5、J7	4 根	42	底座塑料面盖			1 个
29	导线	红、黑(40mm)	MICI(2)	2 根	43	手柄塑料面盖			1 个
30	导线	红、黑(60mm)	蜂鸣器线(2)	4 根	44	按键塑料壳	(手柄)		1 个
31	直线插座	623K2C×100mm	TEL	1 个	45	装饰片			1 个
32	二芯曲线	17 去 5，17 去 8mm	2 米 1	1 根	46	胶片			1 个
33	二芯直线	P+V	1 米	1 根	47	喇叭垫圈	φ27-20×4mm	双面带胶	1 个
34	加重铁	30g	手柄用	1 个	48	说明书	A8	中文版	1 个
35	自攻螺丝	2.6×6PA，MB 板(6)	铃声版(2)、底座(4)	12 粒	49	合格证贴纸	A8	中文版	1 个
36	自攻螺丝	PWB2.3×4，帽 8mm	手柄加重铁(2)	2 粒	50	入网证	A8	中文版	1 个

　　电子产品的装配一般遵循从低到高的原则，因而电话机主板的装配从跨接线开始，首先焊接主板上 W1、W2、W3、W4、Q15 处位置的 5 个跨接线，跨接线可以就地取材，选用元件多余长度的引脚，跨接线应紧贴 PCB 板焊牢。然后焊接电阻、二极管、稳压二极管等离主板位置近的元件。二极管的焊接时注意二极管的正负极。

主板上面个别没有提供的元器件可以不焊,如图7.14所示。

图7.14 电话机主板电阻器、整流二极管、稳压二极管焊接

然后焊接主板上稍高的元件,包括晶体管、振铃芯片、拨号芯片,电解电容器及叉簧开关等。焊接晶体管之前要弄清晶体管的型号及引脚排列。焊接集成电路时一定要注意定位孔的位置,直立式振铃芯片的焊接比较困难,稍不注意就会形成焊桥,如图7.15所示。

图7.15 电话机主板晶体管、振铃芯片、拨号集成电路焊接

焊接电解电容器时注意电容器的极性,主板阴影部分与电容器的负极相对应。在主板的排线安装时要注意少弯曲排线根部,否则容易引起排线的铜芯折断,为了加强排线的牢度,可在排线跟部与印板间注入硅树脂胶,如图7.16所示。

图7.16 排线电能电容器及叉簧开关的焊接

完成以上工作后,我们要开始焊接电话机的连接线,主板上有不少连接线,先焊接电话机输入线(623K),因为极性固定电路存在,两根输入线没有正负之分。然后焊接电话机手柄连接线 MIC、SPK,这时一定要注意4根线的颜色顺序,搞错将导致通话电路故障,如图7.17所示。

图 7.17　电话机主板输入线、手柄连接线焊接

电话机蜂鸣器的焊接有两个注意点：一是要让两个焊接点尽量靠近但又不能短接在一起；二是焊接用焊锡量要少，否则影响振铃效果，两根连接线无正负之分，如图 7.18 所示。装配完整的电话机主板如图 7.19 所示。

图 7.18　电话机蜂鸣器的焊接

图 7.19　装配完整的电话机主板

7.2.2　电话机按键板的装配

如图 7.20 所示，电话机的按键板装配比较简单，只有两个摘机指示灯需要焊接，在相应位置上插入两个发光二极管并焊接即可，焊接时注意发光二极管极性，长脚为正，短脚为负。

如图 7.21 所示，主板和按键板的连接通过排线来完成，排线的焊接对焊接工艺的要求是比较高的，在焊接的时候尽量不要弯折排线，焊接完成以后一定要用硅树脂胶充入排线根部进行固定，同时在排线的焊接之前一定要看清方向，不要把排线装反了，拆下重装会非常困难。

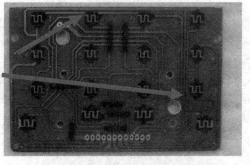

发光二极管
正极焊接处

图 7.20　装配完整的电话机按键板

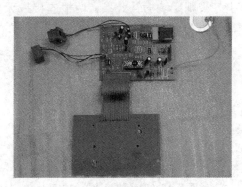

图 7.21　安装好的电话机主板和按键板

7.2.3　电话机手柄的装配

电话机手柄的装配有 3 步：一是驻极体话筒的焊接；二是喇叭的焊接；三是元件的固定。首先将手柄连接线的两根短线焊在驻极体话筒上，注意驻极体话筒的极性，焊接完后将它套入海绵，如图 7.22 所示。

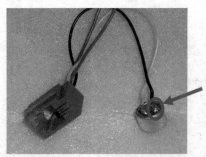

此处为
驻极体话筒
的负极,与
外壳相连接

图 7.22　话机驻极体话筒的焊接及海绵护套

话筒安装好后，进行喇叭的焊接，要将手柄的另外两根长线焊接在喇叭上，焊接喇叭注意点是位置的选择，焊点要选择外围的两个焊点，里面的两个焊点焊接了喇叭内部线圈连接线，不能用来焊接外部连接线，喇叭的连接线没有正负极之分，如图 7.23 所示。

将焊好的话筒与喇叭固定在手柄相应的位置，可以用电烙铁融化喇叭边上的塑料来固定喇叭，喇叭没有固定好很容易产生杂音。装好的手柄内部图如图 7.24 所示。

图 7.23 话机喇叭的焊接

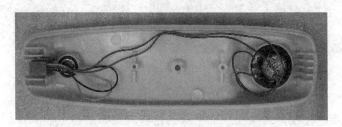

图 7.24 装配完整的手柄内部图

7.2.4 电话机整机装配

电话机整机装配首先是在机壳盖上相应的位置放上 16 个键帽以及摘机键，如图 7.25 所示，在放置键帽时看清数字键的位置，放错位置会导致按键数字与实际拨号数字不相符的情况发生。

图 7.25 电话机机壳数字键的放置

而后放上导电橡胶板，注意定位孔位置要对齐，将按键板合上并装上螺丝固定，如图 7.26 所示。在固定按键板时 4 个方向用力要平衡，这样话机的按键才会灵活。

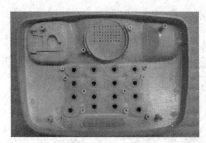 

图 7.26 电话机按键板及导电橡胶的固定

在主机底盖上配加重铁块(可用双面胶粘住)，然后把二芯插座和四芯插座分别置于相应位置(可用烙铁加热塑料边框使其固定)，并把蜂鸣器放在底座相应位置上，可用烙铁加热周边塑料使之固定，固定不好会影响振铃的效果，如图 7.27 所示。

图 7.27 电话机连接线及蜂鸣器的固定

电话机整机装配的最后一步是主板的固定，固定主板时有两个注意点，一是尽量不要弯折与按键板连接的排线，二是注意加重铁的位置，比如贴到主板的背面可能会引起线路的短路。装配完整的电话机内部如图 7.28 所示。

图 7.28 装配完整的电话机内部图

实训任务 7.3 按键电话机的测试及故障排除

7.3.1 按键电话机的测试

电话机的性能指标是衡量电话机质量优劣的标准，电话机的质量不仅影响本身使用效果，还将影响全程、全网的通信质量。因此，厂家对生产出的电话机必须逐台检测，达到规定的性能指标，故障电话机经检修后也必须达到规定的质量要求。电话机性能指标提出了对拨号、振铃和通话 3 部分电路的基本要求，它是检测电话机质量的依据。

1. 拨号性能指标

话机脉冲拨号指标主要有 4 项，即脉冲个数、脉冲速率、断续比和脉冲串间隔时间。双音频话机的拨号指标主要有：组合信号频率、频率误差、高频与低频信号电平值及电平差值、信号持续时间和相邻号码间隔时间等。具体参数参见表7-5、表7-6。

表7-5　脉冲信号技术指标

项目	指标要求	
	一般拨号	快速拨号
1　脉冲速率	(10±1)pps	(20±1)pps
2　脉冲断续比	(1.5±0.2)∶1	(2±0.2)∶1
3　脉冲串间隔时间	≥500ms	≥350ms
4　按压号码输出的脉冲个数	按1~9数字码，发出相对应的脉冲个数，按0数字码发出10个脉冲	

表7-6　双音频拨号的频率组合代码

号码	1	2	3	A	4	5	6	B
低频频率/Hz	697	697	697	697	770	770	770	770
高频频率/Hz	1209	1336	1477	1633	1209	1336	1477	1633
号码	7	8	9	C	*	0	#	D
低频频率/Hz	852	852	852	852	941	941	941	941
高频频率/Hz	1209	1336	1477	1633	1209	1336	1477	1633

2. 振铃器性能指标

振铃器性能指标主要有：振铃功率灵敏度、振铃声级。

1）振铃功率灵敏度

振铃功率灵敏度是指能够使振铃电路发出正常铃声的最小电源功率。采用机械式交流铃的振铃功率灵敏度应不大于80mW；采用电子铃的话机振铃功率灵敏度应不大于100mW。

2）振铃声级

要求电话机振铃声级不小于70dB，对于有铃声音量调节的电话机其低铃声位的声级应不小于55dB。

3. 通话传输性能

电话机通话传输性能是用以衡量电话机送话、受话和侧音质量的指标。传输性能的测试有两种方式，即参考当量测试和响度评定值测试，后者的测试指标是目前推广采用的测试标准。

电话机的响度是电话机语音传输质量的重要指标，响度一般采用客观测量方法，它是将被测电话机与标准系统进行响度比较，通过调节标准系统内的衰减器使被测电话机与标准系统在响度上相等。

4. 电话机直流特性要求

（1）电话机摘机后，直流电阻应不大于300Ω，具有"R"键功能的话机要求不大于 350Ω。

(2) 电话机挂机后，漏电流应不大于 $5\mu A$。

(3) 电话机脉冲发号时，接通电阻应小于 300Ω，断开电阻应大于 100kΩ。

5. 电话机检测仪测试话机的方法

电话机测试仪面板如图 7.29 所示。

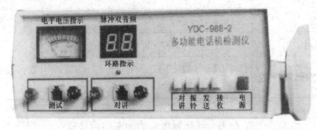

图 7.29　电话机测试仪面板图

(1) 开启电源：把被测电话机引线接入仪器的 J、R 测试端口。

(2) 拨号测试：在与送话测试相同状态下，按照设定的拨号顺序拨电话号码，通过指示灯及伴随的音响，可方便又直观地了解检测结果是否合格，特别注意数字键排列顺序是否正确。

(3) 振铃测试：电话机手柄挂好，按下仪器"振铃"键，话机应响铃，检查是否出现无铃声、铃声小或铃声失真等故障，提起电话机手柄，铃声应停止，如果铃声小可能是由于蜂鸣器固定不牢导致的。

(4) 送话测试：按下仪器"发送"键，正对话机送话器以一般力度吹气，电平电压表头指针应摆动到刻度盘的中间位置以上，同时受话器应听到一定的送话侧音。

(5) 受话测试：按下仪器"接收"键，听电话机受话器内的"嘟嘟"声，检查是否出现声音小、失真或杂音大等故障。

7.3.2　电话机的故障检修

对故障电话机进行修理时，首先应该准备好电话机图样和资料，了解整机电路的结构及信号流程；其次准备好必要的测量仪器、工具及备用元件。根据故障现象分析故障原因，并通过一定的方法，找到故障部位和故障元件，再进行维修。

1. 检查原则

1) 先外后内

检修一部有故障的电话机，应先从外表上检查，看机壳是否摔坏，电话二芯绳和弹簧是否有暗断，电话机的接插件是否损坏或接触不良，对采用电池的电话机还应该检查电池是否腐蚀、电池叉簧是否生锈等。然后根据故障现象，如"摘机无声"、"不能拨号"、"不能通话"、"铃声失真"等进行初步分析，最后动手检查实际电路和元器件，这样就能克服盲目性，提高工作效率。

2) 先易后难

先从容易的地方入手，如检查电话二芯绳和叉簧是否有暗断，电话机绳线的接插件是否损坏或接触不良、电池是否腐蚀、电池叉簧是否生锈、电池线是否脱断、喇叭线有无脱焊、机内元件是否明显相触碰或虚焊等。

3）先粗后细

先粗略地找出故障部位，然后逐步缩小范围，最后找到故障部件。如先找出是拨号部分故障还是通话部分故障；若是拨号部分，是在拨号振荡器部分还是在拨号键盘部分。

2. 常见的基本检修方法

1）直观检查法

这种方法是通过人的感官对电话机故障进行初步的分析和判断。这是一种简单有效的方法，电话机中有很多故障只要经过直观检查，就可查找到故障点。

眼看：看电路的连接线有无脱焊，印制电路板有无断裂，元件引脚是否相互碰触或断线，电阻有无烧焦，电解电容器是否漏液或胀裂。

手摸：触摸相关的元件是否因电流过大而发热；摇动元件来检查有无虚焊和松动，接插件是否良好；通过按键的手感来检查按键钮是否失效。

耳听：在拨动开关或按下叉簧时，耳听接点或簧片动作声音是否正常；扭动电话机绳时，根据受话器中有无异常杂音判断话绳是否良好。

鼻嗅：通电后是否有电阻烧焦或变压器烧焦的异味。

2）仪器测量法

这种方法是借助一定的工具和设备对故障进行深入的分析和检查。

万用表：测量电压、电流和电阻。

电压测量包括直流电压测量、交流电压测量和电压变化测量。

直流电压测量可以测量晶体管各脚对地的直流电压、各种集成电路引脚对地的直流电压、话机挂机或摘机时的直流电压，也可测量动态直流电压，如测量拨号集成电路脉冲输出脚对地的直流电压。当按数字键时，表针应有抖动，如为一恒定值，说明无脉冲电压输出。

交流电压测量可以通过测量振铃集成电路输出脚的交流电压，判别不振铃故障是在集成电路之前还是之后。

电压变化测量可以判别拨号电路是否振荡。在电话摘机时，用万用表（直流电压挡）红表笔接拨号集成电路的 OSCO(XT) 脚，黑表笔接地，记下电压值。然后进行双音频拨号，如果电压值降低到原读数的一半以下，则说明振荡器正常；如果电压值不变，说明振荡器不工作。

电阻测量多用于测量二极管、晶体管的在线电阻，正向和反向各测一次，若二者相差比较大，说明管子正常，否则说明管子有问题。

电流测量主要测电话机的直流工作电流，注意万用表的极性和接法。

3）常用的处理方法

信号注入法和元件替换法是在电话机维修中经常用到的两种方法。

信号注入法一般适用于通话电路，手拿金属镊子碰触放大器的输入端，将人体感应信号加进去，听受话器是否有碰触的"咯咯"声，如有，说明放大器正常，则故障在干扰点之前。如无"咯咯"声，说明放大器不正常，则故障在干扰点之后，从后向前进行干扰，直到无"咯咯"声，即找到故障所在点。

元件替换法是采用好的元件对电路中被怀疑的元件进行替代试验，若经替换后电话机恢复正常工作，说明被替换元件已经损坏。有些元件的性能不良，凭借万用表难以准确检查出来，就可以用这种替换法来尝试。

附录 常见集成芯片的引脚图

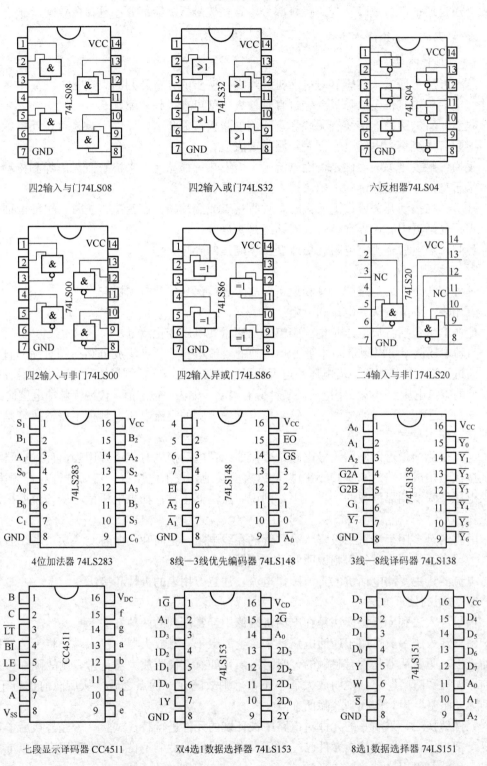

四2输入与门74LS08　　　　四2输入或门74LS32　　　　六反相器74LS04

四2输入与非门74LS00　　　四2输入异或门74LS86　　　二4输入与非门74LS20

4位加法器 74LS283　　　8线一3线优先编码器 74LS148　　3线一8线译码器 74LS138

七段显示译码器 CC4511　　双4选1数据选择器 74LS153　　8选1数据选择器 74LS151

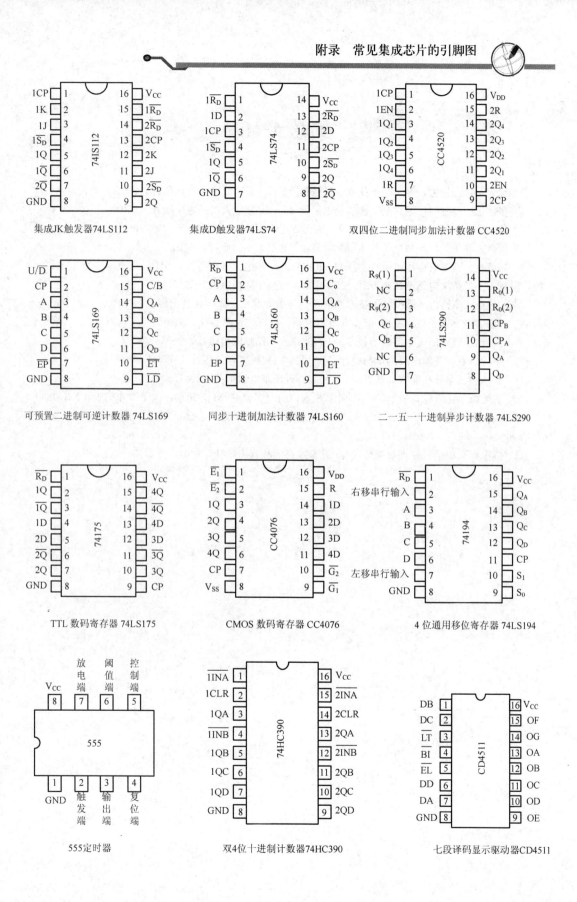

集成JK触发器74LS112　　集成D触发器74LS74　　双四位二进制同步加法计数器CC4520

可预置二进制可逆计数器74LS169　　同步十进制加法计数器74LS160　　二—五—十进制异步计数器74LS290

TTL 数码寄存器74LS175　　CMOS 数码寄存器CC4076　　4 位通用移位寄存器74LS194

555定时器　　双4位十进制计数器74HC390　　七段译码显示驱动器CD4511

参 考 文 献

[1] 徐超明，张铭生，等 . 电子技术项目教程[M]. 北京：北京大学出版社，2012.

[2] 张铭生，徐超明，等 . 电子技术基础实验[M]. 北京：人民邮电出版社，2007.

[3] 苏士美 . 模拟电子技术[M]. 北京：人民邮电出版社，2005.

[4] 蒋然，熊华波 . 模拟电子技术[M]. 北京：北京大学出版社，2010.

[5] 揭荣金，蔡滨 . 应用电子技术[M]. 北京：北京邮电大学出版社，2010.

[6] 华永平 . 放大电路测试与设计[M]. 北京：机械工业出版社，2010.

[7] 华成英，童诗白 . 模拟电子技术基础[M]. 4 版 . 北京：高等教育出版社，2010.

[8] 阎石 . 数字电子技术基础[M]. 5 版 . 北京：高等教育出版社，2006.

[9] 邱寄帆，唐程山 . 数字电子技术[M]. 北京：人民邮电出版社，2005.

[10] 李玲 . 数字逻辑电路测试与设计[M]. 北京：机械工业出版社，2009.

[11] 杨承毅 . 电子技能实训基础[M]. 北京：人民邮电出版社，2007.

[12] 黄培根，任清褒 . Multisim 10 计算机虚拟仿真实验室[M]. 北京：电子工业出版社，2008.

[13] 黄智伟 . 基于 NI Multisim 的电子电路计算机仿真设计与分析[M]. 北京：电子工业出版社，2008.

[14] 陈振源 . 电话机原理与维修[M]. 北京：高等教育出版社，2004.